航空航天新兴领域高等教育教材

新工科电子信息科学与工程类专业一流精品教材

航天电子对抗技术

◎ 方胜良　主编

◎ 贾录良　高　勇　副主编

◎ 范有臣　王宏艳　储飞黄　钱克昌　王　勇　郝士琦　刘　涵　编著

◎ 朱诗兵　主审

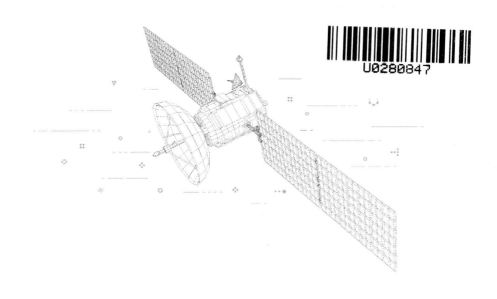

U0280847

电子工业出版社.

Publishing House of Electronics Industry

北京·BEIJING

内 容 简 介

本书系统地介绍航天电子对抗技术、系统及应用等。全书共 13 章，主要内容包括绪论、航天电子侦察原理与技术、航天电子侦察的雷达信号分析与处理技术、航天电子侦察的通信信号分析与处理技术、卫星通信对抗技术、卫星遥测遥控系统对抗技术、电子侦察卫星对抗技术、雷达成像侦察卫星对抗技术、光学成像侦察卫星对抗技术、卫星姿态敏感器对抗技术、航天电子防御技术、航天电子对抗发展展望、卫星监测与识别。

本书可作为高等学校电子、通信等专业高年级本科和研究生相关课程的教材，也可供相关领域的工程技术人员和科研工作者学习参考。

图书在版编目（CIP）数据

航天电子对抗技术 / 方胜良主编. -- 北京 ： 电子

工业出版社，2025. 2. -- ISBN 978-7-121-49411-6

Ⅰ．V44

中国国家版本馆 CIP 数据核字第2024HQ9461号

责任编辑：王羽佳

印　　刷：北京雁林吉兆印刷有限公司

装　　订：北京雁林吉兆印刷有限公司

出版发行：电子工业出版社

　　　　　北京市海淀区万寿路 173 信箱　　邮编：100036

开　　本：787×1 092　1/16　印张：13.5　字数：345.6 千字

版　　次：2025 年 2 月第 1 版

印　　次：2025 年 2 月第 1 次印刷

定　　价：69.00 元

凡所购买电子工业出版社图书有缺损问题，请向购买书店调换。若书店售缺，请与本社发行部联系，联系及邮购电话：（010）88254888，88258888。

质量投诉请发邮件至 zlts@phei.com.cn，盗版侵权举报请发邮件至 dbqq@phei.com.cn。

本书咨询联系方式：（010）88254535，wyj@phei.com.cn。

前　　言

航天电子对抗作为争夺高边疆制高点的利器，正成为控疆制权的必然选择。本书从航天电子侦察、航天电子进攻和航天电子防御三个方面系统地介绍航天电子对抗的概念、所涵盖的技术手段及发展趋势等内容。

读者学习本书后，能够熟悉航天电子对抗的基本原理与技术，为从事航天电子对抗科学研究、进行设备研制与维护打下理论基础。

全书共 13 章，第 1 章为绪论，介绍航天电子对抗的概念、形成和发展、地位与作用，同时说明本书的主体架构；第 2～4 章介绍航天电子侦察系统的组成、工作原理及信号分析处理技术；第 5～10 章从链路对抗、传感器对抗和平台对抗三个方面进行详细阐述，其中链路对抗包括卫星通信对抗、卫星遥测遥控系统对抗，传感器对抗包括电子侦察卫星对抗、雷达成像侦察卫星对抗、光学成像侦察卫星对抗，平台对抗包括卫星姿态敏感器对抗；第 11 章介绍航天电子防御概况和典型的防御技术；第 12 章阐述航天电子对抗发展的展望；第 13 章主要介绍卫星监测与识别的相关知识。

由于航天电子对抗是比较新的研究领域，因此从高等学校的课程设置到课程教材等都没有现成的经验可以借鉴。本书的编写参考了大量的研究资料，并吸收了部分研究成果，其中不少技术原理都在探索之中。由于编著者水平有限，书中难免存在疏漏和不足之处，恳请各位读者批评指正。

目　　录

第1章　绪　　论

1.1　航天电子对抗概述

1.1.1　航天电子对抗的概念

航天电子对抗是电子对抗的重要组成部分，是控制空间的核心手段。研究航天电子对抗的基本概念，首先需要了解什么是电子对抗。

电子对抗，也称为电子战，是指使用电磁能、定向能和声能等技术手段，控制电磁频谱，削弱、破坏敌方电子信息设备、系统、网络的使用效能，同时保护己方电子信息设备、系统、网络使用效能正常发挥的对抗行动。

航天电子对抗（Spaceflight Electronic Countermeasures）是以空间电子信息系统为作战目标的电子对抗，也是基于航天飞行器平台各种电子对抗行动的统称。航天电子对抗既是电子对抗的重要组成部分，又是电子对抗建设与发展的新方向；它具有相对独立的行动样式，从属于控制空间领域。

从目的上看，航天电子对抗是为了削弱敌方空间电子信息系统的使用效能，同时保证己方空间电子信息系统正常发挥使用效能，从而夺取外层空间的电磁优势；从对抗目标上看，航天电子对抗的主要目标是敌方部署在外层空间的电子信息系统及其地面设施；从对抗手段上看，航天电子对抗主要使用电子干扰以及电磁能武器、定向能武器（如高能激光武器等）来攻击目标，随着新概念武器技术的发展，未来还可能出现动能武器，也可用于航天电子对抗领域；从行动样式上看，航天电子对抗既包括从地面发起的对敌方外层空间电子目标的侦察和攻击行动，又包括从外层空间发起的对敌方外层空间电子目标及其地面设施的侦察和攻击行动。

从广义上讲，空间电子信息系统是天基部分（平台和载荷）、空间信息链路及地基（地面、海上、空中）应用系统的综合。因此，从对抗形式上看，航天电子对抗分为天基对地基、天基对天基、地基对天基及地基对地基 4 种形式。其中，地基对地基主要就是利用地基航天电子对抗系统侦察干扰空间电子信息系统的地基（地面、海上、空中）应用系统即用户终端，如用舰载卫星通信干扰系统对敌方舰载卫星通信终端实施侦察与干扰，就是地基对地基。地基对地基虽然不直接对抗航天器，但对抗的是空间电子信息系统的一部分，所以也将其纳入航天电子对抗。

从作用对象上看，航天电子对抗分为链路对抗、传感器对抗和平台对抗。链路对抗是指对空间电子信息系统的通信链路实施的对抗，如对星地链路进行的对抗，包括上行链路干扰、转发器干扰、下行链路干扰等；传感器对抗是指对航天器有效载荷实施的对抗，如对光学卫星的侦察相机、电子侦察卫星的侦察设备进行的干扰等；平台对抗是指对航天器平台系统实施的对抗，如对卫星平台上的姿态敏感器实施的干扰等。

目前，航天电子对抗正在以前所未有的势头蓬勃发展。与传统电子对抗相比，航天电子对抗具有覆盖范围大、作用距离远等特点；与空间硬毁伤武器相比，具有门槛低、不造成空间碎片等优点，所以备受世界各国重视。据统计，天基信息系统承载着 80% 以上的战场信息，因此太空是未来争夺的主战场，缺少制天权就缺少交战的权利，空间信息系统是电子对抗的重要目标，航天电子对抗是未来电子对抗的制高点。

1.1.2　航天电子对抗的基本内容

航天电子对抗的基本内容，主要包括航天电子侦察、航天电子进攻和航天电子防御。

1. 航天电子侦察

航天电子侦察（Aerospace Electronic Reconnaissance）是指利用航天电子侦察手段，对敌方空间、空中、地面、海上目标的电磁辐射进行搜索、截获、识别、定位，并判明其威胁性质的电子对抗活动，它是组织实施航天电子对抗的前提和基础。其目的是利用敌方电子设备和系统辐射的电磁信号，查明其技术参数、装备类型、位置和部署情况等。按电子信号的种类，分为电子情报侦察（除通信信号之外的信号情报侦察）和通信情报侦察。

航天电子侦察主要是基于天基平台对陆基/空中辐射源的侦察。对辐射源的侦察就是基于天基电子对抗侦察载荷，搜索、截获、分析电子信息系统辐射或反射的电磁信号，以获取敌方电子信息系统的技术特征参数、位置、类型、用途及相关武器和平台等情报信息。海洋监视卫星就是一种航天电子侦察手段，分为电子型和成像型，其中电子型海洋监视卫星携带电子对抗侦察载荷，可截获航母编队辐射的电磁信号，并对航母编队实施侦察定位。例如，美国的"白云"系统是典型的电子侦察型海洋监视卫星，主要用于监视和侦察海上舰船发射的电磁波信号，也可侦收部分陆基无线电信号，具有跟踪和定位能力，可实施全天候、全天时侦察监视，3 颗卫星组成星座，卫星轨道高度为 1100km，通过侦收舰载雷达和通信信号，测量舰艇的位置、航向和航速，并对其进行全天候的跟踪。

2. 航天电子进攻

航天电子进攻（Aerospace Electronic Attack）是利用电子干扰、定向能攻击等手段，压制、诱骗或直接破坏敌方空间信息系统中的电子设备或平台，进而摧毁敌方的空间系统或信息系统或使其瘫痪。其目的是通过削弱或破坏敌方空间信息系统的正常使用，阻断其信息搜集、传输和使用，使其情报失效，指挥中断，控制失灵。航天电子进攻的技术手段主要有电子干扰和电子摧毁两大类。

（1）电子干扰：是通过发射、转发或散射干扰性电磁波，压制或诱骗敌方电子设备、装置和系统，迫使敌方空间电子设备和系统降低或失去其效能，电子干扰属于电子进攻中的"软杀伤"手段。

（2）电子摧毁：是利用定向能、激光武器等，对敌方空间电子设备造成物理性破坏的电子进攻手段。电子摧毁属于电子进攻中的"硬杀伤（硬摧毁）"手段。目前已发展成熟并得到应用的手段主要是激光等武器，这种武器可以对光学镜头进行照射，达到致盲的效果。

随着空间攻防武器技术的发展，新的用于电子摧毁的手段将不断出现。美国的机载大功率激光武器已经历过多次发射试验。试验结果表明，该激光武器可摧毁敌方发射的飞行中的导弹、飞机等飞行器。如果成功将该激光武器部署在外层空间，将对敌方空间目标生存构成严重威胁。除高能激光武器之外，可用于航天电子进攻的手段还有非核电磁脉冲武器、高功率微波武器、动能武器及粒子束等新概念武器。

3．航天电子防御

航天电子防御（Aerospace Electronic Defense）是指对敌航天电子进攻和航天电子对抗侦察所进行的电子防御，涉及空间平台和陆基等平台上的部分电子设备，重点在对空间电子设备的防护方面。

航天电子防御手段，既有技术的，又有战术的。在技术上，主要是对各类电子设备和系统采取各种反侦察、反干扰技术；以新的技术途径、新的体制研制开发新的电子装备，保证有一定的技术储备；加强电子防御的技能训练，提高人员反侦察、反干扰、反摧毁的操作技能。在战术上，主要是组织协调通信、技术侦察、电子对抗等方面实施的电子防御行动和措施，从整体上提高反侦察、反干扰、反摧毁的电子防御战术运用能力；但是由于航天电子对抗进攻武器的发展，特别是定向能、网络对抗的出现，将在未来战争中面临许多新的威胁。在考虑和组织电子防御时，不仅要研究己方通信、雷达、光电等某一功能系统的防御问题，还应特别重视对整个航天电子对抗的指挥控制系统（C^3I 系统）构成威胁的电子进攻手段的防护，以及与电子系统相联系的人员和设施的防护。

1.2 航天电子对抗的形成和发展

航天电子对抗作为空间对抗的重要组成部分，其形成和发展是伴随空间对抗的产生、形成和发展而不断发展的。目前，世界各大国围绕外层空间控制权的争夺正如火如荼，空间对抗正处于快速发展的重要时期，航天电子对抗也处在形成与发展的关键阶段。航天电子对抗的产生是必然的，形成是复杂的，发展是现实的。随着航天技术的发展和演变，航天电子对抗的形成过程大体要经历初创期、发展期和成熟期 3 个阶段。

1.2.1 以获取情报为目的的初创期

1957 年 10 月 4 日，苏联发射了人类历史上第一颗人造卫星，开辟了人类探索空间的新纪元，拉开了航天军事应用的序幕。迄今，航天军事应用经历了进入太空和利用太空两个重要阶段，如今走向了控制太空。

伴随着航天在军事领域的发展，航天电子对抗开始逐步萌芽。这一阶段从 1960 年美国发射第一颗用于军事用途的"发现者-13"号侦察卫星开始，一直延续至今。其主要表现为不断发射和发展各种卫星，不断完善空间系统和地面系统的配合，最大限度地提高指挥和行动效能，其目的是使传统的陆、海、空军可以依靠空间信息系统，使情报、预警、通信、导航和数据处理等更加准确高效，从而更加有效地控制整个战争。其手段主要表现为卫星侦察和反侦察、监视与反监视。

1.2.2 以多种手段同步发展为特征的发展期

随着空间技术的不断发展，空间信息系统在侦察、预警、导航等方面的作用日益明显。以高技术为特征的海湾战争和科索沃战争表明，包括陆、海、空在内的各种力量和高技术设备对空间信息系统的依赖性越来越大。自海湾战争之后，随着空间电子信息设备数量和种类的不断增加及其作用与地位的不断提高，世界各国对航天电子对抗表现出极大的关注，从而使得航天电子对抗的内容也有了很大扩充，如卫星通信对抗、雷达对抗、光电对抗、导航对抗等相继产生。而反卫星技术的日益成熟，则对卫星的生存能力提出了挑战，卫星防御的地位也随之凸显出来。因此，在航天电子对抗形成的发展期，除了航天电子对抗侦察，还包括航天电子进攻和航天电子防御的内容。

现代战争已经是信息化条件下陆、海、空、天一体化的联合作战，争夺信息优势、取得制信息权成为作战的重心。其中提到的"天"是指空间。可以这样说，现代信息化战争如果没有空间信息作为保障，就不可能有真正意义上的一体化联合作战。争夺空间制电磁权已经成为获取其他一切优势的关键。因此，空间必将成为未来信息化战争的前沿和主战场。从当前和将来相当长的一段时期来看，空间系统将是空间军事信息最主要的来源，也是实施航天电子对抗最主要的对象。只有确保空间卫星信息及其系统安全，才能赢得空间制电磁权，也才能赢得决定战争胜负的信息综合优势。正因如此，围绕空间制电磁权，世界各航天大国都在以卫星系统为目标进行各项研究试验。

美军曾成功地实施了以地面激光攻击卫星的试验，于2001年1月在科罗拉多州进行了为期5天的"施里弗"军事演习。正如美国国防部航天政策宣称的："要发展控制空间的能力，确保己方进入和利用空间，阻止敌方进入和利用空间。"当前美军正积极构建新的军用星座，称为"国防太空架构"，加速扩大对己方战略优势。这一星座融合了通信、监测、跟踪、导航和态势感知等多种功能，大部分卫星位于LEO轨道，少部分位于中高轨道，可在更短的时间内为众多地面部队提供信息支持，也为美军未来的分布式作战提供技术基础。

现实和未来都充分表明，航天电子对抗的初级形态（目前尚处于对联合作战提供空间信息支援保障的地位）不但已经客观存在，而且现在正向直接的航天电子对抗手段演变。正如美国国家安全空间管理与组织评估委员会在2001年1月发表的报告中说的，"从历史上看，陆、海、空都爆发过战争，现实情况表明，空间也不例外"。俄罗斯一些军事理论家也声称"科学技术的发展将导致新的第六代战争——空天战的出现"。作为控制空间最核心和最基本组成部分的航天电子对抗，将直接影响着控制空间的成败，并进而影响整个战争的进程和结局。

因此，当前世界航天大国特别是美、俄等国对航天电子对抗的研究非常重视，不但组建了本国的空间部队，而且形成了符合本国"天军"实际的较为成熟的理论，并制定颁发了相应的法规性文件。例如，2002年美国参谋长联席会议形成了第3～14号出版物《联合空间作战纲要》；2004年美国空军又颁布了《空间对抗作战条令》；2019年2月19日美国总统特朗普以备忘录形式签发了4号太空政策令《建立美国天军》；2023年发布了《太空政策审查和卫星保护战略》。

1.2.3　以建立天地一体化信息对抗战场为特点的成熟期

随着航天和信息技术的高速发展，空间信息系统必然会与其他军种的发展历程一样，实现由作战支援力量向直接作战力量的转变。空间信息系统与空间平台以及地面系统紧密衔接，形成天地一体的无限网络；更加强大的信息搜集、传输和处理功能，使空间信息系统转变为天地一体化指挥控制系统；空间对地攻击能力大幅提高，手段由原来的软杀伤和硬摧毁向软硬一体攻击过渡。美军新一代的空天飞机已经试飞成功，既可遂行空中任务，也可在大气层外飞行，遂行空间任务。可以预见，随着空间技术与空间控制权争夺的进一步发展，外层空间武器化的趋势将越来越明显。

对于电子对抗领域来说，也是如此。从理论上说，迄今为止，世界各国发射的所有实用卫星都可以用于军事。例如，气象卫星，可用于军事气象预报；大地观测与地球资源卫星，可用于军事侦察；通信卫星，可用于军事通信；导航卫星，可用于军事导航和精确武器制导等。因此，在航天电子对抗形成的成熟期，空间信息系统将以多种多样的形式全面付诸于控制空间的实践。

当前，正处于航天电子对抗发展的第二阶段，并逐步向第三阶段转变。在此期间，航天电子对抗的任务和手段将发生巨大变化：其任务由原来的为地面作战提供情报支援变成了夺取空间制电磁权；手段也从原来的侦察手段发展到集侦察预警、导航定位和即将具备的火力打击于一体的综合作战，在未来作战中将发挥不可估量的作用。正因为如此，世界军事大国一天也没有停止对空间电磁优势的争夺，且其重视程度越来越高，资金和技术的投入越来越大，竞争的步伐也越来越快。

1.3　航天电子对抗的地位与作用

随着空间技术的发展以及战争形态的演变，空间制信息权成为世界主要国家激烈争夺的战略制高点，且正加速向主导战争胜负的方向发展。毋庸置疑，作为以电子对抗技术和空间技术相结合的军事手段，航天电子对抗的战略地位和独特作用日益凸显。

1.3.1　航天电子对抗是国家安全和利益拓展的战略手段

在信息时代，网络电磁空间将攸关国家安全和利益的各个领域连为一体，成为人类生产、生活及战争等活动不可或缺的命脉空间。国家安全和发展利益逐渐超出传统的领土、领海和领空范围，加速向网络电磁空间延伸。航天电子对抗事关国家安全和利益拓展。实践证明，那些有效地从人类活动的一个领域转入另一个领域的民族，总能获得巨大的战略利益。

19 世纪，英国人利用工业革命优势，抢先占领海洋战场，从而成为世界"日不落帝国"；20 世纪初，美国人发明航空器并迅速用于军事，从而获得空中霸主地位；20 世纪中叶，世界核军备竞赛，使美国、苏联成为世界两极。进入 21 世纪，世界主要国家围绕网络电磁空间的发展权、主导权和控制权，展开新一轮战略角逐。美国相继出台了《赛博空间安全国家战略》、《赛博空间作战国家军事战略》和《赛博空间国际战略》，声称要像拥有核优势那样，拥有对网络电磁空间的完全控制。英国、法国、德国、日本等国家将网络电磁空间安全提升至国家安全战略层面，加速推进相关能力建设发展。面对网络电磁空间的严峻挑战，能否在国际战略竞争中赢得主动，有效维护国家安全和发展利益，很大程度上取决于航天电子对抗作战能力的强弱。一方面，具备强大的天基信息攻击能力，就可以有效捍卫网络电磁空间主权，提升在国际舞台上的话语权和主动权；另一方面，拥有足够的天基信息防御能力，就能有效抵御网络电磁空间的威胁和破坏，防止失去对网络电磁空间的控制权。

1.3.2　航天电子对抗是信息化战争的焦点

在近几场局部战争中，美国及其盟国分别动用了数十颗乃至上百颗卫星，并因此取得了不对称优势。目前，美军 95%侦察情报、90%军事通信、100%导航定位和 100%气象信息来自空间信息系统；俄军 70%战略情报和 80%军事通信依赖空间信息系统。战场延伸到哪里，哪里就会展开主动权的争夺。与制海权、制空权对于机械化战争的决定性意义一样，制天权不仅是信息化战争的制高点，而且随着网络电磁空间的发展将更加突出。作为夺取制天权的重要手段，航天电子对抗已成为信息化战争的焦点。在"无网不战"的信息化战争中，"无天不战"将是战争制胜的铁律。

从当前看，空间信息系统在信息化战争中担负着预警探测、侦察监视、导航定位、指挥通信、跟踪测控、测绘气象和数据中继等重要任务，为联合作战提供强有力的信息支援保障，离开了它的支撑，战场的信息流动将不畅通，理想的信息共享就无法实现。谁要夺取战争的主导权，谁就必须夺取空间制信息权。在美国"空海一体战"设想的 6 种行动中，第一个就是对太空与网络信息的"致盲行动"，企图利用电子战和网络战力量，对卫星、雷达和传感器等关键信息节点实施攻击，使作战行动丧失支撑，为其夺取太空、天空、海上、网空等控制权创造有利条件。从长远看，外层空间将是 21 世纪的主导性作战空间，军事竞争的焦点将是夺取制天权。没有空间信息优势这个链接与整合全维战场优势的纽带，将没有也不可能夺取真正意义上的制天权。而没有制天权，制空权、制海权和制陆权就是无源之水。

1.3.3　航天电子对抗是制天能力建设发展的重点领域

目前夺取制天权的手段很多，既有信息对抗的软杀伤，又有非信息对抗的硬摧毁。其中，对在轨航天器的硬摧毁，虽然是夺取制天权的有效手段，但将造成太空垃圾污染，严重妨碍人类对太空的和平利用，甚至可能会因运用门槛高而陷入"英雄无用武之地"的困境，造成资源的巨大浪费；而航天电子对抗作为一种以软杀伤为主的手段，不仅能打敌所怕、攻敌要害，而且可控性强、灵活性好，相对于硬摧毁手段，航天电子对抗具有运用门槛低、作用范围广、附带损伤小、效费比高等优势。

1.4　航天电子对抗技术体系

1.4.1　航天电子侦察技术体系

航天电子侦察是电子侦察的一个子类，本书所讨论的航天电子侦察技术从类别上讲，主要属于电子侦察技术的范畴，是电子侦察技术在航天领域的具体应用。从不同的角度理解，会产生不同的技术体系描述。

从电子侦察有效载荷功能设备单元的角度划分，航天电子侦察技术主要包含以下几个方面。

（1）侦察接收天线（阵）技术。

（2）侦察接收通道技术。

（3）侦察系统电源技术。

（4）侦察系统结构技术。

（5）侦察信号分析与处理技术。

（6）侦察数据处理技术。

（7）侦察信息提取与利用技术等。

上述功能设备单元，从接收天线（阵）、接收通道、系统电源、系统结构、信号分析与处理、数据处理、信息提取与利用等几个方面概括了整个航天电子侦察系统中电子侦察有效载荷的全部组成，同时具有部分航天电子侦察地面数据处理中心的功能，这实际上是整个航天电子侦察系统的主体部分，也是航天电子侦察系统与其他卫星应用系统在构成和技术体系上的重要区别。因为卫星平台、卫星地面数据接收站、运行保障子系统等，虽然也是不可或缺的部分，但是这几部分在其他卫星应用系统中仍然存在，所以本书将其包含在航天电子侦察系统的组成中，但在技术上将其归为通用技术，而不属于航天电子侦察专用技术。

在上述几个方面的技术中，侦察接收天线（阵）技术主要是研究侦察天线的电气与机械性能设计、组阵方式、控制方式等；侦察接收通道技术主要是研究低噪声甚至超低噪声的放大器、大动态高灵敏度变频通道、多通道间的幅相一致性控制等；侦察系统电源技术主要是研究高稳定低纹波特性的供电、大动态负载均衡等；侦察系统结构技术主要是研究星载环境条件下的散热、天线面结构、伺服转动控制等；侦察信号分析与处理技术主要是研究对模拟中频信号采样所生成数字信号的处理、信号检测、参数设计，为后续的侦察数据处理提供数据来源等，此部分主要由电子侦察有效载荷中的数字综合信号处理机来完成，还有一部分由地面数据处理中心来完成，因为电子侦察卫星具有原始采样数据存储功能，当这部分由卫星采集的原始采样数据传输至地面之后，地面数据处理中心仍然要执行一部分信号分析与处理的任务；侦察数据处理技术主要研究与分选、识别、测向、定位相关的数据处理等；侦察信息提取与利用技术主要研究利用侦察数据来进一步加工出更高层次的、有价值的情报，如辐射源目标的相关信息推断、辐射源个体识别、非合作解调后的码流分析与信息提取等。

如果从整个信号与信息处理流程的角度来划分，航天电子侦察技术主要包含以下几个方面。

（1）信号的搜索截获与检测技术。

（2）信号参数测量与估计技术。

（3）信号分选与识别技术。

（4）信号中承载信息的提取与分析技术。

（5）辐射源来波方向测量与定位技术等。

上述几个方面描述了航天电子侦察的整个信号与信息处理流程，从信号的搜索截获开始，然后是测量被截获信号的各种参数，以测量的参数为基础构建特征向量集合，从而实现信号的分选与识别，利用分选与识别的结果对信号中承载的信息进行提取，这一数据处理步骤一直可以到达最终的信息层。以通信信号侦察为例，通过分选与识别后的信号可以进行非合作解调，对解调后的数据码流进行信道编码方式识别与编码参数提取，然后对其进行非合作信道解码，在此基础上开展数据码流的通信协议识别与解译，获得完整的信源码流，再对此码流进行信源编码方式与编码参数的识别，最后通过信源解码获得最终的准确信息。当然，上述过程是比较理想化的，因为没有考虑加密与解密环节，如果存在加、解密环节，在绝大多数情况下，数据码流的信息分析只能止步于数据通信协议分析这一步，后续的码流都是密文，这也是到目前为止，码流信息准确获取技术进一步向前发展的最大困难。虽然在传输码流信息提取上存在巨大障碍，但是对于辐射源的测向、定位，相关信息推断和个体识别等技术方面仍然有较大的发展空间，而且上述技术的进展对于进一步提高信息作战的效能也具有巨大的作用与意义。由上述内容可见,当前整个航天电子侦察的信号与信息处理流程主要体现在两大方面:一是信号分析与处理;二是测向、定位处理,实际上这也是航天电子侦察的两大核心任务。由于篇幅所限,本书重点阐述电子侦察中雷达信号和通信信号分析与处理技术。

信号分析与处理本身就是一门通用技术学科,具有丰富的基础理论,应用也极其广泛。无论是天文学、海洋学、航天、航空、航海、雷达、声呐,还是与人们生活密切相关的无线通信,都离不开信号分析与处理。信号分析的本质是对随机信号统计特性的分析,而信号处理是为获取信号统计特性的数字处理方法与手段。目前已有大量的信号分析与处理方面的专著出版,虽然这些专著从不同的角度论述了信号的一阶统计分析、二阶统计分析和高阶统计分析等内容,但是讲述的都是通用的信号处理理论和方法。这些方法有的适用于航天电子侦察,也有的需要进一步改进完善之后才能应用。在航天电子侦察的工程实践中,总结和归纳了一些有效的信号分析与处理方法,这些方法针对航天电子侦察应用具有较好的适应性;同时,结合航天电子侦察特有的信号环境和条件,也提出了一些新的信号分析与处理技术,这些技术有效地解决了工程实践中的具体问题。本书也会将上述新方法、新技术与传统技术结合在一起,以点面结合的方式来尽可能地展现航天电子侦察技术体系。

随着数字信号处理技术的发展,航天电子侦察有效载荷越来越注重星上信号分析与处理技术的应用。星上信号处理主要包含两大方面:一方面是分析截获信号的体制和特征,并对辐射源进行定位,以便指导下一步的监听,引导干扰和精确打击的实施;另一方面是对截获信号进行内容破译和筛选,以获得更有价值的信息。航天电子侦察中信号分析处理与测向定位的应用流程如图 1-1 所示,图中将各种处理步骤与各种应用之间的前后关联关系进行了展示,有助于大家更好地理解各种技术与各种应用。

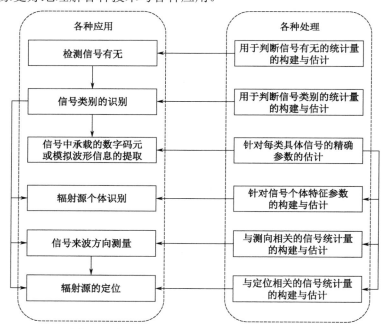

图 1-1　航天电子侦察中信号分析与处理的流程

航天电子侦察中信号分析与处理的流程如图 1-1 所示。航天电子侦察中信号分析与处理流程的理论基础主要是信号检测与参数估计理论。在检测与估计中，对应不同的信号分析阶段与应用层次，划分为不同的估计对象，具体如下。

（1）用于判断信号有无的统计量的构建与估计。

（2）用于判断信号类别的统计量的构建与估计。

（3）针对每类具体信号的精确参数的估计。

（4）针对信号个体特征参数的构建与估计。

上述 4 类信号检测和参数估计问题基本囊括了航天电子侦察中的各种信号分析与处理需求。检测信号有无是一个典型的二元假设检验问题，其前提是针对接收到的信号，需要构建判断目标信号有无的统计量，并对此统计量进行估计，然后利用估计值进行假设检验。在此基础上，如果判断信号存在，接下来就需要分辨信号的类别，虽然这一步可以应用模式识别的相关理论，但是从另一个角度出发，也可以将其看成是一种多元假设检验问题。同样需要构建判断信号类别的统计量，并对该统计量进行估计，然后利用估计值进行判别。获得信号的准确类别是后续各种高层次处理和应用的基础，后续应用还包括信号中承载的数字码元或模拟波形信息的提取、辐射源个体识别等。这其中还需要另一个基础，即针对每类具体信号的精确参数的估计。

综上所述，本节将从对信号的分析与处理的角度，较为全面地展现航天电子侦察技术，同时尽量做到点面结合、相互贯通，针对其中的重要技术和新技术进行重点阐述，以推动整个航天电子侦察技术的创新与发展。

1.4.2　航天电子进攻技术体系

航天电子对抗按照作用对象，分为链路对抗、传感器对抗和平台对抗。据此，航天电子进攻技术可归纳为链路干扰技术、传感器干扰技术和平台攻击技术，航天电子进攻技术分类如图 1-2 所示。

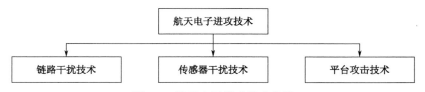

图 1-2　航天电子进攻技术分类

1. 链路干扰技术

链路干扰技术按干扰方式可分为压制干扰和欺骗干扰两大类。其中，压制干扰有大功率压制干扰技术、跟踪式干扰技术、相关干扰技术和灵巧干扰技术等；欺骗干扰有产生式和转发式干扰两种，时延欺骗干扰就是典型的转发式。下面重点介绍跳频信号引导跟踪式干扰、直扩信号强相关干扰、时延欺骗干扰、大功率噪声压制干扰、分布式立体干扰等技术。

（1）跳频信号引导跟踪式干扰：跟踪跳频信号有两种途径，即同步法和时延法。当同步法跟踪时，侦察接收机对 M 序列码、混沌序列码控制的跳频信号预测跳频点。当时延法跟踪时，侦察接收机测出信号频率，引导干扰频率对准信号频率。

（2）直扩信号强相关干扰：就是根据被干扰信号的 PN 码型、码速率和载频，以相同的码速率、载频及相同的 PN 序列实施同步干扰，该干扰方式需要严格的码元同步。

（3）时延欺骗干扰：就是针对用时差定位的导航系统，干扰机接收卫星信号后延时转发，使接收机时差估计产生误差，引起定位误差。相比噪声干扰，该干扰方式具有较高的干扰效率，且能达到欺骗干扰的目的，宜采用空基或天基方式。

（4）大功率噪声压制干扰：就是发射大功率噪声干扰信号，使敌方接收机降低或完全失去正常工作能力。干扰样式主要包括单频干扰、带内窄带噪声干扰及通频带宽带噪声干扰等。

（5）分布式立体干扰：就是在地面和空中应用多部多种干扰机进行全方位立体干扰。

以上 5 种干扰技术的干扰形式多种多样，如宽带高斯噪声、连续波、扫频连续波、脉冲、窄带调频和宽带调频信号等。本书后续围绕通信卫星、GPS 导航系统和卫星遥测遥控系统 3 类目标详细阐述链路干扰技术。

2．传感器干扰技术

传感器干扰就是对航天飞行器平台所携带的有效载荷进行干扰。针对电子侦察卫星主要有反侦察技术和干扰技术。反侦察技术主要是采用先进的通信技术或雷达技术，减小卫星被敌方侦察的可能性。针对成像侦察卫星主要有无源干扰技术和有源干扰技术，涉及的具体技术有大功率噪声干扰、虚假信号扰乱、脉间相位调制干扰、假目标欺骗干扰、反弹式干扰、烟幕、红外有源干扰、微粒干扰、强激光照射干扰等。

在传感器干扰中，大功率噪声干扰就是利用地面大功率干扰机或较低轨道星载干扰机，对侦察卫星实施定向阻塞式大功率噪声干扰，有效降低侦察卫星接收机的工作性能。大功率噪声干扰技术是比较常用的干扰技术，在链路干扰和传感器干扰中均能使用。

虚假信号扰乱：就是发射与真实信号完全相同或相似且产生假信息的干扰信号，使敌方电子侦察卫星设备真假难辨，造成错误识别与判断，使其形成虚假定位。

脉间相位调制干扰：利用成像雷达在方位向成像时，由于目标视线角变化引起多普勒频移，转发频率加权的干扰信号，引入相位调制，使相邻脉冲间的相位变化，从而造成图像失真。

假目标欺骗干扰：用表面金属化技术和在内部设置红外辐射源的方法达成多谱示假效果。为逼真模拟真目标，要求假目标的飞行特性（速度、加速度、距离）及反射或辐射特性（幅度、相位、能谱、极化、辐射光谱）与真目标相似。

反弹式干扰：就是置于目标上空的干扰机接收合成孔径雷达（SAR）信号再照射目标区，并反射到 SAR 接收天线，SAR 接收信号是地物直接回波和干扰回波之和，由于同一地区的干扰回波与直接回波的到达时间不同，地物直接回波不相关而产生图像模糊。

箔条：在被保护区域上空投放箔条，形成箔条云走廊。SAR 信号照射箔条云走廊，产生类似噪声干扰的回波，降低回波信噪比。

角反射器：用角反射器排列成一定形状阵列，模拟地面大型目标。箔条和角反射器均属于无源干扰技术。

烟幕：改变介质光学传输特性，利用烟幕微粒对光电能量的吸收和散射，大幅度地降低大气光谱透过率，使卫星侦察效能降低，甚至因难以发现目标而失效。

红外有源干扰：是尽量与被保护目标在同一个瞬时视场内向红外预警系统辐射定向红外信号，增大背景噪声来降低作用距离，并降低探测概率。

微粒干扰：是借助于红外信号通过微粒时产生吸收和散射，降低目标红外信号的等效透过率，阻止红外探测器对目标红外辐射信号的探测。通常可形成微粒的物质主要有箔条、烟幕、气溶胶等。

强激光照射干扰：用强激光饱和、破坏光电探测器或光学系统。激光经光学系统辐射到红外探测器上的激光强度达到 10mW/cm^2，探测器即进入饱和，无输出。空间系统部分或整体能力暂时性消除，通常没有物理损伤。表 1-1 统计了激光干扰时，受激光照射致眩对应的地面半径及所需的激光功率。

表 1-1　激光干扰

受激光致眩的尺寸对应的地面半径	所需的激光功率
10m	1μW
100m	0.1W
1km	10W
10km	1000W

本书后续围绕电子侦察卫星、雷达成像侦察卫星和光学成像侦察卫星 3 类对抗目标详细阐述传感器干扰技术。

3．平台攻击技术

平台攻击技术有软杀伤和硬摧毁两类技术。硬摧毁技术主要是指定向能武器技术，是利用激光束、粒子束、微波束、等离子体、声波束产生高温、电离、辐射和声波等综合效应，用以摧毁航天电子设备。它包括天/空/地基激光武器技术、天基微波武器技术和天基粒子束武器技术。

天/空/地基激光武器是部署于地面、空中或太空，用于打击破坏太空目标的定向能武器之一。它的工作机理是高能激光使探测器材料熔化或蒸发，永久性损坏致盲。美国的激光武器主要有天基激光武器（SBL）、机载激光武器（ABL）及地基激光武器（GBL），其中地基激光武器已经比较成熟，其研制的"中红外先进化学激光器"（MIRACL），功率达 2.2MW，可实现激光致盲。

天基微波武器由低轨道的卫星星群构成，它可把超宽带微波能导向地面、空中和太空目标。它的作用是在目标区的几十到上百米范围内产生高电场，从而摧毁或损坏任何电子部件。天基微波武器的难度较大，目前正处于实验室研究阶段。

天基粒子束武器按照美国的天基粒子束武器方案，氢原子束的能量为 200MeV，武器质量为 60t，用以摧毁卫星或拦截大气层外助推段和中段飞行的洲际弹道导弹的弹头。

软杀伤有对平台上姿态敏感器的干扰技术、对太阳能板攻击技术等，后续重点介绍卫星姿态敏感器干扰技术。

1.4.3　航天电子防御技术体系

航天电子防御技术主要包括航天电子抗干扰技术、威胁告警技术和卫星平台防护技术 3 个方面的内容。

1．航天电子抗干扰技术

航天电子抗干扰技术主要有自适应调零天线技术、抗干扰滤波器技术、窄波束天线技术、功率倒置阵列天线技术、智能自动增益控制技术、空-时自适应信号处理技术、激光通信技术、多波束天线和干扰置零技术、伪噪声跳频频谱展宽技术、伪卫星信号增强技术等。其主要目的有二：一是减小干扰信号进入空间电子信息系统内部的强度；二是增加干扰技术的难度。

航天电子抗干扰技术的原理和航天电子进攻部分的内容多有重合，因此本书不再赘述。

2．威胁告警技术

反卫星激光武器凭借其攻击速度快、机动性能好、抗干扰能力强、无后坐力、杀伤效率高等特点，对敌方保持不对称技术优势。随着近几年美国、欧洲等国家反卫星激光武器的迅速发展，对我国在轨卫星造成了严重的威胁，目前，对来袭激光威胁的探测感知主要通过星载激光威胁告警技术来实现。

激光威胁告警是一种用于截获、测量、识别、定向敌方激光威胁信号并实时告警的防御技术。激光威胁告警器能够在较大视场范围内快速、可靠地识别出激光威胁信号，确定威胁源特性和精确方位，判断其威胁程度，并迅速产生告警信号，使光学载荷或卫星有足够的时间采取相应的防御措施，保护系统免受激光的致命攻击。更加详细的原理介绍和举例说明在第11章中讲述。

3．卫星平台防护技术

卫星平台防护技术的目的是提高攻击难度，提升攻击技术门槛。常用的技术手段有以下几种。

（1）卫星加固技术：通过对航天器易损部件进行加固和备份来提高航天器的防护能力。例如，美国KH-12卫星镜头上加装"眼睑"装置，保护光学探测系统免受攻击。

（2）系统分散：指将大的航天器分解为由多颗微小航天器或分离功能模块以组网、星座的方式构成的分布式协同系统。其特点是系统灵活、可靠性高、生存能力强、发射风险低、效费比高等特点，可以提高空间系统的作战效能。

（3）改变航天器的光学特征，降低其可探测特征，也是卫星平台防护的重要手段之一。例如，美国正在发展的"薄膜可变辐射电致变色装置"新型热电薄膜技术，可以控制辐射率来改变航天器的光学特征，从而实现伪装和隐身。

（4）发展小卫星技术：研制保护重要卫星的专用微型"伴星"，微型"伴星"携带空间监视装置、攻击告警装置和针对威胁源的空间信息进攻装置，集针对攻击的诱骗、阻截等主动防御功能于一体。

（5）卫星隐身技术：卫星薄膜隐身屏就是在卫星上展开薄膜锥形屏，卫星的隐身屏不是固定的，可用固定在卫星上的机械臂来控制隐身屏，或者对某方向隐身，或者打开某方向工作通道。卫星隐身及卫星隐身技术被美军视为最高机密，从未有过公开的和官方的报道。

关于这一部分本书以卫星加固技术、激光告警技术和卫星隐身技术为例，详细介绍这几种技术相关的原理和实现方法。

1.5　本书主体架构

本书主体结构如图1-3所示。

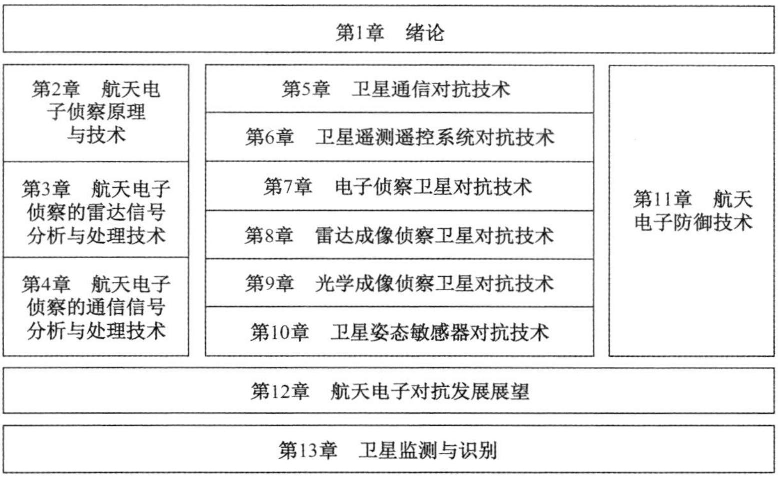

```
┌─────────────────────────────────────────────────────────┐
│                   第1章　绪论                             │
├──────────────┬──────────────────────────────┬───────────┤
│ 第2章　航天电 │   第5章　卫星通信对抗技术      │           │
│ 子侦察原理    ├──────────────────────────────┤           │
│ 与技术        │ 第6章　卫星遥测遥控系统对抗技术 │           │
├──────────────┼──────────────────────────────┤ 第11章 航天│
│ 第3章　航天电子│   第7章　电子侦察卫星对抗技术   │ 电子防御技术│
│ 侦察的雷达信号 ├──────────────────────────────┤           │
│ 分析与处理技术 │ 第8章　雷达成像侦察卫星对抗技术  │           │
├──────────────┼──────────────────────────────┤           │
│ 第4章　航天电子│ 第9章　光学成像侦察卫星对抗技术  │           │
│ 侦察的通信信号 ├──────────────────────────────┤           │
│ 分析与处理技术 │ 第10章　卫星姿态敏感器对抗技术   │           │
├──────────────┴──────────────────────────────┴───────────┤
│               第12章　航天电子对抗发展展望                 │
├─────────────────────────────────────────────────────────┤
│                 第13章　卫星监测与识别                     │
└─────────────────────────────────────────────────────────┘
```

图 1-3　本书主体结构

习　题

1．航天电子对抗包括哪几个方面的内容？

2．简述航天电子对抗的发展趋势。

3．用思维导图的形式画出航天电子对抗技术体系。

4．谈谈对航天电子对抗的理解。

第2章 航天电子侦察原理与技术

航天电子侦察是航天电子对抗的基本内容之一，也是组织实施航天电子进攻和航天电子防御的基础，还是平时和战时广泛进行的航天电子对抗行动。

2.1 航天电子侦察概述

2.1.1 航天电子侦察的任务

电子侦察是电子对抗的重要组成部分之一，是指使用各种电子技术手段，对敌方无意或有意辐射的电磁信号进行搜索、截获、测量、分析、识别，以获取对方电子信息系统及电子设备的技术参数、功能、类型、型号、地理位置、用途以及相关武器和平台类别等情报信息的侦察。随着电子技术的发展和应用需求的牵引，电子侦察的内涵与外延也在发生变化，除了对相关技术参数的获取，对于承载在各种信号上的信息提取、分析、解译与利用也逐渐成为电子侦察任务的重要组成部分。

顾名思义，航天电子侦察是电子侦察的一个子类，概括来讲，是以天基平台（包括卫星、空间站、宇宙飞船等，但主要指卫星）上搭载的电子侦察设备（又称为电子侦察有效载荷）为基础实施的侦察活动。它是电子侦察从陆、海、空作战平台和装备向航天领域的必然扩展。具体来说，航天电子侦察是利用天基平台上的电子侦察设备对陆、海、空平台难以截获的雷达、通信等辐射源目标所辐射的电磁信号进行侦察，获取侦察情报和进行打击效果评估，为电子信息作战提供情报支援，主要包括信号普查、信号特征参数测量、信号承载的信息内容提取、辐射源定位和对地面目标的监视等。航天电子侦察可以巧妙地运用于和平时期和战争时期，其覆盖范围广，运行轨道高，不受地面防空武器的威胁以及国界和地理条件的限制，具有一定的隐蔽性，所以航天电子侦察受到世界各国的普遍重视，并获得大力发展。

航天电子侦察的主要任务是利用天基平台上的电子侦察设备，跟踪、搜集对方雷达、通信等辐射源的信号及其参数，确定对方雷达与通信终端的位置、信号特征、作用距离，验证可见光和红外成像等其他侦察手段的侦察情况。其中，雷达辐射源的主要参数包括频率及其变化特性、功率电平、脉冲重复间隔及其调制特性、脉冲宽度及其调制特性、脉内频率或相位调制特性、天线扫描类型、扫描周期、方向图和极化特性等。通信辐射源的主要参数包括工作频段、载波频率、信号带宽调制样式、数字信号的码元速率及其调制参数、信号持续时间、功率电平、通联关系和通信体制等。根据所侦测到的信号特征参数识别辐射源，推断其用途、能力、威胁程度和组网关系等，从而获得有价值的情报。在此基础上，对承载于信号上的信息进行提取，特别是对于通信等信息传输类辐射源，在非合作解跳、解扩和解调的基础上获得传输码流，甚至对传输码流的特征、协议与内容进行分析，为更有价值的情报获取以及电子攻击的引导提供条件。另外，航天电子侦察也可以为其他作战手段的打击效果评估提供一定的信息与参考，为全面获得战场的信息优势奠定基础。

2.1.2　航天电子侦察的分类

在传统意义上，电子情报（Electronic Intelligence，ELINT）侦察与通信情报（Communication Intelligence，COMINT）侦察是相互独立的，航天电子侦察实际上包含这两类侦察。

（1）电子情报侦察：一方面是对导弹测控信号进行截获与分析，用来监视新型武器的研制，了解其技术战术性能参数等；另一方面是对雷达信号进行截获与分析，用来精确测定对方雷达的位置及性能参数，如工作频率、信号强度、脉冲宽度、脉冲重复频率、天线波瓣宽度、扫描方式、极化方式等，为己方发展类似武器、反制武器和制订作战计划提供情报支持。

（2）通信情报侦察：是对通信信号进行截获与分析，测绘对方的电磁战斗序列（Electromagnetic Order of Battle，EOB），即战时对方电子设备的作战编组性能、配置地点及指挥关系，同时用于侦听通信内容，传回地面后进行破译与分析。

随着技术的发展，航天电子侦察逐渐将电子情报侦察与通信情报侦察融合在一起，世界各国新研制的星载电子侦察有效载荷大多都具备了二者的功能，所以航天电子侦察属于信号情报（Signal Intelligence，SININT）侦察的范畴。

从其他角度考虑，按照不同的分类方法，航天电子侦察还可以分为不同的类型。

（3）按侦察能力划分，航天电子侦察可分为普查型和详查型两种。普查型的瞬时侦察覆盖范围可达 200km 以上，能粗略地测定电磁信号的频率、带宽等参数和辐射源所在位置。详查型能全面测量电磁信号的各种参数，并精确测定辐射源的位置坐标。

（4）按天基平台所运行的轨道划分，可分为低地球轨道型、同步轨道型和大椭圆轨道型。低地球轨道型平台侦察到的信号电平相对较强，适用于详查和精确定位，主要用于雷达等电子情报的侦察；同步轨道型和大椭圆轨道型平台能连续覆盖侦察区域，适用于普查，主要用于通信情报的侦察。如前所述，随着技术的发展，对雷达和通信等辐射源的侦察也逐渐走向综合一体化，在高、低轨等各种轨道上都有同时针对雷达、通信等辐射源进行侦察的电子侦察卫星。

2.1.3　航天电子侦察的主要特点

航天电子侦察的主要特点归纳如下。

1. 覆盖范围广，作用距离远

现有的基于陆、海、空平台的侦察会受到地理空间的限制，侦察设备的作用距离一般不超过两三百千米。陆基侦察设备只能对部署在浅纵深地域的电磁辐射源进行侦察；舰载侦察设备一般也难以远离本土深入前沿纵深海域进行侦察，机载侦察设备虽然具备一定的升空优势，但是其侦察时间非常受限，尽管大量研发的高空长航时无人侦察机弥补了有人侦察机在侦察时间与空间上的缺陷，但是在作用距离与侦察时间上相对于航天电子侦察来说没有明显的优势。航天电子侦察利用较高的卫星轨道，具备覆盖范围广、作用距离远的特点，可实施全方位、大纵深、高立体的侦察。

2. 灵敏度要求高，测量精度要求高

由于卫星运行轨道高，航天电子侦察设备监视的空间更加广阔，作用距离也更远，因此需要星上电子侦察设备具有极强的截获微弱信号的能力，以及处理和分选复杂信号的能力，采用大口径天线以实现对极低功率谱密度信号的接收，并保持较高的截获概率等，所以对侦察灵敏度的要求较高。另外，由于侦察距离的增加，侦察系统的位置分辨力要求也相应提高，因此参数测量精度要求高，但受卫星平台设备量和观测口径限制，测量精度的提高也需要付出较大的代价。

3. 对目标的连续侦察时间与轨道高度相关

侦察设备是搭载于卫星平台上的，根据开普勒定理，卫星的运行周期与轨道长半轴的 1.5 次方成正比，轨道高度越低，其运行周期越短。因此，除高轨卫星之外，电子侦察卫星对同一目标的持续监视时间都比较短，一般长的有十几分钟，而短的只有几分钟，甚至十几秒。如果要保持对同一区域的长期持续性侦察，采用同步静止轨道或卫星星座组网是比较可行的途径。

4. 频谱宽，获取情报多

一方面，航天电子侦察系统几乎覆盖了整个电磁频谱，工作频段从几十兆赫兹到几十吉赫兹；另一方面，航天电子侦察不受战场环境和夜间条件的限制，远距离、全天候侦察的能力大大提高，可以为指挥员快速提供不同范围、不同频段、不同时间、不同地点、不同对象的综合信息，获取的情报信息量大。

5. 侦察具有针对性、实时性、连续性和抗干扰性

航天电子侦察任务一般都具有一定的针对性，对某些地域和目标需要进行重点侦察，这就要求卫星的飞行轨道和信号接收处理具有针对性；侦察信息需要实时地传回地面才能实现较高的信息利用价值，随着星载实时信号处理技术的快速发展和卫星中继通信的广泛应用，航天电子侦察能快速地形成情报，并能实时或近实时地传递，降低了反应时间；航天电子侦察还要求卫星具有全天候、全天时长期连续的侦察能力；抗干扰能力的强弱也直接影响到其侦察能力的强弱，一个很容易受干扰的侦察卫星在遇到干扰时，就不能有效地执行侦察任务，这是不能接受的。

6. 面临的信号环境复杂

随着无线电技术在军事与民用方面的全面发展，航天电子侦察面临的信号环境也日益复杂，主要表现在：辐射源数量日益增多，电子侦察卫星可能受到成千上万个辐射源的照射，信号密度大；辐射源体制多，信号波形复杂多变；辐射源的频段在不断拓展，不同辐射源如雷达、通信、导航、制导等系统的工作频段在越来越宽的范围内不断重叠，造成信号在频域上拥挤，在时域上交叠，这对航天电子侦察系统的总体设计，以及其信号分析与处理技术提出了较高的要求。

2.2　航天电子侦察系统的组成与轨道特性

2.2.1　航天电子侦察系统的组成

1. 系统组成

从系统工程的角度来看，航天电子侦察系统是执行航天电子侦察任务、具备电子侦察能力的一个综合实体，主要包括电子侦察有效载荷、天基平台子系统、侦察数据地面应用子系统、运行保障子系统等几大部分，航天电子侦察系统的组成框图如图 2-1 所示。其中，电子侦察有效载荷与天基平台子系统构成空间段，是在太空中按照预先设计的轨道长期运行的。下面对上述各个部分进行简要的介绍。

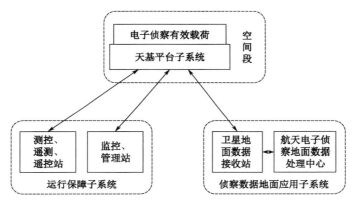

图 2-1　航天电子侦察系统的组成框图

（1）电子侦察有效载荷。

电子侦察有效载荷是指天基平台上搭载的电子侦察设备，主要包括侦察天线（阵）、微波前端、微波变频器、由模数转换模块和数字信号处理模块等构成的数字综合信号处理机、二次电源等。电子侦察有效载荷是电子侦察卫星区别于其他卫星的主要特征。实际上，在电子侦察卫星诞生初期，信号的截获与分析都是通过模拟手段来完成的，但是随着数字处理技术的日益成熟，现今的电子侦察有效载荷大都采用数字处理方式。

（2）天基平台子系统。

天基平台子系统是指搭载电子侦察有效载荷，并在太空中运动的平台，包括卫星、空间站、宇宙飞船等，但主要指卫星平台。天基平台子系统虽然不是电子侦察卫星所特有，但是为保障整个电子侦察有效载荷的正常工作提供了必要条件，主要包括电源供给、结构支撑、星务管理、平台的姿态控制、轨道调整、热控调节、星载遥测遥控与通信数传等。

如前所述，如果卫星平台上搭载的主要有效载荷是用于执行航天电子侦察任务，那么这颗卫星一般称为电子侦察卫星。但是并不是只有电子侦察卫星才能执行航天电子侦察任务，因为电子侦察有效载荷也可以作为一个补充附加性有效载荷搭载于气象卫星、试验卫星、空间站等天基平台上，所以同样可以执行航天电子侦察任务。需要特别说明的是，海洋监视卫星，该卫星上搭载有各种类型的侦察有效载荷，包括可见光成像、红外成像、雷达成像、电子侦察等。海洋监视卫星侦察的对象主要是海上运动的各种舰船和潜艇，侧重于对慢速运动目标的定位，同时要侦测出目标的航速和航向；接收与分析信号主要是为了识别舰船的类型，进而推测出舰艇编队中船只的组成，所以实时性要求较强。在信号侦收频段上，海洋监视卫星主要侦收舰艇上的各种电磁辐射源，包括航海雷达、防空雷达、通信电台等，因此侦收频段比普通电子侦察卫星更具有针对性。尽管如此，但按照前面的定义，海洋监视卫星同样属于航天电子侦察的范畴，因为该卫星平台上搭载有电子侦察有效载荷，所以同样会执行航天电子侦察的相关任务。

（3）侦察数据地面应用子系统。

侦察数据地面应用子系统是指对卫星上的电子侦察有效载荷回传的侦察结果数据和信号采样数据进行二次加工，并输出情报产品的地面子系统。该子系统主要由卫星地面数据接收站和航天电子侦察地面数据处理中心等组成。由于受到卫星星载运算与处理能力的限制，电子侦察有效载荷输出的侦察结果数据往往是一个中间结果或初步结果，需要在地面上且在其他数据库的配合下进行进一步的分析与处理，这样才能最终形成有价值的、可以直接使用的情报。这也是当前与未来一段时间内，大力发展天地一体化航天电子侦察系统的重要方向之一。

（4）运行保障子系统。

运行保障子系统是指对执行航天电子侦察任务的各个环节的有效运行提供保障的子系统，这一部分相对通用，由卫星跟踪、遥测遥控、指令传输、监控管理等设备组成。其主要任务是对卫星平台进行跟踪测量，控制其准确进入预定轨道，并定期对卫星进行轨道修正和位置保持，同时对卫星运行状态进行监测和控制，以保障整颗卫星能正常执行预定的任务。

近年来，随着数据中继卫星的应用，电子侦察卫星上的数据除了在卫星过顶时回传地面站，还可以通过数据中继卫星进行回传，所以运行保障子系统除了地面测控站和监视站等设备，数据中继系统也将成为运行保障子系统的一个重要组成部分。当然，数据中继系统除了可以中继传输电子侦察卫星的遥测遥控信号，还可以将电子侦察卫星产生的情报数据通过卫星中继信道实时发回卫星地面数据接收站，这样航天电子侦察的实效性将得到本质性的提升，真正做到近实时的"所见并所得"。

2. 体制分类

航天电子侦察系统根据任务不同，可采用单星侦察体制或星座侦察体制。这两种体制的区别主要是对地面辐射源的测量和定位方法不同。单星侦察体制一般采用测向定位方法（如比幅测向、干涉仪测向和短基线测向等），星座侦察体制一般采用测时差定位方法（如长基线时差定位）。这里主要针对上述两种体制，描述电子侦察设备的主要组成，有关卫星平台、地面测控等卫星系统中的共性部分这里不做介绍。

（1）单星侦察体制系统的组成。

单星侦察体制是指利用单个卫星平台完成电子侦察任务。苏联的第一代至第四代"宇宙"系列电子侦察卫星都是单星侦察体制。

卫星电子侦察系统的任务主要是获取辐射源信号的特征参数并确定辐射源的位置。所以，单星侦察体制系统除了用于特征参数测量的侦察接收机，必须还有用于信号到达方向测量的测向接收机。此外，卫星状态测量也是必不可少的。

单星侦察体制系统的组成如图 2-2 所示。

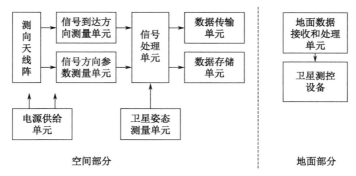

图 2-2　单星侦察体制系统的组成

根据图 2-2，单星侦察体制系统的空间部分主要由测向天线阵、信号到达方向测量单元、信号参数测量单元、信号处理单元、数据传输单元和数据存储单元，以及卫星平台（电源供给单元、卫星姿态测量单元）等组成。测向天线阵主要接收辐射源辐射的信号，天线阵的组阵方式和数量取决于测向定位体制；信号到达方向测量单元主要测量辐射源相对卫星的方向，根据卫星轨道，由几何方法确定辐射源的位置；信号参数测量单元主要测量辐射源的技术参数，包括信号频域参数（载频、调制带宽、调制方式等）和时域参数（信号到达时间、脉冲宽度、重复周期、调制波形、天线扫描等）；信号处理单元主要完成测量数据的融合、相关、部分参数提取，以及工作方式控制；数据传输单元和数据存储单元主要将侦察数据存储，并在合适时间下传地面，以便地面综合处理。

地面部分主要由地面数据接收和处理单元及卫星测控设备组成，主要完成侦察数据的综合处理，包括信号分选、调制特征分析、辐射源识别和定位等。

（2）星座侦察体制系统的组成。

星座侦察体制是指利用相互约束的多个卫星平台，在空间形成相对固定的星座形式，共同完成电子侦察任务。美国的"白云"系列海洋监视卫星采用了星座侦察体制。

在星座侦察体制系统中，单个卫星仅配置信号参数测量单元，它利用 3～4 颗卫星位置差别得到的信号到达时间差来完成辐射源定位功能。星座侦察体制系统的组成如图 2-3 所示。

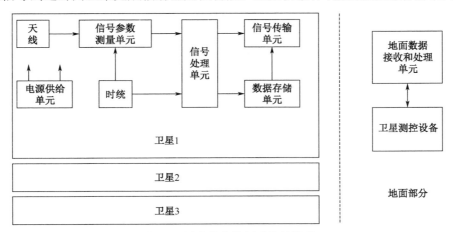

图 2-3　星座侦察体制系统的组成

星座侦察体制系统中每个卫星都不需要信号到达方向测量单元，所以卫星上也不需要复杂庞大的天线阵，仅需要一个空域和频域都是宽带覆盖的天线，用于信号参数测量单元的信号接收。信号参数测量单元主要完成信号频域参数和时域参数的测量，相对单星侦察体制，要求对信号到达时间实现高精度测量。由于星座系统采用时差定位体制，这就要求星座中各个卫星的时间严格同步，因此各星座侦察体制系统其他设备的功能和要求与单星侦察体制基本相同，这里不再重复。由于星座中的每个卫星相对简单，不需要测向设备和天线阵，卫星结构可以简化，因此单颗卫星的质量可以减轻。

2.2.2 航天电子侦察有效载荷

如前所述，航天电子侦察有效载荷是指，天基平台上搭载的电子侦察设备根据所执行的电子侦察任务的重点不同，其构成有一些差异，但一般情况下主要包括侦察天线或侦察天线阵、微波前端、微波变频器、数字综合信号处理机、二次电源等，航天电子侦察有效载荷的基本组成框图如图 2-4 所示。

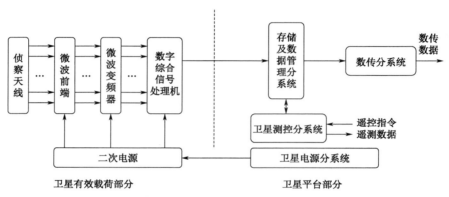

图 2-4　航天电子侦察有效载荷的基本组成框图

当搭载有电子侦察有效载荷的卫星飞经地表辐射源顶部附近的太空区域时，电子侦察有效载荷截获地面、海面和近地空间中电磁辐射源发射的无线电信号，由不同功能组成的接收机完成信号的搜索、截获、数据采集、信号参数测量和分析、信号达到方向和时间的测量，测量结果经卫星上预处理后存储于存储器中，实时或延时地将数据传输到地面站，由地面数据处理中心完成对数据的最终分析，形成侦察情报。在有条件的情况下，还可以对辐射信号上承载的信息进行非合作解扩、解调和解码，从而获取与信息层相关的情报。整个航天电子侦察有效载荷的工作状态由卫星测控分系统和星务分系统根据地面指令来监控。

从卫星的外形上观察，在上述组成要素中，侦察天线部分是搭载电子侦察有效载荷的卫星平台的主要特征。对于低轨电子侦察卫星来说，一般采用天线阵形式；而对于高轨电子侦察卫星来说，一般采用大口径天线形式，由于侦察作用距离远，采用（超）大型天线是高轨电子侦察卫星接收微弱信号的基础与前提。因此，高轨电子侦察卫星又被称为大天线卫星，美国典型的高轨电子侦察卫星的天线尺寸如表 2-1 所示。大椭圆轨道电子侦察卫星一般采用大型伞状天线，其技术难度在于肋条的展开精度；对地静止轨道电子侦察卫星一般采用大型网格天线，在网格节点上还装有微型电动机，以保证天线的机械均匀性和微波特性。在实际应用中，高性能高轨电子侦察卫星天线要求的直径往往很大，有的高达百米量级，而携带有这样大型天线的卫星的发射难度也比较大，当天线折叠起来仍然不能收藏于运载工具中时，则需将天线分成若干部分，分批送入轨道后在卫星上利用空间机器人来装配成整个天线，这类天线称为空间组装型天线。总体来说，大型天线的收拢、展开、变形处理等都是其核心技术。

表 2-1　美国典型的高轨电子侦察卫星的天线尺寸

卫星名称	电子侦察卫星天线尺寸/m	数据传输天线尺寸/m
"雪貂"-D	9.2	—
"流纹岩"	18.3	—
"漩涡（小屋）"	38.4	3.05
"弹射座椅"	18.3	—
"大酒瓶"	152.5	9.8
"号角"	100	—

电子侦察卫星天线后端输出的信号经过低噪声放大与下变频之后，在中频进行信号的分析与处理。随着数字技术的进步，电子侦察卫星上的信号处理设备几乎全部向数字化方向发展。数字综合信号处理机是电子侦察有效载荷的信号处理部分，主要用来对截获到的信号进行分析、处理，从而获得相关信息。另外，部分电子侦察卫星还具有一定的星上数据处理能力，相关信息在通过星上数据处理之后再传回地面，进一步提高了情报利用的及时性。目前，虽然各种电子侦察卫星具有越来越强的星上信号处理能力，但是由于卫星上有效载荷的高可靠性要求、高性能宇航级器件的限制以及对大量侦收到的信号实施处理的巨大工作量和高复杂度，高效的星上信号处理方法与技术仍然是目前和未来一段时期内电子侦察有效载荷研制的重点与难点。另外，数字综合信号处理机还需执行整个有效载荷中其他各个分机的管理控制任务，以使整个电子侦察有效载荷能够高效地完成整个侦察处理任务流程。当然，在某些情况下，也会将此部分功能独立出来，而专门设计一个管控分机来完成此任务。

在电子侦察有效载荷对信号实施分析和处理之后，将相关结果传输给卫星平台的数传分系统，然后通过星地数传链路传回卫星数据地面接收站，交给航天电子侦察地面数据处理中心进行进一步的分析与处理，最终形成有价值的情报。

2.2.3　电子侦察卫星轨道特征

电子侦察卫星按其运行轨道可分为低轨道电子侦察卫星、大椭圆轨道电子侦察卫星和同步轨道电子侦察卫星等；按其侦察对象的不同，可分为用于侦察雷达、通信、遥测和遥控信号技术参数和位置的电子情报型侦察卫星和用于窃听通信内容的通信情报型侦察卫星；按其功能和性能的不同要求，可分为用于收集电磁频谱一般特征的普查型电子侦察卫星和用于侦察电磁辐射源详细技术参数与位置的详查型电子侦察卫星；按侦察定位的方法，又可分为单星定位制电子侦察卫星和多星定位制电子侦察卫星。

低轨道电子侦察卫星的轨道高度通常为 500～1100km，倾角大于 50°，可单星工作也可多星组网工作，典型的系统如美国的"雪貂"系列电子侦察卫星、"白云"系列海洋监视卫星和俄罗斯的"宇宙"系统电子侦察卫星等。低轨电子侦察卫星主要用于对地面通信及雷达等电子目标进行普查、分类、测向定位、信号参数测量、建立目标信号数据库、编制其电子战斗序列，同时可产生战略目标情报、战争征候情报及战场动态情报等。

同步轨道电子侦察卫星的轨道高度大约为 36000km，典型的有美国的"大酒瓶""旋涡""水星""顾问"等系列电子侦察卫星，其突出优点是覆盖地域广、工作寿命长、可以全天候全天时的对特定目标和无线电通信信号进行实时连续的侦察与监视。

大椭圆轨道电子侦察卫星的远地点高度约为 38720km，近地点高度约为 400km，轨道倾角为 63.4°，目前只有美国拥有这类工作卫星，典型的系统有"弹射座椅"系列电子侦察卫星等。这类侦察卫星的主要任务是侦察监视高纬度地区的无线电通信、反导雷达及空间跟踪雷达等信号。

2.3　航天电子侦察系统的工作原理和工作要求

2.3.1　航天电子侦察系统的工作原理

航天电子侦察系统是一个集信息截获、多重信息传输和处理于一体，涉及地面、天上和星际网的复杂系统，侦察获取信息多，系统中的信息关系和数据处理复杂，卫星系统和地面系统的相互依赖程度高。所以，系统必须在地面管理中心的统一协调下，才能同步、协调、互联和可靠地运行。系统工作过程大致可以分为侦察任务设计、辐射源信号截获及参数测量、星上数据处理及存储转发、地面数据接收及综合处理 4 个阶段，各阶段的工作过程和基本要求如下。

1．侦察任务设计

侦察任务设计主要是根据卫星运行轨道、卫星状态和系统资源确定侦察区域，根据对该地区雷达信号特征的基本估计，确定系统工作状态。侦察任务设计给出以下指令。

（1）星上侦察设备开关机时间。

（2）系统工作方式（侦察、数传、同时侦察和数传等）。

（3）窄带接收机工作频点和次序。

（4）选择系统工作灵敏度。

（5）星上数据处理准则。

（6）数据下传时间及信道。

（7）地面接收站工作时间和工作方式。

（8）地面数据处理要求。

2．辐射源信号截获及参数测量

星上侦察设备根据地面指令调整设备工作状态（开关机时间和工作参数），控制侦察设备工作。

在一般情况下，宽带接收设备截获全频段辐射源信号，主要采集辐射源脉冲的频率、脉宽、脉幅和脉冲到达时间，而窄带接收设备截获指定频段辐射源信号，精确采集脉内、脉间信息等，测向接收机完成信号到达角的测量，从而形成地面辐射源脉冲描述字。

同时，卫星系统分别采集平台相关信息（包括卫星位置、姿态和各类遥测数据等）。

3．星上数据处理及存储转发

卫星根据地面指定的处理规则，在星上完成相应的数据处理，并将处理结果存储到星上大容量存储器中，当卫星经过相应地面站时，将侦察数据下传地面。

4．地面数据接收及综合处理

卫星电子侦察系统中除空间的卫星系统之外，地面必须建立若干个测控站、数据接收站、系统管理协调中心和地面数据处理中心。

卫星入境前，系统管理协调中心根据卫星轨道预报当前卫星位置，制订本圈次数据接收预案（接收站名称、时间、初始跟踪角度等），制订本圈次测控预案（测控站名称、时间、上行指令等）。

卫星入境后，测控站首先捕获卫星，接收卫星遥测信号，并将遥测数据实时送至系统管理协调中心。系统管理协调中心根据遥测数据实时分析卫星的当前状态，修改上行指令，在卫星出境前，由测控站完成上行指令的注入。

数据接收站根据接收预案接收卫星下传的侦察数据，并送至地面数据处理中心。

地面数据处理中心根据侦察数据、测控数据和其他途径获取的数据，进行综合处理，完成情报分析和上报。此外，对周边地区的侦察，要求卫星实时下传侦察数据，地面数据处理中心能够实时完成数据分析，系统管理协调中心根据分析初步得出结论，及时调整卫星的工作方式，提高情报的时效性。

2.3.2　航天电子侦察系统的工作要求

1．捕获接收信号的基本条件

通过电子侦察卫星对空间电子信号的接收，实施电子信号侦察，首先要控制侦察卫星对空间电子信号进行捕获接收。所谓的信号捕获接收，是指目标信号的能量能够被整个卫星侦察系统有效的检测，这要求侦察系统能在空域、频域、时域和能量域上对目标信号实施有效覆盖。

电子侦察卫星通过对辐射源辐射信号的截获和处理，达到目标侦察的目的。所谓信号截获，是指目标信号的能量可以被卫星侦察系统有效检测，为此要求侦察系统在空域、频域、时域和能量域上对侦察目标信号实施有效覆盖。

空域覆盖：指被侦察信号的波束能够进入侦察天线波束内的区域。理想的空域覆盖是被侦察信号的波束主瓣进入侦察天线的主瓣；其次是被侦察信号的波束副瓣进入侦察天线的主瓣或被侦察信号的波束主瓣进入侦察天线的副瓣；最基本的也应使侦察天线的副瓣与被侦察信号发射天线的副瓣相交叠。影响侦察系统空域覆盖能力的主要因素有侦察平台的高度、侦察天线的口径及侦察系统的工作频率。空域覆盖能力与平台高度成正比，与天线口径和工作频率成反比。此外，侦察平台与被侦察信号发射平台及接收平台三者间的相对位置关系也是影响侦察系统对被侦察信号实现有效空域覆盖的关键因素。

频域覆盖：指侦察系统的有效工作频带必须保证被侦察信号的有效能量谱部分（以信号检测发现为主要侦察任务）或全部（以信号识别和解调为主要侦察任务）落入工作频带内。侦察系统频率覆盖能力的设计主要取决于侦察任务的类型和侦察对象以及系统拟采用的接收机的性能参数与工作方式（如扫频或固守、单通道或多通道等）。

时域覆盖：包括两个方面的含义。一是对某一侦察对象某次通信过程的完整控守或对某一信号的侦控时间大于信号有效识别所需的时间；二是对于特定区域内通信信号及非通信信号活动情况进行连续监视和侦收。时域覆盖能力主要取决于侦察平台与侦察对象间的相对时空关系。

能量域覆盖：指侦察系统接收到的信号功率 P_R 满足下列条件之一。

信号检测条件：

$$P_R \geq \text{RSS}_R \quad\quad\quad (2\text{-}1)$$

信号识别条件：

$$P_R \geq \text{RSS}_R + \text{DI} \quad\quad\quad (2\text{-}2)$$

信号解调条件：

$$P_R \geq \text{RSS}_R + \text{DM} \quad\quad\quad (2\text{-}3)$$

式（2-1）～（2-3）中，RSS_R 为侦察系统最小可检测电平；式（2-2）中 DI 为信号识别门限，一般取 6～10dB；式（2-3）中 DM 为信号解调门限，一般取 10～15dB。

$$P_R = \text{EIRP}_T - L(r, f) + G(\theta, f, D) \quad\quad\quad (2\text{-}4)$$

式（2-4）中，EIRP_T 为被侦察信号天线口面有效辐射功率；$L(r, f)$ 为空间传播损耗，与被侦察目标的距离 r 和信号频率 f 有关；$G(\theta, f, D)$ 为侦察天线对被侦察信号的增益，与侦察天线电轴方向和被侦察信号天线电轴方向间的空间夹角 θ、天线口径 D 及工作频率 f 有关。

不同的侦察任务对侦察系统的能量域覆盖能力有不同的要求，对于电子信号普查及空间电磁环境调查任务，只要满足式（2-1）的要求即可；对于电子信号详查和电子辐射源目标识别，则要满足式（2-2）的要求；对于以获取信号内涵情报为主要任务的系统则必须满足式（2-3）的要求。

2．星载侦察设备的基本要求

电子侦察卫星面临信号环境复杂，同时由于作用距离相对较远，侦收时间有限，星载侦察设备的基本要求如下。

（1）工作带宽宽。要求侦察接收机具有宽的输入带宽，其理由有二：第一，带宽宽可以减少搜索时间；第二，若输入的是个宽带信号（相位编码或跳频信号），就希望接收机的瞬时带宽能覆盖整个信号的频谱范围，否则该信号中的部分信息不可能完完全全地收集到。但是在一般情况下，要求带宽宽将使接收机的灵敏度、动态范围和频率分辨率降低。

（2）瞬时工作带宽宽。侦察接收机具有较宽的瞬时工作带宽的好处是：第一，带宽宽可以减少搜索时间，提高对信号的截获概率；第二，可以覆盖宽带信号（相位编码、捷变频或跳频信号等）的频谱，收集信号的全部信息。

（3）灵敏度高。侦察系统灵敏度的高低直接决定了能否侦收到感兴趣的辐射源信号，灵敏度越高，侦收到低功率辐射源的能力越强。例如，系统的灵敏度仅仅能侦收远程警戒雷达的信号，那么该系统必然无法侦收武器控制雷达的信号。接收机的灵敏度是由接收机的射频带宽和信号带宽及噪声系数决定的，带宽越宽，噪声系数越大，则灵敏度越低。

（4）动态范围大。空间信号环境复杂，侦察对象千差万别，辐射源的天线波束主副瓣相差很大，要适应这样的信号环境，接收机的动态范围必须足够大。一般来说，提高接收机的灵敏度会同时使其动态范围变小，在设计接收机时，对灵敏度和动态范围始终予以审慎的权衡。

（5）截获概率高。由于空间侦察系统的平台运动速度快，对辐射源的侦察时间有限，重复观察周期较长，因此截获概率高是空间侦察系统中接收机体制选择的重要指标。

（6）信号适应能力强。接收系统的信号适应能力表现在两个方面：一是适应的信号密度，取决于接收系统对信号正确检测的反应时间，其能力越强，在复杂密集信号环境中，信号丢失的概率越低；二是适应的信号类型多，如频率捷变、分时分集、同时分集、脉内调制、脉间时域变化等信号，这有利于对现代雷达信号的侦察。为了提高对信号的适应能力，通常采用多种接收机体制综合应用的系统。

3. 提高捕获接收能力的技术途径

要提高对侦察信号的捕获能力，可以从以下 3 个方向入手。

（1）采用中、低轨卫星平台，以降低信号的空间传播损耗。而中、低轨侦察平台的最大问题是无法对特定区域内的信号进行连续侦察，要实现连续侦察，必须采用星座组网。但对于空间波束较窄的信号，如 Ku 频段的通信卫星上行信号，单一中、低轨卫星对其有效空间覆盖时间是非常有限的，这势必需要大大增加组网卫星的数量。因此，对于需要以获取信号内涵信息为侦察目的的通信信号侦察系统而言，中、低轨卫星平台是不太适宜的，即使采用星座组网的形式，也只适用于对通信信号的普查和监视任务。

（2）提高侦察系统对被侦察信号的系统增益，可以通过提高侦察天线对目标信号的波束覆盖能力（采用多波束天线或电控扫描天线）和增大侦察天线口径。例如，美国的"流纹岩/百眼巨人"中型同步轨道电子侦察卫星天线的口径为 18.29m；用来窃听微波通信信号的"小屋/旋涡"电子侦察卫星所采用的侦察天线口径为 38.4m；"大酒瓶/奥赖恩"大型同步轨道电子侦察卫星的天线口径扩展到了 76.2m；新型的"号角"信号情报卫星更是采用了一种复杂而精细的相控阵宽频带侦察天线，该天线展开后的口径尺寸达 91.4m。这种大型天线可同时监听上千个地面辐射源信号。美国新一代"大酒瓶"同步轨道信号情报卫星的天线口径甚至达到 152m 的惊人程度。

（3）提高系统的接收灵敏度，尽可能地降低系统可检测电平。此外，由于电子侦察卫星的主要任务是截获侦收各类通信、雷达及无线电测控信号，测量信号的特征参数并对辐射源测向定位，无论是雷达信号，还是通信信号，其频率覆盖范围已经从 VHF/UHF 扩展到微波和毫米波频段。因此，要求星载侦察接收机必须具有极宽的工作频率范围，现代电子侦察卫星通常都装有能够工作于不同频段的多部侦察接收机或宽频带侦察接收机。

习　题

1．航天电子侦察的任务是什么？

2．电子侦察包括哪些内容？

3．简述电子侦察卫星典型的工作过程。

4．查找资料，简述美国航天电子侦察的发展趋势。

5．航天电子侦察的主要条件是什么？

6．电子侦察卫星如何分类？分别包括哪几类？

第3章 航天电子侦察的雷达信号分析与处理技术

现代雷达在国防、生产及生活中均具有非常重要的作用，其中雷达信号处理是现代雷达系统的核心内容之一，其直接影响着雷达系统的适用范围和工作性能等。

雷达系统运行后，通过利用信号处理技术对接收的数据信息进行分析、定位、跟踪，既可以有效实现高精度的目标追踪，还能够有效拓展目标识别、目标成像、电子对抗及精确制导等功能，实现雷达技术的综合化、多元化，从而为军事、生产、生活等活动的实施提供有效的支持。在航天电子侦察中，雷达信号处理需要利用其前端设备输出的脉冲信号流进行非合作的信号识别、参数估值及信源识别，获取侦察系统关注的信号为后续其他设备和行动计划的拟制提供支持。

3.1 典型目标的雷达信号特征

当前常见的目标种类有航空母舰、大中型舰船目标、地面战略目标（导弹发射阵地、武器试验场、通信枢纽、雷达站、港口、机场等）。因此，主要以这些目标为代表来分析其雷达装备及雷达信号特征，目标配载的雷达战术、技术参数。

3.1.1 典型目标的雷达装备配置特点

根据这些目标类别，通过分析和研究，其雷达装备配置情况如表 3-1 所示。

表 3-1 典型目标的雷达装备配置情况

目标类别	雷达装备特点	目标的雷达（信号）特征
航空母舰（编队）	对空搜索与跟踪、对空导弹引导、火控、空中导航等雷达	频谱很宽，有各种各样的多频段、多体制的雷达信号
大型舰船	根据情况，可能有对空搜索跟踪、对空导弹引导、火控等雷达	频谱较宽，可能有多种雷达，但雷达信号没有航空母舰（编队）复杂；行驶时导航雷达始终工作
导弹发射阵地	搜索、跟踪、制导雷达	频谱很宽，雷达信号的种类主要包括搜索、跟踪、制导雷达的信号。平时主要是搜索雷达开机
机场	导航雷达	主要是导航雷达信号、载频范围在导航雷达的频率范围

部分航空母舰的雷达配置情况如表 3-2 所示。

表 3-2 部分航空母舰的雷达配置情况

航母名称	装备国	雷达配置情况	备注
"企业"号 ENTERPRISE	美国	对空搜索：ITT SPS48E，3 坐标，E/F 波段，220 海里；雷声 SPS49（V）5，C/D 波段，250 海里；休斯（Hughes）Mk23TAS，D 波段 水面搜索：诺登（Norden）SPN41，SPN43A，2 部 SPN46，J/K/E/F 波段 导航：雷声 SPS64（V）9，富鲁诺（Furuno）900，I/J 波段 火控：6 部 Mk95，I/J 波段（用于对空导弹） 战术空中导航：URN25	

续表

航母名称	装备国	雷达配置情况	备注
卡尔·文森号（编号为：CVN70）	美国	对空搜索：ITT SPS48E，3 坐标，E/F 波段，220 海里；雷声 SPS49（V）5，C/D 波段，250 海里；休斯（Hughes）Mk23TAS，D 波段 水面搜索：诺登（Norden）SPS67V，G 波段，飞机进场 控制：SPN41，SPN43B，SPN44，SPN46，J/K/E/F 波段 导航：雷声 SPS64（V）9，富鲁诺（Furuno）900，I/J 波段 火控：6 部 Mk95，I/J 波段（对导弹） 战术空中导航：URN25	核动力航空母舰
"海洋"号	英国	对空/对海搜索：普莱西（Plessey）996，E/F 波段 对海搜索/飞行控制：2 部凯尔文-休斯（Kelvin Hughes）1007，I 波段	直升机航母
戈尔什科夫（Gorshkov）（改进型基辅级）	俄罗斯	对空搜索："天空哨兵"（Sky Watch）相控阵，4 个阵面，3 坐标 对空/对海搜索："板舵"（Plate Steer），E 波段 对海搜索：2 部"双支柱"（Strut Pair），F 波段 导航：3 部"棕榈叶"（Palm Frond），I 波段 火控："前门"（Front Door），用于 SS-N-12 导弹制导；"鸢声"（Kite Screech），H/J/K 波段，用于 100mm 炮；4 部"低音帐篷"（Bass Tilt），H/I 波段，用于 30mm 炮；4 部"十字剑"（Cross Sword），K 波段，用于 SA-N-9 导弹制导 飞机控制："飞行警察"（Fly Trap），G/H 波段；"蛋糕台"（Cake Stand） 敌我识别：2 部"盐罐"（Salt Pot）A 和 B，1 部"长头"（Long Head）	垂直/短距起降飞机航空母舰

3.1.2 典型的雷达战术、技术参数

1. 雷达战术参数

（1）雷达的用途：指雷达用于何种战术目的。例如，三坐标雷达可用于警戒、跟踪、引导；机载多功能火控雷达可用于搜索、跟踪、地形跟踪和地图测绘等。

（2）雷达探测的空域：指雷达可以对目标进行正常探测的空间范围。它包括雷达的最大作用距离、最小作用距离、最大仰角和最小仰角，以及方位角的扫描范围。

（3）分辨率：表示雷达区分在空间上相互靠近的两个目标的能力。它包括距离分辨率和角度分辨率。

（4）跟踪速度：指自动跟踪雷达可跟踪运动目标的最大速度。

（5）机动能力：指雷达转移阵地的速度。

2. 雷达技术参数

（1）工作频率：是雷达最基本的技术参数。它在很大程度上决定了其他的技术参数。

（2）脉冲重复频率：指雷达每秒钟发射的射频脉冲的个数。它既决定了雷达的探测距离，又决定了其速度分辨力。

（3）脉冲宽度：指射频信号持续的时间。脉冲宽度与雷达的最大作用距离、最小作用距离和距离分辨率都有密切关系。

（4）发射功率：指雷达天线实际辐射的功率。雷达发射功率的大小取决于发射机体制，特别是发射机的末级输出功率器件。

（5）天线扫描方式：指雷达天线波束在空间移动的方式。按照驱动天线运动的方式，天线扫描可分为电子扫描和机械扫描。按照波束在空间移动的轨迹，天线扫描可分为圆周扫描、扇形扫描和栅形扫描等。

3.2　雷达信号的特征参数及接收

雷达在不同的工作模式下，其特征参数是有差别的。雷达的特征参数要根据其在不同工作模式条件下的特征参数来表述。

根据不同的工作模式，在实际的应用中常考虑其频域、时域及其他特征参数。

（1）频域参数：即频段、中心频率、频率最大值、频率最小值、用频特点等。若是频率分集雷达，还要分析频率点数、每个频率点的中心值、最大值和最小值等参数。

（2）时域参数：即脉宽、重频的特点及变化规律。若是多脉宽雷达信号，则要分析各个脉宽的平均值、最大值和最小值；若是重频参差，则要分析骨架周期及各个重频参数。

（3）其他特征参数：包括天线扫描周期特点及扫描参数、极化参数、脉内调制特征参数等。

3.2.1　雷达信号的测量参数

从一个普通的雷达脉冲上可以得到：到达角、射频频率、到达时间、脉冲幅度、脉宽、极化特征，以及脉内调制特征。这些参数可用来完成 3 个任务：信号分选、威胁识别和雷达位置确定。由于接收机接收的信号来自信息收集时间内工作的若干不同的雷达，因此必须对这些雷达信号进行去交错处理，并把所有脉冲按照每部雷达进行分组。这个任务就称为信号分选。把信号分选为若干组后，就需根据所收集的脉冲对雷达的类型进行分类。这个任务就称为信号识别。根据信号到达角和侦察系统平台的位置与姿态可以确定雷达的位置。

1．到达角

到达角信息用于信号分选和定位。对于信号分选来说，这是一个最可靠的数据，因为雷达能改变另外 5 个参数却不能改变到达角这个参数，其原因在于它是由该雷达所在位置决定的。到达角信息用于对辐射源定位。由于固定雷达的位置是不变的，因此可以用于信号分选，这是一个可靠的数据。

2．射频频率

射频频率信息是辐射源的一个重要技术参数，根据射频频率信息可对信号进行分选，估计雷达类型和用途。同时，射频频率是电子对抗作战需要的一个重要信息。

3．到达时间

对于脉冲重复间隔（PRI）稳定的雷达而言，到达时间可用来产生可靠的分选和识别参数——脉冲重复间隔。利用到达时间，经过去交错处理，可以获取脉冲随时间变化的规律，这是雷达重要的特征。

对于采用时差定位体制的侦察系统，通过不同接收机的到达时间差测量可以确定辐射源位置。

4．脉冲幅度

对于航天电子侦察系统而言，由侦察系统和辐射源的空间几何关系可以确定，脉冲幅度可以估计辐射源的等效辐射功率，从而可判断辐射源的用途和类型。

对于采用比幅测向体制的航天电子侦察系统，相对幅度大小可以计算到达角。

5．脉冲宽度

脉宽信息可以用来分选和识别雷达。由于接收机中经常使用限幅放大器或对数放大器，使得测量不同信号强度的脉宽时，相对参考点不同，因此精确测量脉冲宽度可能是很困难的。

6．极化

理论上，极化可为信号分选和识别提供信息，但是由于航天侦察系统截获的信号大多是雷达的副瓣信号，信号极化比较复杂，因此航天侦察系统中对这个参数的测量一般不作要求。

7．脉内调制特征

对于脉内调制的信号（调频或调相），接收机还应该测量其调频的起止频率、实际调制编码规律等参数，这对于数字化接收机而言是不困难的。

3.2.2　雷达信号的接收

根据目前的技术水平，可用于电子侦察卫星系统的接收技术有直检式、超外差、瞬时测频、信道化和数字化接收技术。

1．直检式接收技术

直检式接收机是一种较为简单的接收机，由于其灵敏度有限且频率选择性差，因此一般不直接使用，更常见的是将晶体视频接收机作为另一种类型接收机（如信道化接收机）中的视频器。

直检式接收机主要用于检测脉冲雷达信号，测量的信号参数通常有脉冲幅度、脉冲宽度和脉冲到达时间（TOA）。另外，在比幅测向系统中，直检式接收机还能用来测量脉冲到达角度（AOA）。

直检式接收机的主要技术特点如下。

（1）可覆盖很宽的射频带宽（典型值为几个倍频程），具有较高的截获概率，但对信号频率的测量能力较差。

（2）灵敏度相对较低，提高灵敏度最有效的方法是在检波器前加低噪声射频放大器。

（3）动态范围为中等（典型值是 30dB，最高可达 50dB）。采用对数射频放大器或对数视频放大器是改善动态范围的主要手段。

2．超外差接收技术

超外差接收机本质上是一种选频接收机，在很宽的频率范围内，具有很高的灵敏度和很好的频率选择性，在现代战场上高密度信号环境条件下，超外差接收技术是一个理想的选择。

超外差接收机的灵敏度取决于瞬时带宽，用于雷达信号侦收的超外差接收机典型灵敏度可优于-90dBm。

超外差接收机的主要技术特点如下。

（1）瞬时带宽较窄，所以它具有高灵敏度和宽动态范围。

（2）截获概率较低，所以在航天电子侦察中，超外差接收机通常与宽带接收机配对使用。宽带接收机引导超外差接收机调谐到感兴趣的信号频率上，然后用超外差接收机来分析截获信号的细微特征。

3．瞬时测频接收技术

瞬时测频接收机是一种非常简单而又紧凑的接收机，它既能覆盖很宽的射频带宽，又具有良好的频率分辨率；但是瞬时测频接收机对多个同时到达信号响应会产生错误频率信息。因此，在密集信号环境中使用瞬时测频接收机时，要在接收机前加频率选择电路来限制信号同时出现的概率。

瞬时测频接收机的基本工作原理：首先，将输入信号分为两路，其中一路有一个固定时间延迟，使得两路信号之间产生一个与频率有关的相位差，通过测量相位差来确定输入信号频率。由于相位差超过 2π 弧度后，必将产生相位（频率）模糊，因此实用瞬时测频接收机经常由多部不同时间延迟的简单瞬时测频接收机并联组成，最长的延迟时间提供精确频率分辨率，较短的延迟时间来解决相位（频率）模糊问题，最长延迟时间的值必须短于接收机所测量的最小脉宽，最短延迟时间受接收机带宽的限制。

4．信道化接收技术

信道化接收机使用大量相邻滤波器从频率上对输入射频信号进行分选。信道化接收机具有很多与超外差接收机相同的特性，如高灵敏度、宽动态范围、高频率分辨率。过去，信道化接收机相当庞大和昂贵，这限制了它在电子战中的应用。现在，声表面波（SAW）器件和单片微波集成电路（MMIC）等关键技术的成熟，大大降低了信道化接收机的体积和成本，从而使信道化接收机得到普遍采用，特别适用于星载电子侦察设备。

信道化接收机至少使用两级滤波器级联而成。第一级滤波器的带宽相对较宽且并联个数较少，以得到所期望的瞬态响应，常常使用较传统的滤波器结构；第二级滤波器的带宽较窄且并联个数较多，以得到所期望的高频率选择性，目前 SAW 滤波器是第二级滤波器的最佳选择，SAW 滤波器在单个相对较小的体积内具有高频率选择性和良好的瞬态响应。

5．数字化接收技术

随着数字信号处理技术的发展，在电子战领域中，数字化接收技术逐步得到推广应用。数字化接收技术的第一步是将连续的模拟波形信号进行采样，用二进制数或位序列来表示模拟波形，第二步是对采集数据进行数字信号处理，得到信号的时域和频域特征参数。

在实际应用中，数字接收机必须能对频率范围很宽的输入信号进行数字化。目前，模拟/数字转换器的带宽还不足以直接对这些输入信号进行数字化。因此，一般在模拟/数字转换器前，用超外差接收机将感兴趣的信号下变频到中频频率，在中频采用数字化技术。同时，由于数字信号处理速度的限制，目前数字接收机只能作为一种详细信号分析设备。

应用数字化接收技术可以在独立于系统的硬件配置的条件下改善系统性能。数字接收机得到的是高保真的数字记录，包含了信号所携带的到达时间信息、频率信息、相位信息、多频谱信息、幅度信息、方位信息以及由这些信息的综合作用所形成的个体信息，而这些信息的提取质量完全依赖于信号处理模型，依赖于数字信号处理的技术水平。

3.3 雷达侦察数据处理流程

3.3.1 雷达侦察数据处理过程

雷达侦察数据处理的主要内容有信号分选和识别、辐射源定位等。

雷达侦察数据处理过程如图 3-1 所示。特征提取器代表着无线电接收机的硬件和参数测量与编码电路，它的输出是一个脉冲描述字（Pulse Descriptor Word，PDW），包括被截获信号的特征值（频率、幅度、脉宽、到达时间、到达方位和仰角），这些特征用一连串的二进制表示。每个被截获的信号的 PDW 存储在脉冲缓冲器中以供进一步处理。信号分选通过将接收到的雷达信号脉冲分组来完成分选或去交错功能。从原理上说，每个组或族应代表一部雷达或一个辐射源；但是由于不同信号之间的参数界限可能是重叠的，并且像测量误差这样的因素会导致信号的测量特性变得不准确或模糊，因此将特定的信号与具体的雷达区分开来是一项非常艰巨的任务。适当地选择用来分选的信号参数以及适当地指定他们在决策过程中的相对重要性，可以尽量减小由于信号特性的不精确或模糊而产生的某些问题。例如，就信号分选或去交叉目的而言，被截获的信号到达角是一个非常有用的信号参数，这个过程的部分在空间平台上完成，由于信号环境的复杂性，信号分选最终完成是在地面。

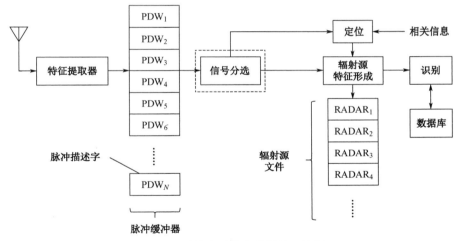

图 3-1 雷达电子侦察数据处理过程

辐射源的定位可以在分选后进行，也可以在分选前进行，或者是分选-定位反复进行。截获和隔离感兴趣的信号并不是最终目标，电子侦察的最终目标是将被截获的信号确定为环境中某一部雷达或一类雷达，并推断该雷达配属的武器系统；"识别"和"数据库"表示对被截获的信号进行识别与分类，根据辐射源数据库识别侦收信号的型号，或者根据多次侦察数据更新数据库。

3.3.2 雷达侦察参数分析

从一个普通的雷达脉冲信号可以得到 6 个参数：到达角、射频频率、到达时间、脉冲宽度、脉冲幅度、极化。这些参数可用来完成 3 个任务：信号分选、信号识别和雷达位置确定。

由于接收机接收的信号来自信息收集时间内都在工作的若干不同的雷达，因此必须对这些雷达信号进行去错处理，并把所有脉冲按照每部雷达进行分组，这个任务就称为信号分选。把信号分选为若干组后，就需根据所收集的脉冲对雷达的类型进行分类。这个任务就称为信号识别。由信号到达角和侦察系统平台的位置与姿态可以确定雷达的位置。

1．到达角

到达角供信号分选和定位。对于信号分选来说，这是一个最可靠的数据，因为雷达改变另外 5 个参数却不能改变到达角这个参数。这是因为它是由该雷达所在位置决定的。

2．射频频率

射频频率是辐射源的一个重要技术参数。对于传统雷达而言，该参数基本不变，根据射频频率可对信号进行分选，估计雷达类型，同时这是目前电子对抗行动中必须依赖的信息。

3．到达时间

对脉冲重复间隔稳定的雷达而言，到达时间可用来产生可靠的分选和识别参数——脉冲重复间隔。对于采用时差定位体制的侦察系统，到达时间的精确测量是确定辐射源位置的前提。

4．脉冲幅度

对于航天电子侦察系统而言，由于侦察系统和辐射源的空间几何可以确定，脉冲幅度可以估计辐射源的等效辐射功率，从而可判断辐射源的用途和类型。

5．脉冲宽度

脉冲宽度可以用来分选和识别雷达。由于接收机中经常使用限幅放大器或对数放大器，使得测量不同信号强度的脉宽时，相对参考点不同，因此精确测量脉冲宽度可能是很困难的。

6．极化

理论上，极化可为信号分选和识别提供信息；但是由于空间侦察系统截获的信号大多是雷达的副瓣信号，信号极化比较复杂，因此空间侦察系统中对这个参数的测量一般不作要求。

7．脉内调制

对于脉内调制的信号（调频或调相），接收机还应该测量其调频的起止频率、调制编码规律等参数，这对于数字接收机而言是不困难的。

3.4　侦察目标位置计算

卫星侦察平台对地面辐射源定位时，空间位置参数的测量主要涉及 3 个坐标系：测量坐标系、星体坐标系、地心直角坐标系。

由于地球是一个不规则的球体，因此采用标准椭球模型来描述。地球上任意一点 E 可用大地坐标 (L, B, H)，即经纬高来表示。大地坐标与其地心直角坐标 (X, Y, Z) 转换式为

$$X = (N + H)\cos B \cos L$$
$$Y = (N + H)\cos B \sin L \qquad (3\text{-}1)$$
$$Z = \left(N\left(1 - e^2\right) + H\right)\sin B$$

式中，$N = a / \sqrt{1 - e^2 \sin^2 B}$，其中长半轴 $a = 6378.14$ km，短半轴 $b = 6356.755$ km，偏心率 $e = 0.0818192$。

卫星与辐射源相对位置关系如图 3-2 所示。

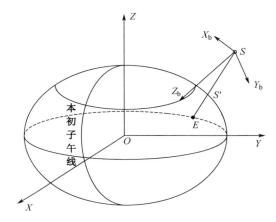

图 3-2　卫星与辐射源相对位置关系

假设辐射源 E 在测量坐标系的坐标为 $X_{BE}(x_{BE}, y_{BE}, z_{BE})$，卫星 S 与辐射源 E 的直角坐标分别为 $X_{ES}(x_{ES}, y_{ES}, z_{ES})$ 和 $X_{EE}(x_{EE}, y_{EE}, z_{EE})$，大地坐标分别为 (L_S, B_S, H_S) 和 (L_E, B_E, H_E)。通过一系列坐标变换，可得 X_{EE} 与 X_{BE} 的变换式为

$$X_{EE} = C_B^E \left(X_{BE} - B\right) \qquad (3\text{-}2)$$

式中，C_B^E 为由测量坐标系到地心直角坐标系的转换矩阵，B 为平移矩阵。

3.4.1　单脉冲定位计算

若卫星采用二维干涉仪测量角定位体制，则对于辐射源的每个到达脉冲均有方位和俯仰两个角度，根据当时卫星的位置（经度、纬度、高度）和姿态，即可计算出辐射源的位置。单脉冲定位原理如图 3-3 所示。

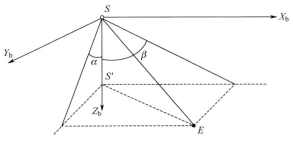

图 3-3　单脉冲定位原理

根据图 3-3，$S\text{-}X_b Y_b Z_b$ 为测量坐标系，其中坐标原点为卫星质心，X_b 轴指向卫星飞行方

向，Z_b 轴指向地心，Y_b 轴与 X_b 轴和 Z_b 轴成右手坐标系。Y_bSZ_b 平面和 X_bSZ_b 平面分别为卫星的方位面和俯仰面。α、β 分别为卫星测得的辐射源的方位角和俯仰角，它们是卫星辐射源矢量在测量坐标系方位面和俯仰面投影与 Z_b 轴夹角。因此，有如下关系

$$\begin{cases} H_{ED} = H_E + \delta H \\ x_{BE} = H_{ED}\tan\beta \\ y_{BE} = H_{ED}\tan\alpha \\ z_{BE} = H_{ED} \end{cases} \tag{3-3}$$

式中，δH 为卫星星下点高度的修正值。

通过式（3-3）以及坐标变换即可求出辐射源的位置。

3.4.2　过顶法定位计算

在全脉冲数据中如果不含有俯仰信息，需采用过顶法定位确定辐射源的位置。过顶时刻卫星与辐射源相对位置关系如图 3-4 所示。

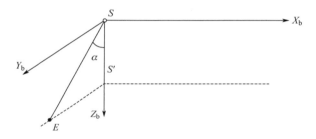

图 3-4　过顶时刻卫星与辐射源相对位置关系

计算式变为

$$\begin{cases} x_{BE} = 0 \\ y_{BE} = H_{ED}\tan\alpha \\ z_{BE} = H_{ED} \\ H_{ED} = H_E + \delta H \end{cases} \tag{3-4}$$

其他计算方法与单脉冲定位相同。

3.4.3　最佳辐射源位置估计

电子侦察系统通过测量信号的到达方向计算辐射源的位置是主要任务之一，在卫星侦察中，一般采用二维测角技术实现单脉冲定位，即由相对平台的到达角（方位和俯仰）和平台位置、姿态，通过几何关系确定辐射源；但是由于每次测量总存在一定的随机误差，因此单次定位结果必然出现随机性。

电子侦察系统对同一辐射源可以连续得到许多到达角测量结果，这为最佳估值的应用提供了基础。自 20 世纪 70 年代以来，计算机技术和信息处理技术的发展，可在多次观测数据的基础上，借助最优化统计估值的理论或数字信号处理技术实现无源精确定位。所采用的信息处理技术多种多样，如加权平均、最小二乘估计、最大似然估计、卡尔曼滤波、最大熵估计等。下面简要论述几个常用的统计定位处理方法。

1. 最小二乘估计

最小二乘估计是常用的最优化统计估值方法之一，其基本原理是在多次观测的基础上寻找能使各次测量数据的误差平方和达到最小的被测状态量的估计值。

假设对侦察目标的位置进行 N 次观测，获得 N 组观测数据 $z_1, z_2, z_k, \cdots, z_n$，其中每个观测值都是被侦察目标状态矢量 $\boldsymbol{X}$ 的函数，即

$$z_i = h_i(\boldsymbol{X}) \quad (i = 1, 2, \cdots, N) \tag{3-5}$$

当存在噪声、干扰时，出现测量误差：

$$z_i = h_i(\boldsymbol{X}) + \varepsilon_i \quad (i = 1, 2, \cdots, N) \tag{3-6}$$

式中，ε_i 为第 i 次观测的误差。

$$\varepsilon_i = z_i - h(\boldsymbol{X}) \quad (i = 1, 2, \cdots, N) \tag{3-7}$$

以上是基本测量方程。用矢量形式表达为

$$\boldsymbol{Z} = \boldsymbol{H}(\boldsymbol{X}) + \boldsymbol{V} \tag{3-8}$$

式中，$\boldsymbol{Z} = [z_1, z_2, \cdots, z_N]'$ 为 N 维测量矢量，$\boldsymbol{H} = [h_1, h_2, \cdots, h_N]'$ 为 $N \times L$ 维测量系数矩阵，$\boldsymbol{V} = [\varepsilon_1 \quad \varepsilon_2 \quad \cdots \quad \varepsilon_N]'$ 为 N 维测量误差矢量，$\boldsymbol{X} = [x_1, x_2, \cdots x_N]'$ 表示 L 维辐射源状态矢量。

最小二乘估计的统计检验量是这样构造的，即

$$J(\widehat{\boldsymbol{X}}) = (Z - H(\widehat{\boldsymbol{X}}))'(Z - H(\widehat{\boldsymbol{X}})) \tag{3-9}$$

最小二乘估计的核心问题是寻找能使统计检验量 $J(\widehat{\boldsymbol{X}})$ 达到最小的状态矢量 $\boldsymbol{X}$ 的估计值 $\widehat{\boldsymbol{X}}$。用 $J(\widehat{\boldsymbol{X}})$ 对 $\widehat{\boldsymbol{X}}$ 求导，并令其结果等于 0，可求出 $\widehat{\boldsymbol{X}}$ 的解为

$$J(\widehat{\boldsymbol{X}})\widehat{\boldsymbol{X}} = (\boldsymbol{H}'\boldsymbol{H})^{-1} \boldsymbol{H}'\boldsymbol{Z} \tag{3-10}$$

可以看出，状态矢量的最佳估计值 $\widehat{\boldsymbol{X}}$ 是测量矢量 $\boldsymbol{Z}$ 的线性函数，所以最小二乘估计法是一种线性估计方法。

2. 最大似然估计

最大似然估计的基本方法是：在多次无源侦测的基础上寻找能使测量结果的似然函数达到最大的被侦察状态矢量 $\boldsymbol{X}$ 的估计值。

其基本方程用矢量形式表达为

$$\boldsymbol{Z} = \boldsymbol{H}(\boldsymbol{X}) + \boldsymbol{V} \tag{3-11}$$

式中，$\boldsymbol{Z} = [z_1, z_2, \cdots, z_N]'$ 为 N 维测量矢量，$\boldsymbol{H} = [h_1, h_2, \cdots, h_N]'$ 为 $N \times L$ 维测量系数矩阵，$\boldsymbol{V} = [\varepsilon_1 \quad \varepsilon_2 \quad \cdots \quad \varepsilon_N]'$ 为 N 维测量误差矢量，$\boldsymbol{X} = [x_1, x_2, \cdots, x_N]'$ 为 L 维辐射源状态矢量。

最大似然估计的统计检验量是被测数据的似然函数，即

$$\Lambda(\boldsymbol{Z}) = P(\boldsymbol{Z}/\boldsymbol{X}) = P(z_1, z_2, \cdots, z_N / \boldsymbol{X}) \tag{3-12}$$

其含义为给定目标状态 $\boldsymbol{X}$ 时，观测矢量 $\boldsymbol{Z} = [z_1 \quad z_2 \quad \cdots \quad z_N]'$ 的条件概率。

如果某状态矢量估计值满足：

$$\Lambda(\boldsymbol{Z}_k) = \max_j (\Lambda(\boldsymbol{Z})_j) \quad (i = 1, 2, \cdots, N; j \neq k) \tag{3-13}$$

那么 $\widehat{\boldsymbol{X}} \to \boldsymbol{X}$，这就是最大似然估计无源定位的判别准则。此外，也可以借助无量纲的似然比来检验最大似然估计。所谓似然比，是指用"目标不存在"的似然函数 $P(\boldsymbol{Z}/\boldsymbol{X}_0)$ 除以似然函数 $P(\boldsymbol{Z}/\boldsymbol{X})$，即

$$J(X) = \frac{P(Z/X)}{P(Z/X_0)} \tag{3-14}$$

还可以用对数似然比，即

$$J(X) = \ln \frac{P(Z/X)}{P(Z/X_0)} \tag{3-15}$$

最大似然估计无源定位的关键问题是寻找能使似然比函数达到最大的目标状态矢量的估计量。

3. 卡尔曼滤波

卡尔曼滤波是一种重要的最优化线性无偏估计方法。实际上，它是一种通用性的信息处理方法，可以在干扰噪声背景中对机动目标位置和运动状态进行最小方差估计与跟踪，不仅可以在有源雷达系统中运用，还可以在无源电子侦察设备中运用。卡尔曼滤波的基本思路是：对于任一线性动态过程，可以借助它的动态方程，由它现行的运动状态预测和估计它未来的运动状态。

典型的状态方程为

$$X_k = F_{k-1} X_{k-1} + N_{k-1} \tag{3-16}$$

式中，X_k 为系统在 $t = t_k$ 时刻的状态矢量，X_{k-1} 为系统在 $t = t_{k-1}$ 时刻的状态矢量，F_{k-1} 为状态转移矩阵，N_k 为系统所受噪声扰动的影响。一般认定状态扰动过程为零均值平稳高斯过程，即 $N_k \sim N(0, Q_k)$，$E\{N_k\} = 0$，$E\{N_k, N_k'\} = Q_k$。

测量方程为

$$Z_k = H_k X_k + V_k \tag{3-17}$$

式中，Z_k 为传感器在 $t = t_k$ 时的观测矢量，H_k 为测量系数矩阵，V_k 为测量噪声误差矩阵。卡尔曼滤波包含时间更新和量测更新两个过程，又称为预测和校正。

（1）时间更新（预测）。

卡尔曼滤波状态量预测值方程为

$$\widehat{X}_{k|k-1} = F_{k-1} \widehat{X}_{k-1} + N_{k-1} \tag{3-18}$$

状态量的误差协方差预测方程为

$$P_{k|k-1} = F_{k-1} P_{k-1|k-1} F_k^{\mathrm{T}} + Q_k \tag{3-19}$$

式中，上标 T 为矩阵的转置。

（2）量测更新（校正）。

$$K_k = P_{k|k-1} H_k^{\mathrm{T}} \left[H_k P_{k|k-1} H_k^{\mathrm{T}} + R_k \right]^{-1} \tag{3-20}$$

式中，K_k 为卡尔曼滤波增益，是使方差达到最小的最佳加权系数矩阵。

$t = t_k$ 状态矢量的最终估计值为

$$X_{k|k} = X_{k|k-1} + K_k (Z_k - H_k X_{k|k-1}) \tag{3-21}$$

$t = t_k$ 状态矢量的误差协方差矩阵为

$$P_{k|k} = \left[I - K_k H_k \right] P_{k|k-1} \left[I - K_k H_k \right]^{\mathrm{T}} + K_k R_k K_k^{\mathrm{T}} \tag{3-22}$$

式中，$R_k = E\left[V_k, V_k^{\mathrm{T}} \right]$。

卡尔曼滤波是一种局部性的、序贯式的统计估值方法，侦察系统每采集一组新的辐射源状态参数观测数据，处理设备只需对新数据进行处理，就可提供最优估计输出，不必全部重复，而最小二乘估计是一种全面的统计估值方法，侦察系统每采集一组新的观测数据，处理设备都需对此前已获得的所有观测数据重复一次迭代处理。

习　题

1．典型雷达对抗侦察系统由哪几部分组成？分别输出什么参数？

2．雷达脉冲描述字主要由哪些参数组成？这些是不是雷达本身固有的参数？

3．在雷达侦察信号处理的哪个阶段导出 PRI？

4．将所在地点的大地坐标转化为地心直角坐标（大致经纬高即可）。

5．设某一卫星运行至天安门广场上方 500km 高空，卫星测得的辐射源的方位角为 45°、俯仰角为 60°，忽略星下点修正值，分别使用单脉冲定位和过顶法定位计算辐射源的位置。

6．已知某雷达与侦察机之间的初始距离为 31264m，侦察机的测时脉冲周期为 0.1μs，若以雷达发射时刻为计时起点，假设雷达的 PRI 为 800μs。

（1）试求侦察机对其第一个发射脉冲的计数值；

（2）如果该雷达与侦察机之间具有 300m/s 的相对运动速度，试求侦察机对其第二、第五个发射脉冲的 TOA 值；

（3）如果脉冲的上升沿为 30ns，输入信噪比为 10dB，试求 TOA 测量的均方根误差。

7．总结和比较搜索式超外差接收机、瞬时测频接收机、信道化接收机、数字接收机的特点，并指出它们的应用场合。

第4章 航天电子侦察的通信信号分析与处理技术

对于通信情报侦察卫星，由于侦察区域的广阔性、侦察对象的多样性，因此星载侦察接收机捕获的信号类型十分繁杂。既有各种多址方式、多种调制方式的卫星通信上行信号，又有各种复杂体制的雷达信号及其他非通信信号；既有发射功率上百兆瓦的强脉冲信号，又有发射功率仅数瓦的卫星移动通信信号；既有长期的连续信号，又有短时突发信号及各类低截获概率信号；既有点对点的通信，又有组网通信（且有逐步扩大的趋势）等。随着技术的发展，各类新体制的信号还在不断地涌现。要想在如此复杂的信号环境中分选出感兴趣的目标信号，并对其进行处理，以现有技术，即使在地面也需要一套十分庞大的系统，并采用复杂的处理技术才可能完成，更何况星上。

对于信号情报侦察卫星，比较理想的星上处理体制是既有一定的星上信号处理能力，又具有透明转发功能。星上处理设备应以宽带中频采样和软件无线电平台为主要实现手段，对未知信号通过采样传输到地面进行处理，利用软件无线电平台和地面软件加载技术对常规信号与已知规格信号进行识别和解调处理。

4.1 通信信号的特征参数与侦察

目标通信信号特征表示可以概括为通信频段、通信信号样式、通联特征、跳频网参数、直接序列扩频台参数、信号细微特征、网台关系，以及通信信号的空间、时间、频域分布规律和信号的密集度等。

纵观各种通信电台的工作原理，很显然，个体差异是普遍存在的，并且对不同个体具有唯一性。尽管电子器件特性随着时间的推移和环境的变化会有所改变，但是在一定时间（通常在器件的有效使用期内）、一定环境下（如器件正常工作的温度下），各器件特性会表现出相对的稳定性。因此，由器件差异带来的影响也必然具有一定的稳定性。可见，前面讨论中提出的种种差异在信号上带来的影响已具有了成为识别电台个体特征的基本要素，那么它们最终能否成为电台的个体特征将取决于这些特征是否具有可检测性，而是否具有可检测性必须要通过具体分析研究，从试验中确定。

电台的各种个体特征产生的机理各不相同，这些特征随着发射机工作过程附加在其发射的信号上，即尽管个体特征各自产生的机理不同，最终都会在信号幅度、载频或相位上有所体现，或者以加性、乘性噪声的形式出现。假设基带信号为 $\alpha(t)$，载波信号为 $s(t) = \mathrm{e}^{-\mathrm{j}(\omega_0 t + \varphi_0)}$，则发射信号为

$$f(t) = \alpha(t)\mathrm{e}^{-\mathrm{j}(\omega(t)t + \psi(t))} + n_i(t) \tag{4-1}$$

式中，$\alpha(t)$、$\omega(t)$ 和 $\psi(t)$ 除受调制规律的影响之外，还受发射机的非理想状态的影响，附加了具有个性差异的特征；$n_i(t)$ 为发射机内部加性噪声。

发射信号到达接收机进行特征分析之前，由于污染的必然存在，接收端信号变为

$$r(t) = \alpha'(t)e^{-j(\omega'(t)t + \psi'(t))} + n(t) \tag{4-2}$$

式中，$n(t)$ 为接收端总的加性噪声，通常可假设为白高斯噪声；$\alpha'(t)$、$\omega'(t)$ 和 $\psi'(t)$ 分别为被传输信道污染后的信号幅度、载频或相位。

一般来说，虽然分析得知在信号幅度、载频或相位上附加有电台个体特征，但要想直接获得各个特征是不现实的。因为各个特征的产生根源虽然不同，但它们作用到发射信号上，表现出的往往是多个差异共同作用的结果，这就出现一个新问题：从什么角度、如何分析电台的个体特征？

研究每个电台的工作过程，发现任何电台从开机到正常工作需要经历从开机的系统不稳定工作状态到系统稳定工作状态这两个阶段。在系统刚开机工作时，包括电源、频率源在内的电台各组成部分工作不稳定，信号中表现出来的是非常显著的非线性和非平稳性的特征，其他特征如杂散输出差异、噪声特性差异、调制参数差异和载频偏差等。一方面由于系统不稳定工作状态时间很短，这些特征不好分析；另一方面直观上它们也不如暂态特征那么表现明显。因此，这个阶段将重点研究电台的暂态特征。系统稳定工作后，除开机时的暂态特征之外，其他个体特征综合影响发射信号，很难将其逐一分选，如电台杂散输出差异和内部噪声可能都会对调制特征产生影响，或者对载频偏差产生影响。因此，在这一阶段，选择能够反映本阶段个体差异的信号特征进行分析。

4.1.1　典型理想通信信号的特征表达

根据调制信号的类型，可以将调制分为模拟调制和数字调制两种方式。常用的模拟调制有 AM、FM、DSB 等，数字调制有 ASK、FSK 及 PSK 等。下面给出电子侦察卫星可能接收到的各种调制方式的通信信号的具体含义及其特征表达。

1．调幅信号

标准调幅就是常规双边带调制，简称调幅（AM）。如果输入的基带信号有直流分量，那么它可以表示为 m_0 与 $m'(t)$ 之和，其中 m_0 是 $m(t)$ 的直流分量，$m'(t)$ 是消息变化的交流分量。将其与载波相乘，即可形成调幅信号，其表达式为

$$s_m(t) = m(t)\cos\omega_c t = [m_0 + m'(t)]\cos\omega_c t \tag{4-3}$$

2．双边带抑制载波（DSB-SC）调制信号

在 AM 信号中，载波分量不携带信息，信息由边带传送。如果输入的基带信号没有直流分量，那么其输出的信号便是双边带抑制载波调制信号，简称双边带（DSB）信号。这时的 DSB 信号实质上是信号 $m(t)$ 与载波的相乘。其表达式为

$$s_m(t) = m(t)\cos\omega_c t \tag{4-4}$$

3．单边带信号

双边带信号包含两个边带，即上边带与下边带。由于两个边带的信息相同，从信息传输的角度考虑，只传输一个边带即可。所谓单边带（SSB），是指只产生一个边带的调制方式。其表达式为

$$s_{\text{SSB}}(\omega) = \frac{1}{2}\left[M(\omega - \omega_c) + M(\omega + \omega_c)\right]H(\omega) \tag{4-5}$$

下边带的时域表达式为

$$s_m(t) = \frac{1}{2}m(t)\cos\omega_c t + \hat{m}(t)\sin\omega_c t \qquad (4\text{-}6)$$

上边带的时域表达式为

$$s_m(t) = \frac{1}{2}m(t)\cos\omega_c t - \hat{m}(t)\sin\omega_c t \qquad (4\text{-}7)$$

4. 调频信号

频率调制是指载波信号的频率按调制信号规律变化的一种调制方式。调频（FM）信号的一般表达式为

$$v(t) = V_m\cos\left(\omega_c t + k_f\int_0^t v_\Omega(t)\mathrm{d}t + \Phi_0\right) \qquad (4\text{-}8)$$

5. 二进制频移键控

二进制频移键控（2FSK）信号是用 0 符号对应载频 ω_1，用 1 符号对应载频 ω_2 的已调波形，而且 ω_1 与 ω_2 之间的改变是瞬时改变完成的。

根据 2FSK 信号的产生原理，已调信号的表达式为

$$e_0(t) = \sum_n a_n g(t - nT_s)\cos(\omega_1 t + \phi_n) + \sum_n \overline{a}_n g(t - nT_s)\cos(\omega_2 t + \theta_n) \qquad (4\text{-}9)$$

式中，$g(t)$ 为单个矩形脉冲，T_s 为脉宽，ϕ_n 和 θ_n 分别为第 n 个信号码元（1 或 0）的初始相位。

$$a_n = \begin{cases} 0, & \text{概率为} p \\ 1, & \text{概率为} 1-p \end{cases}$$

$\overline{a}_n$ 是 a_n 的反码，即若 $a_n = 0$，则 $\overline{a}_n = 1$；若 $a_n = 1$，则 $\overline{a}_n = 0$，于是

$$\overline{a}_n = \begin{cases} 0, & \text{概率为} 1-p \\ 1, & \text{概率为} p \end{cases}$$

6. 四进制频移键控（4FSK）

$$\begin{aligned} e_0(t) = &\sum_n a_{n1} g(t - nT_s)\cos(\omega_1 t + \phi_n) + \sum_n a_{n2} g(t - nT_s)\cos(\omega_2 t + \phi_{n2}) + \\ &\sum_n a_{n3} g(t - nT_s)\cos(\omega_3 t + \phi_{n3}) + \sum_n a_{n4} g(t - nT_s)\cos(\omega_4 t + \phi_{n4}) \end{aligned} \qquad (4\text{-}10)$$

$$a_{ni} = \begin{cases} a_{n1}, & \text{概率为} p_1 \\ a_{n2}, & \text{概率为} p_2 \\ a_{n3}, & \text{概率为} p_3 \\ a_{n4}, & \text{概率为} p_4 \end{cases}$$

其中，$p_1 + p_2 + p_3 + p_4 = 1$。

7. 二进制振幅键控

二进制振幅键控（2ASK）信号可以表示为一个单极性矩形脉冲与一个正弦型载波的相乘，即

$$e_0(t) = \left[\sum_n a_n g(t - nT_s)\right]\cos\omega_c t \qquad (4\text{-}11)$$

式中，$g(t)$ 为持续时间为 T_s 的矩形脉冲，a_n 的取值满足：

$$a_n = \begin{cases} 0, \text{概率为} p \\ 1, \text{概率为} 1-p \end{cases}$$

令 $s(t) = \sum_n a_n g(t - nT_s)$，则 $e_0(t) = s(t)\cos\omega_c t$。

8. 四进制振幅键控（4ASK）

4ASK 的表达式为

$$e_0(t) = \left[\sum_n b_n g(t - nT_s)\right]\cos\omega_c t \tag{4-12}$$

式中，$g(t)$ 为持续时间为 T_s 的单个基带码元波形，b_n 的取值满足：

$$b_n = \begin{cases} 0, & \text{概率为} p_1 \\ 1, & \text{概率为} p_2 \\ 2, & \text{概率为} p_3 \\ 3, & \text{概率为} p_4 \end{cases}$$

且有 $p_1 + p_2 + p_3 + p_4 = 1$。

9. 二进制相移键控（2PSK）

二进制相移键控方式是载波相位按基带信号脉冲而改变的一种数字调制方式。其信号一般表示为

$$e_0(t) = \left[\sum_n a_n g(t - nT_s)\right]\cos\omega_c t \tag{4-13}$$

式中，$g(t)$ 为持续时间为 T_s 的矩形脉冲，而 a_n 的统计特性为

$$a_n = \begin{cases} +1, & \text{概率为} p \\ -1, & \text{概率为} 1-p \end{cases}$$

也就是说，在其任一码元持续时间 T_s 内，$e_0(t)$ 为

$$e_0(t) = \begin{cases} +\cos\omega_c t, & \text{概率为} p \\ -\cos\omega_c t, & \text{概率为} 1-p \end{cases}$$

10. 四进制相移键控（4PSK）

4PSK 是利用 4 种不同的相位来表示数字信息的调制方式，表达式为

$$\begin{aligned} e_0(t) &= \sum_{k=-\infty}^{\infty} g(t - kT_s)\cos(\omega_c t + \phi_k) \\ &= \sum_{k=-\infty}^{\infty} a_k g(t - kT_s)\cos\omega_c t - \sum_{k=-\infty}^{\infty} b_k g(t - kT_s)\sin\omega_c t \end{aligned} \tag{4-14}$$

式中，$b_k = \sin\Phi_k$，$a_k = \cos\Phi_k$，Φ_k 为受相位调制，可以有 4 种取值。

$$\Phi_k = \begin{cases} \dfrac{\pi}{2}, & \text{概率为} p_1 \\ \pi, & \text{概率为} p_2 \\ \dfrac{3\pi}{2}, & \text{概率为} p_3 \\ 2\pi, & \text{概率为} p_4 \end{cases}$$

其中，$p_1 + p_2 + p_3 + p_4 = 1$。

11．二进制差分相移键控（2DPSK）

2DPSK 方式即是利用前后相邻码元的相对载波相位值来表示数字信息的一种调制方式。例如，假设相位值用相位偏移 $\Delta\Phi$ 表示（$\Delta\Phi$ 表示本码元初相与前一码元初相之差），并有

$$\begin{cases} \Delta\Phi = \pi \rightarrow 数字信息 "1" \\ \Delta\Phi = 0 \rightarrow 数字信息 "0" \end{cases}$$

12．正交差分相移键控信号（QDPSK）

QDPSK 方式也是利用前后相邻码元的相对载波相位值表示数字信息的一种方式。

产生原理与 2DPSK 信号的产生一样，先将输入的双比特码进行码型变换，再用码变换器输出的双比特码进行四相绝对相移，则得到四相相对相移信号。

13．十六进制正交振幅调制（16QAM/APK 信号）

幅相键控信号一般表示为

$$e_0(t) = \left[\sum_n A_n g(t - nT_s) \right] \cos(\omega_c t + \vartheta_n) \tag{4-15}$$

式中，$g(t)$ 是持续时间为 T_s 的单个基带脉冲。将其变形为

$$e_0(t) = \left[\sum_n X_n g(t - nT_s) \right] \cos\omega_c t + \left[\sum_n Y_n g(t - nT_s) \right] \sin\omega_c t \tag{4-16}$$

令 $A_n \cos\vartheta_n = X_n$，$-A_n \sin\vartheta_n = Y_n$，则 APK 信号可看作两个正交振幅调制信号之和。

4.1.2　卫星侦察的信号环境

卫星侦察面临的是一个信号密集复杂且在时域和频域会出现交叠与变化的信号环境。星载通抗侦察设备所接收的信号通常是多个信号互相交叠的信号流。基于此，可以建立卫星侦察通信信号环境模型，如图 4-1 所示。

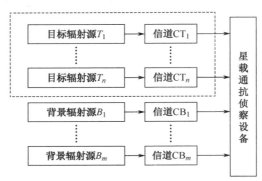

图 4-1　卫星侦察通信信号环境模型

假设某一时刻 t 星载电子侦察设备截获到目标 T 配备的 n（T_1、T_2、…、T_n）个辐射源发出的通信信号，同时侦收到背景辐射源 B_1、B_2、…、B_m 所发出的通信信号，则该时刻侦察设备接收到的实际信号为这些辐射源发出的信号经过不同的信道传输后到达卫星接收天线所形成的混合信号。该信号可以表示为

$$X(t) = \sum_{i=1}^{m+n} \left[S_i(\Theta_i) + n_i(t) \right] \tag{4-17}$$

式中，$X(t)$ 为侦察设备接收到的实际信号；$S_i(\Theta_i)$ 为侦察设备接收到的 $m+n$ 个信号中的第 i 个信号；$\Theta_i = (t_i, \theta_{i1}, \theta_{i2}, \cdots, \theta_{i6})$ 为第 i 个信号的参数集，用来刻画该信号区别于其他信号的特征，$t_i, \theta_{i1}, \theta_{i2}, \cdots, \theta_{i6}$ 分别为信号的接收时刻、调制方式、载频、调制频率/码元速率、接收信号功率、信噪比和初始相位；$n_i(t)$ 为第 i 个信号的信道噪声，一般认为是加性高斯白噪声（AWGN）。

以上考虑的是理想状态下的全域侦察，即侦察设备可以对全空域、全时域、全频域、全调制域、全极化域和对所有强度的信号进行侦察，它对应一种"无限"的理想状态。实际上，由于考虑到应用/作战背景（如作战对象、作战环境和使用条件等）、研制基础和成本因素，最终开发出的实用侦察设备只能是在有限使用条件下、有限测量域内针对有限类型的电子目标进行测量的系统，在一定条件下完全或非完全地侦收信号。因此，侦察设备截获辐射源信号的情况可以分为两种：完全截获和非完全截获。

1. 侦察设备完全截获辐射源信号的功率条件

$$G_i(\theta, f) + P_j(\theta, f) - 2R - 11 > S_k, \quad i \in I, j \in J, k \in K \tag{4-18}$$

式中，$G_i(\theta, f)$ 为辐射源 I 个发射波束序列中第 i 号波束的增益（dB）；$P_j(\theta, f)$ 为辐射源 J 个发射功率组合中第 j 种功率的强度（dBW）；S_k 为侦察设备 K 个侦察模式中第 k 种侦察模式的系统灵敏度（dBW/m²）；R 为侦察设备与辐射源之间的距离（m）；θ 为辐射源相对侦察设备的角位置；f 为辐射源信号频率。

2. 侦察设备完全截获辐射源信号的测量条件

（1）瞬时测频范围 B' > 辐射源对应的工作频率捷变范围 B。
（2）瞬时动态范围 D' > 可能截获到的辐射源信号幅度变化范围 D。
（3）连续观测时间 $T' \supset$ 辐射源信号特征参数和信息识别时间 T。
（4）观测调制域 $M' \supset$ 辐射源信号调制域 M。
（5）观测极化域 $P' \supset$ 辐射源辐射波极化域 P。

同时满足上述功率条件、测量条件的侦察即为完全截获，否则为非完全截获。因此，在进行卫星侦察通信信号环境仿真时，应根据侦察设备与辐射源信号的具体参数，确定侦察设备是否对辐射源信号实现完全截获。由于非完全截获状态下，信号所携带的信息失真严重，不利于信号参数分析与特征提取。

4.1.3　卫星通信信号的侦察

卫星通信是军事通信中十分重要的手段，卫星通信信号是电子侦察卫星的重要对象之一。目前卫星通信正处于继模拟到数字的换代后的又一个重要的转变期。根据国际卫星组织的研究，卫星通信系统将在接入、移动和广播三大领域起主导作用，传统的远程干线通信将主要由光纤通信网络主导。随着这一转变的实施，点波束、星上交换、星间链路和成对载波多址（PCMA）等新技术的应用正得到大力的研究与推广。对卫星通信信号的侦察，将越来越依赖于信号情报侦察卫星。

1. 频分多址（FDMA）信号侦察技术

频分多址是卫星通信信号中最常见的多址方式。频分多址通信系统为每个通信用户都分配一个单独的信号频带，各用户的通信发射按系统要求的中心频率、传输带宽和调制方式发射信号，接收方通过系统给定的对方频谱参数进行接收，从而构成通信系统。

对频分多址信号的捕获，需要测定的信号参数主要有以下几个。

（1）信号中心频率：主要是需要精确测定传输信号的载波频率。

（2）信号传输比特速率：主要是需要精确测定传输信号的符号速率。

（3）信号传输带宽：主要是需要测量传输信号所占带宽，以确定信号的滚降系数。

（4）信号调制方式：主要是需要确定调制的规格，包括调制体制、星座映射规格等。

（5）信号信噪比：主要是需要确定信号的强度。

在 FDMA 信号的捕获中，对侦察卫星接收机的要求重点是接收频带和灵敏度等。采用宽带接收机可以捕获相应的卫星通信信号，但是由于空间信号的微弱性，宽带接收机捕获转发的信号，需要对信号的参数进行较为准确的测定，以采用针对性较强的侦察接收机，提高捕获信号的质量。

2. 时分多址（TDMA）信号侦察技术

时分多址也是卫星通信信号中常见的多址方式。时分多址通信系统为每个通信用户都分配一个通信时间段（称为时隙），在同一频点上发送信号。各用户的通信发射按系统要求的频点、带宽和时隙要求发送信号，接收方通过系统给定的对方频点、时隙等参数进行接收，从而构成通信系统。

对时分多址信号的捕获，需要测定的信号参数除了 FDMA 信号的参数，还有以下几个。

（1）信号时隙参数：主要是需要测定每一时隙的长度、各时隙间的保护时间长度等。

（2）信号同步参数：主要是需要确定各突发信号的同步时间长度，以及同步帧构成。

（3）用户标志参数：主要是需要确定不同用户的身份标志（如独特码），以便将同一用户的不同突发数据实时链接。

对 TDMA 信号的捕获，需要在确定信号频点和带宽后，对侦察卫星转发的信号进行时隙参数、同步参数和用户参数的测定识别，根据需要调整对信号的捕获接收的参数。

3. 码分多址（CDMA）信号侦察技术

码分多址是卫星通信常用的多址方式。码分多址通信系统为每个通信用户都分配一个扩频码，对调制信号进行扩频处理，并在同一频段内传输信号。接收方通过系统给定的对方扩频码和调制参数进行接收，从而构成通信系统。码分多址通信的特点是传输信号的频谱被扩展了，从频谱特征上看，信号的信噪比大大降低，甚至完全被噪声所淹没，因此对码分多址信号的捕获难度较大。

对码分多址信号的捕获，需要测定的信号参数除了 FDMA 的调制参数，主要还有以下几个参数。

（1）信号扩频增益参数：主要是需要测定信号扩频前后的带宽，即扩频码的码片速率。

（2）扩频码类型参数：主要是确定所采用扩频序列的类型。

（3）用户扩频码参数：主要是确定不同用户所用的扩频码。

对 CDMA 信号的捕获，首先需要在侦察卫星转发的频段内识别和检测出扩频码信号，确定扩频信号的扩频带宽、扩频方式和用户扩频码，以实现对 CDMA 信号的捕获。

4. 成对载波多址（PCMA）信号侦察技术

成对载波多址通信是一种新的卫星通信多址方式。PCMA 通信系统将通信双方的信号在同一个频率上进行传输，其本质是一种混合信号通信体制。对通信双方而言，只要采用回波抵消的原理，以己方的发射信号对混合信号进行自适应抵消，就可以进行正常通信。对于信号侦察方，由于不具有任何一方的原始信号，无法进行回波抵消，因此 PCMA 是一种抗截获能力极强的通信体制。

对 PCMA 信号的捕获，需要测定的信号参数除了 PCMA 的调制参数，主要还有以下几个参数。

（1）PCMA 信号的确定，主要是需要确定捕获到的信号是 PCMA 信号，还是一般的空间混合信号。

（2）信号混合比参数，主要获取通信双方的信号功率比，确定是对称 PCMA 方式，还是非对称 PCMA 方式。

对 PCMA 信号的侦察，从现有技术理论看，无法仅依靠地面的接收条件进行侦察，利用卫星平台侦控 PCMA 信号是一条主要的技术路线。对于 PCMA 信号侦控的卫星平台，应当是以同步/准同步卫星为主的，既可以以多波束天线分离同频上行信号，也可以与实际通信卫星组成成对的混合信号转发，在地面进行分离处理。

4.1.4　地面通信信号的侦察

电子侦察卫星对地面信号的侦察情况比较复杂，受地面信号传播路径、信号强度和信号频段等各种因素的影响。一般而言，可以将电子侦察卫星对地面信号的侦察分为以下两类情况。

1. 对地-空信号的侦察

地-空信号包括地空电台通信、各类数据链信号、飞机导航信号、雷达信号等。地对空信号往往属于全向波束信号，这类信号与卫星移动通信中的上行信号具有基本一致的特性。

但是，地-空信号往往具有时短信号的特征，有的甚至是高速跳频信号，在卫星平台上对这类信号的捕获概率是一个主要的问题。同时，地对空信号传播到空间存在多个同频信号在空间混合的可能，接收条件较复杂。对侦察卫星转发的频带内的信号需要进行跳频信号的识别、解跳等处理。

2. 对地面全向信号的侦察

地面全向信号主要是指地面以全向天线发射的信号，这类信号可以在空间形成一定的分布形式，适应卫星平台侦察。地面全向信号包括各种地面电台信号（短波电台除外），如超短波电台、广播电台、移动通信等信号。

但是，对地面全向信号的侦察受到信号强度以及信号在空间的同频混合干扰程度等因素的影响。信号发射功率太小，在空间接收比较困难，多个同频的地面全向信号在空间会形成同频干扰，使信号分离较为困难。其捕获处理方式与 PCMA 信号捕获处理类似。

4.2　通信信号分析与处理

4.2.1　通信侦察卫星的工作特性

一般通信侦察卫星的工作特性如下：

（1）测量侦察目标信号的频率、幅度、方位、起止时间和调制方式。

（2）对常规信号和指定信号进行识别、解调、压缩、存储和转发。

（3）对未知信号进行中频采样。

（4）通信。

① 指令和数据加密后传输。

② 利用星间通信链路进行数据和指令传输。

（5）能测量卫星的瞬时空间位置。

（6）对多波束相控阵天线可进行波束合成编程控制，改变波束配置；对接收机的频率、步进、工作方式、工作时间和地域进行编程控制。

（7）地面系统具有遥测、遥控、跟踪、上载、接收等功能。

4.2.2　通信侦察信号处理过程

通信侦察卫星有效载荷主要由多波束相控阵天线、多路接收机、阵列测向与信号预处理设备、数据传送系统（星间链路）和系统监控设备等组成。当系统接收到指令后，可将其工作过程划分为以下 4 个阶段。

1.　信号初判与测向定位

每个频段的多波束相控阵天线包含若干个天线单元，在进行测向时可采用其中几个天线单元拼成测向天线阵。将多个天线单元接收的信号数字化后采用空间谱估计的方法进行处理，得到来波信号的示向度，然后根据卫星当前运行位置可计算出目标的方位。当卫星在中低轨道运行时，所覆盖的区域一般在 80 万平方千米以上，同频信号现象不可避免，传统的干涉仪等测向方法无能为力，而采用空间谱方法可彻底解决对多信号同时测向的技术难题。在得到信号方位信息的同时，可大体判断出信号的强度、样式和调制等类型，依据这些参数对侦测到的目标信号进行初步筛选和划分，得到目标信号的侦察等级。

2.　波束形成

按照信号等级计算多波束相控阵天线的相移和加权系数，该计算可在星上完成，也可将侦察信号转发至地面后进行计算。在确定天线波束合成所需的各项参数后可进行波束合成。在具体合成波束时，可以采用传统的相移加权或数字波束合成两种方案。

波束形成方向的确定有两种方式：一种是利用已知信息形成针对特定区域的波束；另一种是形成扫描波束对某一地区进行搜索侦察。因为测向设备与波束形成和侦察设备是完全独立的，所以在进行以上两种工作方式时都可以实时申请测向，从而更加精确地确定波束合成参数，或者采用自适应波束形成技术使波束指向更为精确。

3.　对侦察信号的预处理

对侦察信号的处理分为两种：地面处理和星上处理。

对目标信号进行初步解调后转发到地面接收站，由地面接收站完成对侦测信号的处理与识别。这种预处理方式只包含对信号进行初步解调，对特殊信号也可不进行解调，完全透明地转发到地面接收站后进行处理。

同时系统依据地面指令可对侦察信号进行预处理和对基本类型信号的识别，即采用软件无线电的信号处理技术对通用信号或特定信号进行解调。将解调后的信号调制到通信载波上传送到地面接收站。

在星上对信号进行处理和识别可避免侦察信号下传后信噪比恶化等问题，提高信号处理质量，减少数据传输压力，但相应地会增加星上设备的复杂程度。

4．数据传送

数据传送分系统采用设定的通信链路设定通信速率，其中包含复/分接设备、高速调制解调器、上变频器、固态功放（SSPA）和通信天线等设备。

在系统监控设备的控制下，侦察信号预处理单元通过专用数据总线将预处理后的数据实时传送到数据传送分系统中，到达数据传送分系统后，首先将信号进行复接，然后调制到载波上，数传信号经上变频器、固态功放、通信天线等设备发送到中继通信卫星上。

目标通信信号特征参数不仅与其辐射的通信信号本身有关，而且与通信设备本身的特点也有关系。实际上，通信装备的战术参数和技术参数均可以作为目标的通信信号特征参数。

目标通信信号特征可以概括为：通信频段，通信信号样式，跳频网参数，直接序列扩频台参数，通联特征，信号细微特征，网台关系，通信信号空间分布规律、时间分布规律、频域分布规律，信号的密集度等。而通信信号预处理研究就是要从星载低轨综合电子侦察设备所获取的数据中提取出电子目标所包含的通信频段、通信信号样式、信号细微特征、频域分布规律等通信信号特征，进而依据这些特征实施对所侦察目标的识别。

一般来说，可以从时域、频域、空域、调制域、码域、变换域等空间对电子信号进行识别。信号的时域特征主要有信号的波形、幅度、周期、过零率、码元宽度等；信号的频域特征主要有载波频率、信号带宽、频谱占有度、谱峰数、频谱滚降度、频谱矩形度、相位特性等；信号的调制域特征主要反映在调制样式、调制深度、调制失真等；信号的码域特征是指已解信号的编码特征，如扰码特征、信道编码类型、交织深度、信源编码属性等；信号的变换域特征主要是指信号在时频变换中的特征、在谱相关函数中的特征、在分形理论中的特征、在高阶矩理论中的特征等。

由于电离层传播的影响，信号变化较大，信号幅度衰落严重，卫星侦察的信号环境比较复杂，信道变化较大，给信号的特征识别和细微特征的分析都带来较大困难，因此需要利用信号在不同空间的多种特征，研究识别信号存在的条件，分类识别出信号的基本特征参数（如调制方式、信号载波频率、数字信号的符号调制速率等）。

4.2.3　常用的信号特征

常规可以利用的、具有物理意义的信号特征主要有以下几个方面。

1．瞬时包络

信号的包络特征反映了信号幅度的变化情况，能够准确地区分调幅类和调相类（含调频类）信号。对于调幅类信号，当调制信号为语音信号时，其已调信号包络的一维分布服从

Laplace 分布。对于调相类信号，其一维分布服从高斯分布或莱斯分布。当信噪比较大时，包络分布比较尖锐，包络值的变化范围较小，所以包络分布的直方图就反映了信号包络的分布和分布特征，从包络的方差还可以得到信号包络的瞬时起伏，从包络的直方图中最大值所对应的位置可反映包络分布的高峰所在的数，对应着信号的较大概率的可能值。此外，瞬时包络的偏态和瞬时包络的峰态可以反映信号包络的分布不对称性与包络分布曲线的尖削或平坦程度。

2．瞬时频率

利用信号的瞬时频率可区别调相类信号的各种调制形式。信号瞬时频率的直方图反映了信号频率的分布，信号瞬时频率的方差可反映信号瞬时频率的起伏。利用瞬时频率直方图可以求得瞬时频率的峰态和偏态，它反映了信号频率分布的不对称性和信号频率分布曲线的尖削与平坦程度。

3．调制指数

信号的调制指数直接反映了信号的调制深度，利用调制指数差别可以区分相同调制方式不同调制源的信号。

4．频谱特征

接收信号的频谱特征是信号调制、信道特征、信道编码、信源编码等的综合反映，准确的特征描述和参数提取理论上可以实现各种信号的识别。

5．瞬时相位

瞬时相位特征反映了信号相位的变化和相位的分布，由瞬时相位直方图可以获得调相信号的相位分布信息。

6．过零序列

信号的过零序列是由采样信号的零点对应的取样时刻构成的，反映了信号在相位或频率跃变上的信息，可以用来估计信号的载波频率和符号速率等。

上述信号特征具有明显的物理含义，可以用来直接分类信号。

目前，处理信号识别问题，一般采取以下 3 种方法。

（1）最大似然假设检验方法。最大似然假设检验方法主要是采用概率论和假设检验理论来系统地表述调制与信号识别问题，通常是根据信号特征的数学描述，通过理论分析与推导，得到统计检验量，从而形成判决准则。判决理论方法在理论上保证了在贝叶斯最小误判代价准则下分类结果是最优的，但是判决理论方法需要知道信号的许多参数，如载频、码速率等，而且分类的充分统计量表达式一般都非常复杂，计算量大。

（2）统计模式识别方法。统计模式识别方法是由经典模式识别的特征抽取概念而来的，识别系统一般可分为两个子系统：第一个是特征提取子系统，其功能是从原始数据中抽取对信号和调制有用的信息，它可视为一种映射关系，即信号序列映射到选定的特征空间；第二个是模式识别子系统，主要功能是指示信号的调制方式和调制参数等。统计模式识别方法通过选择用于分类的特征参数和分类器的分类规则，从待识别样本中提取特征参数训练分类器完成判决门限的设置。

（3）人工神经网络方法。人工神经网络方法是模式识别的一种新方法，也是今后的发展方向。它和统计模式识别方法一样，包含两个子系统，不同的是用于特征参数的判决门限确定方式不一样。人工神经网络方法不需要设定每个判决门限，而是自适应地选取判决门限。

通信信号处理是进行大中型电子目标的通信特征分析、提取的基础，其研究重点在于从获取的目标通信环境中分选、识别出该环境中通信信号的种类、调制样式、通信频段、信号细微特征。其处理流程包括预选滤波、分选预处理、扩谱特征识别、调制识别、信道编码识别、细微特征识别等环节，通信信号处理流程如图 4-2 所示。

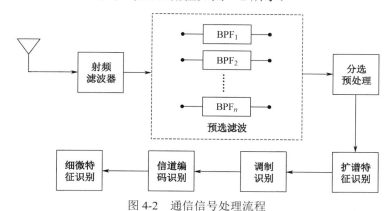

图 4-2　通信信号处理流程

4.3　信号样式识别的信号特征参数及提取

传统的通信电台或系统的调制样式往往是单一的，通信双方一旦开机，就在已知的调制样式上等待接收。而对位于距地面几百至几千千米的侦察卫星来说，除了面临多频段、多功能、多体制的电子目标的电磁环境，还要考虑这些通信信号在经不同路径、不同极化方式、大气衰减等的真实信号环境的信号分选与识别。本节考虑了目标与卫星的位置关系（距离及相位）以及频率为 f（波长 $\lambda = \dfrac{1}{f}$）的信号的自由空间传输损耗 L_f（$L_f = \left(\dfrac{4\pi d}{\lambda}\right)^2$），这些因素的引入使得信号环境进一步恶化。对复杂的信号环境进行信号分选与识别的前提是分选预处理和特征参数提取。

分选预处理部分是通过各种方法快速地将时间上重叠的多个信号从频域上彼此分开，以达到瞬时测频的目的。对信号进行预处理的方法有很多，传统的方法主要是基于 FFT 理论的周期图法。目前在实际工程中，经典谱估计获得广泛应用的是 1967 年由 Welch 提出的修正周期图法。该方法综合了改进周期图法的优点，采取数据分段加窗处理再求平均的方法。完成分选预处理后，即从接收的信号中提取用于信号样式识别的信号特征参数。

4.3.1　用于信号样式识别的信号特征参数

本节介绍 11 个特征参数，其理论运算如下。

1. 零中心归一化瞬时幅度的谱密度最大值 $\gamma_{\max}$

$\gamma_{\max}$ 由式（4-19）定义：

$$\gamma_{\max} = \max \left| \text{FFT} \left[a_{cn}(i)^2 \right] / N_s \right| \tag{4-19}$$

式中，N_s 为取样点数；$a_{cn}(i)$ 为零中心瞬时幅度，由式（14-20）计算：

$$a_{cn}(n) = a_n(i) - 1 \tag{4-20}$$

其中，$a_n(i) = \dfrac{a(i)}{m_a}$，而 $m_a = \dfrac{1}{N} \sum\limits_{i=1}^{N} a(i)$ 为瞬时幅度 $a(i)$ 的平均值，用平均值来对瞬时幅度进行归一化的目的是消除瞬时信道增益的影响。

2. 零中心非弱信号瞬时相位非线性分量绝对值的标准偏差 σ_{ap}

$$\sigma_{ap} = \sqrt{\frac{1}{c} \left[\sum_{a_n(i) > a_t} \varphi_{\text{NL}}^2(i) \right] - \frac{1}{c} \left[\sum_{a_n(i) > a_t} \varphi_{\text{NL}}^2(i) \right]^2} \tag{4-21}$$

式中，a_t 为判断弱信号段的一个幅度判决门限电平；c 为在全部取样数据 N_s 中属于非弱信号值的个数；$\varphi_{\text{NL}}(i)$ 为经过零中心化处理后瞬时相位非线性分量，在载波完全同步时，有

$$\varphi_{\text{NL}} = \varphi(i) - \varphi_0 \tag{4-22}$$

式中，$\varphi_0 = \dfrac{1}{N_s} \sum\limits_{i=1}^{N_s} \varphi(i)$，$\varphi(i)$ 为瞬时相位。

3. 零中心非弱信号段瞬时相位非线性分量的标准偏差 σ_{dp}

$$\sigma_{dp} = \sqrt{\frac{1}{c} \left[\sum_{a_n(i) > a_t} \varphi_{\text{NL}}^2(i) \right] - \left[\frac{1}{c} \sum_{a_n(i) > a_t} \varphi_{\text{NL}}(i) \right]^2} \tag{4-23}$$

其中，σ_{dp} 与 σ_{ap} 的区别在于前者是直接相位（非绝对值的相位）的标准偏差，而后者是相位绝对值的标准偏差。

4. 谱对称性 p

$$p = \frac{p_L - p_U}{p_L + p_U} \tag{4-24}$$

式中，$p_L = \sum\limits_{i=1}^{f_{cn}} |S(i)|^2$，$p_U = \sum\limits_{i=1}^{f_{cn}} \left| S(i + f_{cn} + 1) \right|^2$。其中，$S(i) = \text{FFT}(S(n))$ 为信号 $S(t)$ 的傅里叶变换（频谱），$f_{cn} = \dfrac{f_c \cdot N_s}{f_s} - 1$（$f_c$ 为载频，f_s 为采样率，N_s 为采样点数）。

5. 零中心归一化瞬时幅度绝对值的标准偏差 σ_{aa}

$$\sigma_{aa} = \sqrt{\frac{1}{N_s} \left[\sum_{i=1}^{Ns} a_{cn}^2(i) \right] - \left[\frac{1}{N_s} \sum_{i=1}^{Ns} a_{cn}^2(i) \right]^2} \tag{4-25}$$

式（4-25）中的 $a_{cn}(i)$ 前面已经给出了它的定义式。

6. 零中心归一化非弱信号瞬时频率绝对值的标准偏差 σ_{af}

$$\sigma_{af} = \sqrt{\frac{1}{c} \left[\sum_{a_n(i) > a_t} f_{\text{N}}^2(i) \right] - \left[\frac{1}{c} \sum_{a_n(i) > a_t} f_{\text{N}}^2(i) \right]^2} \tag{4-26}$$

式中，$f_N(i) = \dfrac{f_m(i)}{R_s}$，$f_m(i) = f(i) - m_f$，$m_f = \dfrac{1}{N_s}\sum\limits_{i=1}^{Ns} f(i)$。其中，$R_s$ 为数字信号的符号速率，$f(i)$ 为信号的瞬时频率。

7. 零中心归一化非弱信号段瞬时幅度的标准偏差 σ_a

$$\sigma_a = \sqrt{\frac{1}{c}\left[\sum_{a_n(i) > a_t} a_{cn}^2(i)\right] - \left[\frac{1}{c}\sum_{a_n(i) > a_t} a_{cn}^2(i)\right]^2} \tag{4-27}$$

8. 零中心归一化瞬时幅度的紧致性（四阶矩）μ_{42}^a

$$\mu_{42}^a = \frac{E\left\{a_{cn}^4(i)\right\}}{\left\{E\left[a_{cn}^4(i)\right]\right\}^2} \tag{4-28}$$

9. 零中心归一化瞬时频率的紧致性（四阶矩）μ_{42}^f

$$\mu_{42}^f = \frac{E\left\{f_N^4(i)\right\}}{\left\{E\left[f_N^4(i)\right]\right\}^2} \tag{4-29}$$

10. 信号经下变频后变为 $I(i)$、$Q(i)$

信号包络为

$$a^2(i) = I^2(i) + Q^2(i) \tag{4-30}$$

包络的期望均值为

$$u = E\left[a^2(i)\right] \tag{4-31}$$

包络的方差为

$$u = E\left[\left(a^2(i) - u\right)^2\right] \tag{4-32}$$

$$R = \frac{\sigma_1^2}{u^2} = \frac{E\left[\left(a^2(i)\right)^2\right]}{E^2\left[a^2(i)\right]} - 1 \tag{4-33}$$

11. 下变频信号求差分运算

$$I'(i) = I(i) - I(i-1) \tag{4-34}$$

$$Q'(i) = Q(i) - Q(i-1) \tag{4-35}$$

求差分后包络为

$$\xi = \left[a'(i)\right]^2 = \left[I'(i)\right]^2 + \left[Q'(i)\right]^2 \tag{4-36}$$

再将其均值和方差代入式（4-30）。

4.3.2　基于决策理论的特征参数统计提取

由于卫星接收到的信号功率较弱、噪声大，采用基于决策理论的信号调制样式自动识别原理进行信号调制样式自动识别时，对诸如采样速率的选取、载频的精确估计（非线性相位分量的计算）、瞬时频率的计算、特征参数门限电平的确定及非弱信号的实际选择等，必须进行大量的统计运算，才能保证获得较好的识别概率。

1. 采样率的选取

根据 Nyquist 采样定理采样率 f_s 只要满足：$f_s > 2f_{max}$（其中 f_{max} 为最高信号频率）即可。若采用带通采样，则有 $f_s > 2B$（其中 B 为信号带宽）。采样率的选取原则主要是从保留信息内容，避免频谱折叠角度考虑的。而从调制自动识别的角度考虑，采样率的选取一般要求尽可能地选高一点，如取 $f_s = (4 \sim 10)f_c$，其中 f_c 为载波频率（中心频率）。这样选取的理由有 4 个：一是信号的最高频率或带宽有时往往是不确定的，尤其是在非合作通信侦收场合；二是在采用过零检测载频估计算法中，也要求采用过采样，否则会影响估计精度；三是用 Hilbert 变换实现从实信号到复信号的变换处理，也要求采用过采样；四是当采用模 π 计算瞬时相位时，为了确保相位非模糊，两个采样点之间的相位差应不大于 $\pi/2$。总体来看，以上这 4 点要求采样率尽可能地选高一些，所以按 $f_s = (4 \sim 10)f_c$ 来选择采样率是比较合适的。

2. 瞬时频率 $f(t)$ 的计算

瞬时频率 $f(t)$ 将由瞬时相位的导数计算求得

$$f(t) = \frac{1}{2\pi} \cdot \frac{\mathrm{d}\varphi(t)}{\mathrm{d}(t)} = \frac{1}{2\pi} \cdot \frac{\mathrm{d}\varphi_{NL}(t)}{\mathrm{d}t} \tag{4-37}$$

具体计算有以下两种方法。

方法一是直接求差分：

$$f(t) = \frac{f_s}{2\pi}\left[\varphi_{NL}(t+1) - \varphi_{NL}(t)\right] \tag{4-38}$$

方法二是从频域进行计算：$f(t)$ 的傅里叶变换 $F(f)$ 为 $F(f) = -j \cdot f \cdot \varphi_{NL}(f)$，其中 $\varphi_{NL}(f)$ 为 $\varphi_{NL}(t)$ 的傅里叶变换，所以瞬时频率 $f(t)$ 为

$$f(t) = \mathrm{IFFT}\{-j \cdot f \cdot \varphi_{NL}(f)\} \tag{4-39}$$

式中，$\mathrm{IFFT}\{\}$ 为傅里叶反变换。第二种方法比第一种方法具有更好的平滑性，但计算量较大。

3. 非弱信号段判决门限 a_t 的选取

在前面讨论的特征提取算法中，为了避免弱信号段信噪比对特征值提取的影响，都采用了在非弱信号段提取（瞬时相位或频率）特征参数以及进行载频估计的特殊处理。如何选取非弱信号段，判决门限 a_t 的确定就成为问题的关键。显然，a_t 选得太低，其作用就不大；而选得太高，则会丢失有用的相位信息而导致错误识别。一种比较直观的选取是以 $a_n(i)$ 的平均值作为判决门限，即

$$a_t = E\{a_n(i)\} = \frac{E\{a(i)\}}{m_a} = 1 \tag{4-40}$$

a_t 值的这种直观分析判断与理论分析是相符合的，因为理论分析表明，对模拟调制信号 a_t 的最佳值的变化范围为 $0.858 \sim 1$，而对数字调制信号 a_{topt} 的变化范围为 $0.9 \sim 1.05$，所以非弱信号段判决门限 a_t 取 1 是比较合适的。

习 题

1. 通信信号有哪些具有物理意义的信号特征？

2. 卫星通信信号的侦察和地面通信信号的侦察有什么异同？

3. 简述通信信号分析处理的原理。

4. 信号载频为 5GHz，从奈奎斯特采样定理和信号调制自动识别的角度分别应该如何选取采样率？简要说明理由。

5. 信号识别和辐射源识别有何差异？二者之间有何关系？

6. 信号分选的目的是什么？常用的参数有哪些？

第5章　卫星通信对抗技术

　　由于卫星天线的波束对地球表面具有宽覆盖、多址方式工作等特点，卫星通信组网使用起来很灵活，加上卫星通信具有不受恶劣的地理环境的限制、适合远距离宽频带通信等优点，在军用通信方面获得了迅速的发展。卫星通信在现代战争中起着重要的保障作用，承担着大量的通信业务。例如，在海湾战争期间，美国利用卫星通信处理了美军战区内约90%的通信业务，海湾战争防空系统依靠的主要是卫星通信。美国、英国、俄罗斯等国家非常重视军用卫星通信的发展和应用，战争中的军事行动大都采用战略和战术卫星通信手段来实施指挥、通信。这些国家的卫星通信已经具有多功能、多频段、扩频、信息处理等抗干扰、抗摧毁能力，灵活机动，适应性强。目前，美军远程通信的70%依靠卫星通信。军用卫星通信是现代战争中必不可少的重要通信手段，是现代化、高技术武器系统不可分割的重要组成部分，在未来的高技术局部战争或信息战中起着举足轻重的作用。如果能够干扰敌方的卫星通信系统，遏制和阻断敌方卫星通信系统的工作，对于夺取战争的最终胜利，将具有决定性的作用。本章在分析卫星通信对抗特点的基础上，重点介绍对通信卫星的侦察和干扰技术。

5.1　卫星通信对抗的特点

5.1.1　卫星通信系统的组成与工作过程

　　一个卫星通信系统由通信卫星分系统、地球站分系统、跟踪遥测指令分系统和监控管理分系统四大部分组成，卫星通信系统的基本组成如图5-1所示。

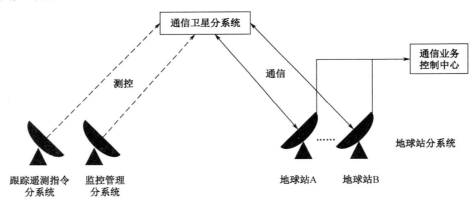

图5-1　卫星通信系统的基本组成

　　前两个分系统主要用于通信，后两个分系统一般起系统支持保障作用。卫星通信系统中的关键部分是通信卫星。

　　通信卫星的主体是通信装置，靠通信装置中的转发器和天线来完成无线电中继站的作用。一个卫星的通信装置可以包括一个或多个转发器，每个转发器能同时接收和转发多个地球站的信号。用户通过地球站接入卫星链路，进行通信。跟踪遥测指令分系统对卫星进行跟踪测量，定期对卫星进行轨道修正和位置保持等。监控管理分系统是对定点的卫星在业务开通前、后进行通信性能的监测和控制，以保证正常通信。

一条卫星通信信道是由发端地球站、上行链路、卫星转发器、下行链路和收端地球站组成的。例如，在图 5-1 中，地球站 A 为发端、地球站 B 为收端。地球站 A 的信道终端设备首先将多路电话信号进行复用，成为基带信号，然后送到调制器对载波进行调制，经上变频器变换成载频为 f_1 的上行载波信号，最后经过微波大功率放大器，经双工器由天线辐射出去。由地球站 A 发出的上行载波信号经过远距离传输到达卫星转发器，卫星转发器利用低噪声接收机接收，并将载频为 f_1 的上行信号变换成下行载频为 f_2 的信号，利用发射设备的输出功率放大器将信号放大到所需的电平，经天线向地面发射。地球站 B 利用高增益天线和低噪声接收机接收下行载频为 f_2 的信号，经双工器、低噪声放大器和下变频器的放大与变频成为中频信号，然后送到解调器恢复出基带信号，最后通过复用设备进行分路，并通过地面微波中继线路或其他类型的长途线路等送给相关用户。

5.1.2　卫星通信的特点

卫星通信特别是军用卫星通信之所以能够快速发展，是因为其具有诸多优势。当然，它也存在一些固有的不足，这些不足也就为针对通信卫星的对抗提供了机会和条件。

1．卫星通信的优势

（1）技术先进，采用扩频技术、编码技术、多波束调零天线等以求实现保密通信。

（2）通信卫星覆盖区域大，通信距离远，通信回路灵活，可实现全球通信。

（3）通信频带宽，传输容量大，能同时实现多方向、多地点、多用户通信。

（4）信道性能稳定，通信质量好，可靠性高。

（5）可进行多址通信，即若干个地球站通过一颗卫星同时进行通信。

2．卫星通信的不足

（1）卫星通信服务对象多且分散，系统的天线覆盖范围较大，分布在不同的地域、空域和海域，这就为截获、定位和干扰提供了多种可能的机会与条件。

（2）为接收不同时间、地域、频率的用户信号，卫星接收系统必须进行空间扫描，因而捕获信号时间较长，这也为截获和干扰提供了有利条件。

（3）卫星和地面终端相距遥远，路径损耗大，而发射功率并不大，因而双方接收到的信号较弱，通信线路易被干扰。

（4）卫星通信在很长时间内频段是固定的，各通道容量及通道的间隔都是固定的，这也为侦收和干扰提供了条件。

（5）卫星定点位置的公开化，使其更易遭受电磁干扰、截获、入侵甚至摧毁。

（6）卫星通信信号延迟较大，易产生回声干扰。

（7）卫星上电子器件抗干扰性能差，易遭受高能微波等电磁武器攻击。

5.1.3　卫星通信对抗的内容及功能

卫星通信对抗是指为了削弱、破坏敌方卫星通信系统的作战使用效能和保障己方卫星通信系统正常发挥使用效能所采取的战术措施与行动的总称，其实质是敌对双方在卫星通信领域内为争夺无线电磁频谱控制权而开展的电磁波斗争。从狭义的卫星通信对抗系统的任务来讲，卫星通信对抗的基本内容包括卫星通信侦察（包括测向）和卫星通信干扰两个部分。

卫星通信侦察是使用卫星通信侦察设备探测、搜索、截获敌方卫星通信信号，对信号进行测量、分析、识别、监视以及对敌方卫星通信设备测向和定位，以获取敌方卫星通信信号频率、电平、调制方式等技术参数以及敌方卫星通信设备位置、通联方式、组网特点等战术情报，为通信干扰提供依据。

卫星通信干扰是卫星通信对抗中的进攻手段，是利用置于地面或空中的卫星通信干扰设备，根据卫星通信侦察设备所获得的有关敌方卫星通信系统的情报信息，自动或人工选择最佳干扰策略，发射专门的干扰信号，破坏或扰乱敌方的卫星通信系统，使其不能正常工作。卫星通信对抗系统具备以下功能。

（1）对卫星通信信号的搜索与截获。

由于卫星通信采用强方向性天线，要求卫星通信侦察设备不仅具有频率搜索功能，还必须具有方位搜索功能。对卫星通信信号的截获必须具备 3 个条件：一是频率对准，即侦察设备的工作频率与信号频率一致；二是方位对准，即侦察天线的最大接收方向要对准信号的来波方向；三是信号电平不小于侦察接收机灵敏度。

（2）测量卫星通信信号的技术参数。

技术参数包括信号载频、信号电平、工作带宽、数据速率、跳频频率集等。

（3）测向、定位。

利用卫星通信对抗测向设备测定信号来波的方位，确定敌方卫星通信系统遥控管理中心和卫星地面站的地理位置，为判别敌方卫星通信网的组成、引导干扰等提供重要依据。

（4）对信号特征进行分析、识别、存储。

信号特征包括信号的调制方式、通信体制和敌方卫星通信设备的性能、卫星通信网的组成及位置分布等。卫星通信对抗系统应能实时显示这些信息并存储，能实现过程重演。

（5）控守监视。

对已截获的敌方卫星通信信号进行严密监视，及时掌握其变化及活动规律。在实施支援侦察时，控守监视尤为重要，必要时可以及时引导干扰。

（6）引导干扰。

在实施支援侦察时，依据确定的干扰时机，根据目标卫星通信信号的不同调制样式自适应地产生或人工选择最佳干扰对策（包括干扰样式、干扰信号、干扰功率、干扰方式、干扰时机和干扰持续时间），自动设置干扰参数和引导干扰机对预定的目标实施压制、欺骗式或梳状谱式干扰，并在干扰过程中观察信号变化情况。此外，也可以对需要干扰的多个敌方卫星通信目标按威胁等级排序进行搜索监视，一旦发现目标信号出现，就及时引导干扰机进行干扰。

（7）干扰天线。

为了达到有效干扰，干扰天线产生的窄波束主轴线的指向必须精确瞄准干扰目标，而且能达到较大的有效辐射功率。

5.1.4　卫星通信干扰的途径

目前的卫星通信干扰方式如图 5-2 所示，主要包括 3 种方式，其中以链路大功率压制干扰为主。随着通信卫星技术的提高，对卫星通信干扰提出了更高要求，灵巧干扰和卫星网络攻击方式应运而生。

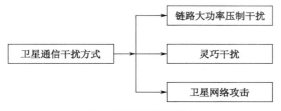

图 5-2 卫星通信干扰方式

1．链路大功率压制干扰

链路大功率压制干扰方式对干扰系统的功率和干扰信号的能量提出了很高要求，通常干扰信号的功率远大于通信信号，它的干扰原理是在物理层通过释放大功率干扰信号，把敌方卫星转发器的工作区域推向饱和区或降低通信信号的信噪比，达到干扰效果，本质上属于能量压制。根据卫星通信系统的组成和工作过程，卫星通信干扰链路大功率压制的作用对象可以有上行链路、下行链路、卫星转发器和地面卫星通信设备或网络。

（1）干扰上行链路。

由于卫星通信自身的特点，对敌方卫星通信系统的上行链路实施电子攻击成为干扰的重点，它可使许多通信链路同时受到影响。在干扰上行链路时，干扰方首先要截获其通信信号，然后对卫星接收端实施干扰，以破坏其整个通信过程。

（2）干扰下行链路。

干扰下行通信链路，即是对卫星传送到地面终端的信号实施侦察，对地面接收端实施干扰，从而达到破坏其通信的目的。

（3）干扰转发器。

转发器直接起着转发地球站信号的作用，是通信卫星的主体设备。转发器通常分为透明转发器和处理转发器两大类。

① 透明转发器：收到地面发来的信号后，仅进行低噪声放大、变频和功率放大后再发回地面，对信号不做任何其他处理，即单纯完成转发任务。对于透明转发器，使用上行干扰可以将转发器功放推至饱和产生严重的非线性，信噪比急剧恶化，从而使系统不能正常工作。

② 处理转发器：除了进行信号转发，还具有信号处理功能。收到地面发来的信号后，先将信号解调，对信号进行处理，然后经调制、变频和功率放大后发回地面。对于处理转发器，目前的干扰机首先能测出星上处理转发器的直扩信号特征参数，如扩频码的周期、子码宽度和码型等，然后用步进式相位相关干扰或最大互相关干扰技术，就可不用很大功率而干扰卫星转发器。对正交跳频处理型转发器，只要进行多个载波干扰使转发器饱和，产生组合干扰以破坏跳频解调信道的正常工作即可达到目的。

2．灵巧干扰

卫星通信灵巧干扰是一种基于网络通信协议对卫星通信网的干扰手段，在对网络信号侦察和协议破解的基础上利用目标网络的协议规约，开展基于网络通信协议的小功率信号扰乱和信息欺骗，是信息战的一个重要发展方向。相比较链路大功率压制干扰而言，这种干扰技术从目前的物理层深入到数据链路层甚至网络层，将能量压制提升为信息压制，只要在敌我双方信息功率上形成一定的信息能量优势就可以取得很好的干扰效果，具有以下优势。

（1）干扰所需能量小，设备小型化，机动性更强。灵巧干扰不需要在物理层进行能量压制，灵巧干扰信号是一种低功率信号，因此相对常规干扰功耗更小，隐蔽性更强，不容易被敌方侦察定位。低功耗的特点使得干扰设备也趋于小型化，如对 VSAT 网络的干扰，用小型车载系统就可以满足需求。

（2）能够干扰星上处理转发器。灵巧干扰信号采用与通信信号相同或相似的信号样式，使敌方带有星上处理功能的卫星转发器也难以识别。

（3）星上限幅器对灵巧干扰信号不起作用。灵巧干扰信号只要达到在转发器接收端与通信信号电平相当或稍高就能产生干扰效果，这要低于限幅器的门限电平，所以限幅器对灵巧干扰信号起不到抑制作用。

（4）能够干扰扩谱通信。对于扩谱通信的干扰，灵巧干扰手段在进行侦察分析的基础上，可以产生与通信信号扩谱方式相同的干扰信号，利用目标网络的扩谱协议进行无线注入。

针对无线网络非授权接入所面临的瓶颈，灵巧干扰概念的提出正是基于信息解密的困难。灵巧干扰是在不进行信息解密的条件下利用具有与敌方通信信号相似的信号特征和网络协议的干扰信号对敌方卫星通信网络进行信息扰乱的手段，该技术对敌方军用卫星通信网络和重要的民用卫星通信网络的干扰具有非常重要的价值。

3. 卫星网络攻击

卫星网络攻击主要是采用无线注入方式，通过对以卫星为节点的卫星网络的侦察分析与处理，得到其网络层特征参数，然后采用无线网络干扰的方法，对卫星网络实施攻击。它的攻击结果不仅影响一条链路的正常工作，而且对与该链路有着网络连接的任何链路或节点都产生影响，使其全部或部分丧失网络传输能力。目前，这种攻击方式还没有形成可用的技术，只是处于概念探索阶段，所以本书不做详细介绍。

5.2 卫星通信链路大功率压制干扰技术

5.2.1 基本干扰方式

1. 对常规通信的干扰

对常规通信的干扰通常有瞄准式干扰和拦阻式干扰两种方式。

（1）瞄准式干扰。

对于常规通信来说，每个通信信道都是窄带的，采用瞄准式干扰对某一特定信道实施干扰能集中输出一个窄带的干扰功率谱，与同样输出功率的宽带拦阻式干扰相比，它能在更远的距离上有效地干扰通信。图 5-3 所示为瞄准式干扰机的组成框图。

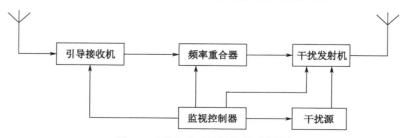

图 5-3　瞄准式干扰机的组成框图

① 瞄准式干扰机的组成。

瞄准式干扰机一般由引导接收机、频率重合器、干扰发射机、干扰源、监视控制器五大部分组成。

a. 引导接收机。对于瞄准式干扰，首先就是确定干扰目标。除了借助于电子支援措施 ESM，干扰机本身也要具备搜索截获信号及对信号的分析、处理能力，以便为实施干扰提供被干扰的信号及信号参数，这一任务由引导接收机完成。引导接收机输出信号通过频率重合器将干扰机发射的干扰频率对准到被干扰目标信号的频率上。在干扰的实施过程中，由引导接收机提供信号来监视被干扰目标的变化。

b. 频率重合器。由频率重合器保证干扰机发射的干扰频率瞄准目标信号频率。为了使干扰迅速准确，要求频率重合器能够自动跟踪信号频率。一旦确定了干扰目标，频率重合器就要迅速地使干扰频率与目标信号频率重合，并能在整个干扰的实施过程中保持准确瞄准的状态。

c. 干扰发射机。与一般无线电发射机一样，用来放大、输出已调制的射频干扰信号。它决定了输出干扰功率的大小。干扰发射机应具有快速改频工作的能力，以适应瞄准式干扰机快速反应的要求。

d. 干扰源。又称为干扰样式产生器，由于瞄准式干扰只干扰一个信道的信号，因此它可以根据被干扰的信号形式选择最佳或绝对最佳干扰。干扰源能够提供多种不同的基带干扰信号，根据目标信号形式选择适当的基带干扰信号，送至干扰发射机激励器，经调制后得到所需要的干扰样式。

e. 监视控制器。对通信干扰机来说，从截获目标信号开始，进行频率瞄准、选择干扰样式，到开始发射干扰，以及在干扰实施的全过程中都要在控制器的统一协调下进行。监视控制器则显示通信干扰机各部分送来的信息，供操作人员观察、处理及操作。

② 瞄准式干扰机的工作过程。

瞄准式干扰机的工作过程是：由引导接收机获取被干扰信号的载频、调制方式、带宽、电平等参数；信号载频被送至频率重合器，使干扰载频与目标信号实现频率重合；根据目标信号的其他参数，从干扰源中选取最适宜的基带干扰信号，送入干扰发射机进行适当的调制和放大；干扰发射机按所需的功率放大干扰信号后，由干扰发射天线发射出去，对目标信号进行瞄准干扰。整个干扰机在监视控制器的协调下工作，干扰过程中实时监视目标信号的变化情况。

③ 瞄准式干扰的类型。

目前瞄准式干扰的类型主要有转发式干扰、点频式干扰、扫频搜索式干扰、跟踪式干扰及一机干扰多目标 5 种。

a. 转发式干扰。这是一种由引导接收机断续地接收被干扰目标信号，经过一定时间的延迟后，由干扰机恢复目标信号频率再发射出去对目标信号进行干扰的一种瞄准式干扰。由于转发式干扰实施简单，且频率重合度高、干扰效果好，因此被广泛应用。下面就着重讨论一下转发式干扰。

转发式干扰机的原理框图如图 5-4 所示。其基本原理是：一个频率为 f_s 的目标信号被截获后，送入混频器与频率为 f_L 的本振信号相混频，得到一个频率适宜延时的固定频率信号 $f_\tau(f_\tau = f_L - f_s)$。

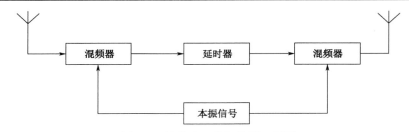

图 5-4　转发式干扰机的原理框图

　　将频率为 f_r 的信号送入延时器，经延时后再与频率为 f_L 的本振信号混频，经放大后输出作为干扰信号，$f_j = f_L - f_r = f_L - (f_L - f_s) = f_s$，干扰频率 f_j 与目标信号频率 f_s 准确重合。

　　这种干扰技术相当于在目标接收机处模拟一个延迟时间较长的多径干扰。由于干扰就是信号本身（前一时刻的），因此与目标信号相关性很大，接收机无法对其进行抑制，干扰效果良好。转发式干扰也可以在延时后再加上调制信号（如噪声调制）后进行干扰。与其他瞄准式干扰相比较，转发式干扰的最大特点就是全部或部分直接利用了被干扰目标信号。

　　b．点频式干扰。所谓点频式干扰，是指对某一固定信道的目标信号持续进行干扰。自动化程度较低的干扰机大多采用的是这种方法。点频式干扰是对单个固定信道强有力的干扰形式，通常用来对重点目标信号实施点频守候干扰。在干扰过程中，也需要进行间断观察，监视被干扰信号是否消失。虽然点频式干扰有些浪费干扰资源，但是为了确保对重点目标的有效干扰，采用点频式干扰还是必不可少的。

　　c．扫频搜索式干扰。扫频搜索式干扰是一种在宽频段内搜索信号，并对其中某一信道干扰的瞄准式干扰。干扰机在工作频段内对各信道或被预置待干扰的信道进行扫描搜索，遇到需干扰的目标信号则锁定在这个信道上，对此目标信号进行干扰，直至目标信号消失，而后继续进行扫描搜索。与点频式干扰相比，扫频搜索式干扰可以更快地锁定在另一个频率上进行干扰。可以预置扫描频段及信道，对保护信道可不进行搜索。由于可能会同时存在几个待干扰的信号，因此一般应对干扰设置优先等级，对于等级高的目标信号应优先进行干扰，扫频搜索式干扰中的间断观察非常重要，既要保证及时发现目标信号，又要尽可能地减小对干扰的影响。由于间断观察时间不发射干扰，因此会对干扰带来一定的影响，应将这种影响降到最低。

　　d．跟踪式干扰。跟踪式干扰是一种对被干扰目标信号能够进行跟踪瞄准的干扰，是智能化、自动化程度更高的一种瞄准式干扰，主要用于干扰猝发通信和跳频通信。为了使干扰快速跟踪目标信号，要求引导接收机必须在信号的一半驻留时间内完成对信号的搜索、截获、分选与识别，并将干扰机的频率引导到目标信号的频率上，这样才能做到至少保证信号驻留时间的一半用于干扰目标信号。为此，要求干扰机从引导接收机搜索截获到信号至发出干扰，必须有极高的反应速度。目前应用较多的是用压缩接收机作为跟踪干扰的引导接收机，并采用高速 DSP 器件对截获的信号进行实时处理，以满足干扰反应速度的要求。

　　e．一机干扰多目标。一机干扰多目标就是采用一台干扰设备实现对多个电子目标的干扰压制，在军事中已经被广泛应用。一机干扰多目标一般采用时分、频分和码分 3 种方式实现对多目标的干扰。由于每个目标干扰压制存在一个最小干扰功率，因此干扰目标的数量不能太多。俄军的 P-378 短波通信干扰机、P-330 超短波通信干扰机，可分别实现一部干扰机同时干扰 4 个或 3 个不同信道的信号。

（2）拦阻式干扰。

用于干扰常规通信的宽带拦阻式干扰是一种广泛应用的基本干扰方式。它的干扰带宽等于目标信号的工作频率范围，干扰功率扩展到目标信号所有可能的信道上，可以干扰拦阻带宽内所有同时工作的目标信号，所以拦阻式干扰不需要频率瞄准。

拦阻式干扰的最大特点是可以同时对某一频带内所有无线电信号实施压制干扰。在实施拦阻式干扰时，整个拦阻频段都被干扰"阻塞"，所以又常称其为阻塞干扰。

拦阻式干扰机原理框图如图 5-5 所示。

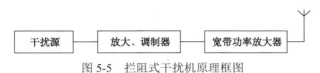

图 5-5 拦阻式干扰机原理框图

根据图 5-5，干扰源产生干扰调制信号，经调制、放大得到所需要带宽和频率的宽带干扰信号，再经宽带功率放大器放大到所需的功率电平，通过天线发射出去。拦阻式干扰机的基本组成很简单，按干扰频谱的形式，拦阻式干扰可分为连续拦阻式干扰和梳状拦阻式干扰，拦阻式干扰频谱如图 5-6 所示。

（a）连续拦阻式干扰　　　　　　　　（b）梳状拦阻式干扰

图 5-6 拦阻式干扰频谱

根据图 5-6，连续拦阻式干扰频谱在拦阻频段内是近似均匀连续分布的，干扰功率分散在整个干扰频段上。连续拦阻式干扰能对整个干扰频段内所有通信信号产生干扰作用，是典型的全频段阻塞干扰。梳状拦阻式干扰是一种改进的拦阻式干扰，干扰功率在工作频率范围内以规定间隔、强度相等的方式集中在各个信道内，形成梳齿状干扰频谱。梳状拦阻式干扰比连续拦阻式干扰更能集中干扰功率于被干扰的目标信道中，在被干扰信道的有效干扰功率相同的情况下，梳状拦阻式干扰机的功率比连续拦阻式干扰机的功率要小。由于梳状拦阻式干扰只对干扰带宽内梳齿上的信号产生干扰，因此采用梳状拦阻式干扰时，要先侦察、确定被干扰通信电台的信道间隔。梳状拦阻式干扰适用于对频率间隔一定，且信道固定的通信系统的全频段干扰。梳状拦阻式干扰的另一个优点是可以为己方通信留有保护信道，干扰一方在施放干扰的同时可以利用梳状拦阻式干扰频谱的已知"齿间"进行通信。

2．对扩频通信的干扰

（1）对直扩（DS）通信的干扰。

直接序列扩频通信较之常规通信具有低截获和高抗干扰的特点。对其实施干扰可分为瞄准式干扰和拦阻式干扰两种。对定频通信实施干扰，在频域上可看出瞄准式干扰是窄带干扰，而拦阻式干扰是宽带干扰。而对直扩通信的瞄准式干扰的图案应和欲干扰的特定信道直扩通信的伪码序列图案相同，这样它仅对这个特定信道直扩通信实施干扰，而不会对其他信道的直扩通信产生有效干扰。对直扩通信的拦阻式干扰，其干扰图案要对各个信道的直扩通信都具有相同的干扰效果。

对直扩通信的干扰通常有 4 种：相关干扰、部分相关伪码干扰、单频干扰和均匀频谱宽带干扰。

① 相关干扰。对直扩通信实施瞄准式干扰，不但要求干扰载频瞄准信号载频，更关键的是要实时掌握欲干扰直扩通信的特定伪码图案（序列），从而采用该伪码图案调制的干扰信号实施有效干扰。也就是说，在频域上，干扰载频与信号载频重合，干扰频宽与信号频宽吻合；在时域上，干扰的伪码速率与伪码序列和信号的伪码速率与伪码序列相同，即经伪码序列调制后的干扰信号的时域波形和直扩信号的时域波形相同。当达到最佳干扰时，其压制系数为1，干扰效率很高。但在实际作战通信中，通信方为了干扰波形重合瞄准式干扰，可对信号载体进一步加密，如伪码序列增长、伪码的非线性加强、同步时间缩短、更换信号载频或和跳频结合等。因此，要达到干扰要求技术难度很大，目前尚不成熟。

② 部分相关伪码干扰。部分相关伪码干扰采用伪码调制的干扰体制，其干扰载频接近信号中心频率，干扰的伪码速率和信号的伪码速率相近，且干扰的伪码序列和信号的伪码序列间相关程度尽量增强。若干扰方无法掌握某特定信道的直扩通信的伪码序列，但能掌握某种直扩通信所采用的伪码序列产生器的类型（伪码序列的类型），则可采用相关伪码干扰。为此，干扰方要掌握各种直扩通信的伪码系列类型，要重视研究与信号的伪码序列能产生最大互相关的干扰伪码序列及有关技术参数，以达到最佳干扰。部分相关伪码干扰可同时对同一地域、相近载频、同一系列的多个信道直扩通信实施干扰。

③ 单频干扰。单频干扰对于常规通信属于瞄准式干扰，而对于直扩通信属于直扩通信拦阻式干扰，是在实施干扰过程中，对某频段内所有的直扩通信都实施干扰，但不影响在此干扰频段内的定频通信。

单频干扰无须掌握敌方直扩通信的伪码序列或伪码序列的类型，也无须掌握信号的伪码速率等技术参数，仅需掌握敌方直扩通信的中心频率。因此，单频干扰在技术上较易实现。在实施干扰的过程中，当欲干扰的各信道的直扩通信的中心频率相同或相近时，可使干扰载频瞄准信号的中心频率，这样为达到有效拦阻式干扰所需干扰功率可小些。而当欲干扰的各信道的直扩通信的中心频率差异较大时，为达到均匀干扰效能，可设若干个单频（窄带）干扰，每个干扰的载频接近某几个中心频率相近的直扩通信的中心频率。

但单频干扰对直扩通信来说，不是绝对最佳干扰，因它不符合绝对最佳干扰原则，即干扰频宽应和信号频宽吻合。当直扩通信接收机利用信号和干扰在频域上的差异，采用自适应窄带干扰抵消技术、窄带陷波技术等措施时，在接收机输入端可有效抑制单频干扰。

④ 均匀频谱宽带干扰（全面拦阻式干扰）。全面拦阻式干扰是在实施干扰过程中，对某频段内所含的全部的直扩通信、定频通信、跳频通信和组合扩谱通信等的通信信道都实施有效干扰。全面拦阻式干扰的工作方式可以是每部干扰机只干扰一个频道的信号，这样若干扰频宽内有 N 个频道，则要有 N 部干扰机各自调到不同频道同时连续施放干扰。这样在此干扰频宽内各个定频信号不论在哪个频道通信都会受到干扰，当这些直扩通信的频带是在干扰频宽内时，各个直扩通信都会受到干扰。全面拦阻式干扰的一般工作方式是一部干扰机发出宽带干扰，以实现对 N 个频道的干扰；或者采用 n 部宽带干扰机，而每部宽带干扰机分别干扰 N/n 个频道。

宽带干扰又称为宽带噪声干扰，可分为全频段噪声干扰和部分频段噪声干扰，通常采用梳状频谱干扰和连续频谱干扰两种方式。当直扩信号的信息频宽 B_m 小于直扩信号频宽内谱线频率间隔 F 或小于伪码序列的重复频率 F_m 时，其信号呈梳状频谱。对于梳状频谱的直扩信号，最佳干扰同样应是采用与信号匹配的梳状频谱宽带干扰，使宽带干扰频宽内各分量的载频与信号频宽内各谱线的频率瞄准，各分量的频宽与各谱线的信息频宽相同。当各个梳状频谱的直扩信号的载频相同，且其伪码速率和伪码序列长度相同时，对于直扩通信的最佳拦阻式干扰是梳状频谱宽带干扰。但在一般情况下，在拦阻式干扰频宽内，各种通信的载频频率、频道间隔、谱线宽度和谱线间隔互不相同，相互错开，即在频域上处处都有信号存在，则最佳全面拦阻式干扰应是连续频谱的宽带干扰。当实施全面拦阻式干扰时，直扩通信的抗干扰能力不优于常规通信的抗干扰能力。

对直扩通信的干扰而言，相关干扰和均匀频谱宽带干扰均为绝对最佳拦阻式干扰。相关干扰适用于对相近载频的各个信道同类型的直扩通信实施拦阻式干扰；而均匀频谱宽带干扰适用于在信号密集环境下，对信号载频分散的多个信道的定频通信、跳频通信、直扩通信和组合扩谱通信实施拦阻式干扰。

（2）对跳频（FH）通信的干扰。

跳频通信是在发送信号的同时，周期性地改变信号的载频，它使用一组频率集，并按 PN 码序列变化规律来选择信号的载频。所以，跳频信号是载频按跳频图案伪随机跳变的已调射频脉冲序列。从理论上讲，对于理想高斯白噪声，跳频并不能改善系统的性能。但是对于抑制人为窄带干扰，跳频的主动躲避式抗干扰方式则可充分发挥其优越性。

FH 系统是采用不同时隙载波频率的跳变来达到扩展信号频谱的目的，载频在不同时隙的跳变是在跳频图案的控制下实现的，跳频图案通常由 PN 码发生器产生。跳频接收机接收到的信号在各个时隙被分配到不同的频率上，只有相关跳频信号才可能始终恒定地落到固定中频通带内，而不相关的干扰信号只有在可能落入中频通带内的某一个时隙内才会对信号产生干扰（干扰击中该时隙选用的频道）。如果在足够长的时间内，选用的频道足够多，那么干扰击中频道的时隙的概率是非常小的，系统的抗干扰能力很强。

窄带干扰能够针对某个频率（信道）集中较大的功率实施有效的干扰，但由于 FH 系统是一种躲避式的抗人为干扰的通信体制，因此定频瞄准的窄带干扰很难有效地干扰 FH 系统。

对 FH 系统采用频率跟踪式干扰，可充分发挥窄带干扰的优势。它要求干扰能够跟上 FH 信号频率的变化，以保证大部分干扰功率能够进入目标信道。通常需使用压缩接收机、声光接收机、信道化接收机或多路超外差接收机等来截获所有可能的目标跳频信号，利用高速信号处理器来识别目标信号。为了对 FH 信号实施有效的跟踪干扰，一般要求在一个载频上的干扰时间不小于信号驻留时间的一半，这就对干扰系统的反应速度提出了很高的要求。这种干扰对慢跳频通信系统比较有效，但对快跳频通信系统干扰的效果不理想，因为干扰系统的反应时间很难达到对快跳频通信干扰的要求。实施跟踪干扰需要的反应时间主要包括信号截获时间、信号分选与识别时间、干扰引导时间以及在作用距离较远时要考虑电波传播时延。对宽跳频范围、大频率集、高速跳频通信系统，目前跟踪干扰速度未达要求，跟踪式干扰很难对其构成威胁。此时可采用快速频率预测跟踪瞄准式干扰来减小干扰系统的反应时间，以增加有效干扰时间。由于实现正确快速频率预测难度很大，因此对信号处理水平提出了更高的要求。

从 FH 通信系统的特性上看，采用全频段拦阻式干扰是对 FH 通信有效的干扰方式。这时由于跳频系统所有可能的工作频道都被干扰，因此系统的正常通信无法进行。但采用全频段拦阻式干扰随之而来的是干扰功率的剧增，可能会使干扰功率大到难以接受的程度。除了采用各种降低干扰功率的措施，采用部分频段拦阻式干扰也是一种行之有效的干扰方式。

当 FH 系统的全部频道数中被干扰的频道数目大到一定程度时，FH 系统的通信就不能正常工作了。实际中一般不需要对某一 FH 系统进行全频段拦阻式干扰，一般认为，只需对其全部频道数中的大部分频道进行有效的干扰，就可获得良好的干扰效果。

5.2.2　干扰上行链路

1．对上行信号侦收

由于卫星通信系统自身的特点决定了卫星通信系统的干扰重点是上行链路。根据卫星通信距离方程，卫星接收到的信号功率为

$$P_{sr} = \frac{(EIRP) \times G_S}{L_S \times L_{AS}} \tag{5-1}$$

用 dB 表示就是　　　　　　　　　$P_{sr} = (EIRP) + G_S - L_S - L_{AS}$

式中，$EIRP$ 为地面终端发射机的有效辐射功率；P_{sr} 为卫星接收到的信号功率；G_S 为卫星上天线增益；$L_S = 20\lg(4\pi d/\lambda)$，为线路损耗（其中，$d$ 为地球终端与卫星间距离；λ 为地面终端发射信号的载波波长）；L_{AS} 为大气损耗。

以某典型地面终端为例，输出功率 P_s =500W，发射上行载波频率为 8.1GHz，天线直径 D=2.4m 的抛物面天线，假设天线效率 θ=0.5，则地面终端发射天线增益 $G_G = (\pi D/\lambda)^2 \times \eta = 43.2$dB，所以 ERIP=10lg500+43.2=70.2dB。地面终端距离卫星 33000km，其信号路径损耗约为 200dB，大气损耗为 3dB，则到达卫星接收天线口面的能量为 70.2-200-3 = -132.8dBW。

上行信号的发射端是地球站，接收端是卫星。发射端天线波束主瓣指向卫星，使得地面侦察站仅能接收到其副瓣信号，再加上地面传播损耗较大，于是在地面侦收卫星通信的上行信号已变得几乎不可能（从理论上讲，是有可能的，假设侦收站距离地面终端 1500km，路径损耗为 174.5dB，加上敌方终端副瓣电平为主瓣的–30dB，对准侦收天线主瓣，则总损耗为 174.5+30+3=207.5dB，到达侦收天线口面的能量为 70.2-207.5 = -137.3dBW，这就对侦察接收机的灵敏度提出了非常高的要求。此外，还要满足侦察站和敌方终端处于视距之内，中间无障碍物）。

2．对上行信号的干扰

干扰上行信号可使用地面平台或空中平台。

（1）用地面干扰站进行干扰。

和敌方地面终端相比，地面干扰站到敌方卫星的距离与敌方终端到敌方卫星的距离差不多，因而路径损耗接近，而地面干扰站天线主瓣方向仅能对准敌方卫星接收天线副瓣，会遇到 30dB 的衰减。假设干扰东经 180° 正上方敌方的一颗同步卫星，其天线 3dB 波束宽 θ=26°，副瓣电平比主瓣电平低 30dB，上行信号频率为 8.1GHz，敌方地面终端采用前面所述的 AN/TSC-85。对于常规信号，当干信比高于 3dB 时，即可达到有效干扰。由以上分析得出，要想有效干扰敌方卫星上行常规信号，需要 $(EIRP)_G \geq (EIRP)_S + 33$，其中 $(EIRP)_G$ 为地面干扰站有效辐射功率，$(EIRP)_S$ 为敌方地面终端有效辐射功率。

由此可推出：　　　　　　　　　$P_G + G_G \geq 103.2$ dB

第一种情况：假设地面干扰站干扰功率为 1kW，有

$$10\lg 1000 + G_G \geq 103.2 \tag{5-2}$$

$$G_G \geq 73.2 \tag{5-3}$$

式中，$G_G = (\pi D / \lambda)^2 \times \eta$。

当取 D=24m、$\eta = 0.8$ 时，$G_G = 65.2$dB，不能满足要求。

第二种情况：假设己方地面干扰站干扰功率为 10kW，有

$$10\lg 10000 + G_G \geqslant 103.2 \tag{5-4}$$

$$G_G \geqslant 63.2 \tag{5-5}$$

此时，当取 D=24m、$\eta = 0.8$ 时，$G_G = 65.2$dB，完全能满足要求。

由此可见，用地面干扰站对上行信号的干扰取决于地面干扰站的功率。当前，由于技术的飞速发展，大功率或超大功率地面干扰站完全可以满足这方面的要求。由此可以断定，高功率微波技术和定向能技术是干扰卫星通信的有效手段。

（2）用空中平台干扰。

无人机或其他机载干扰站能够进入敌方卫星天线主瓣，由于干扰信号与敌方地面终端到敌方卫星的路径损耗接近（机载设备离地面比较近），又因机载干扰信号能量比地面终端信号大，因此能满足以下 3 个条件。

① 机载设备进入敌方卫星接收天线主瓣。

② 干扰设备发射功率至少是地面终端信号功率的两倍，即大于 3dB。

③ 干扰发射天线增益及效率与地面终端接近，则机载干扰设备能够有效干扰敌方卫星上行常规信号。

若用干扰卫星进行干扰，设干扰功率为 50W，卫星距离地面 32000km，距离敌方卫星最近时为 1000km，由计算得干扰信号要比地面终端信号到卫星的路径损耗小 30dB，则只要干扰卫星进入敌方卫星接收天线主瓣-27dB 宽度后，即能满足条件 $j \geqslant s+3$（dB），也就能达到干扰常规信号的目的。

5.2.3　干扰下行链路

1. 下行信号的侦收

因为卫星天线波束极窄，加之路程遥远，到达己方侦察站天线的能量极其微弱，所以卫星下行信号在地面很难被侦收到。在这种情况下，可以采用升空平台进行侦察。利用无人机进入卫星发射天线主瓣宽度覆盖地域，当机上接收设备灵敏度与敌方卫星地面终端同项性能相近或略高一些时，对敌方下行信号就能有效侦收。即便是能进入卫星天线 6dB 波瓣覆盖时，只要己方机上天线增益或接收灵敏度高于敌方卫星终端 3dB，也能有效侦收。

2. 下行信号的干扰

从能量的观点看，原则上讲地面、舰船、机载或低轨道卫星干扰对下行信号均可奏效。前两种系统可以做成大功率、高增益天线，但由于主波束对不准、地球曲率、地面障碍等，其干扰效果不会太好。卫星干扰方式具有覆盖面广的优点，但由于远距离损耗及星上空间、质量、能源等受限，使其应用受到限制。相比之下，利用升空平台，如无人机干扰系统、隐身高空干扰飞机等，离敌方地面终端距离近、覆盖面宽，可以用相对较小的功率达到很好的效果。

假设干扰机升空高度为 h（m），地面接收站天线架高为 h_1（m），干扰机与接收机之间的最大距离为 R_j（km），则满足

$$R_j = 4.12\left(\sqrt{h} + \sqrt{h_1}\right) \tag{5-6}$$

假定 $h_1 = 2\sim 10\text{m}$，可以算出在不同的干扰距离下干扰机需升空的高度 h，不同的干扰距离下干扰机的升空高度如图 5-7 所示。

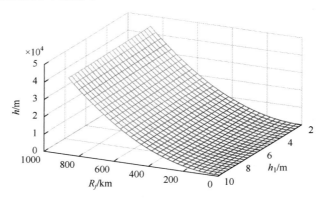

图 5-7　不同的干扰距离下干扰机的升空高度

例如，美军的典型通信卫星 DSCS-II，窄波束发射频率为 7.75GHz，EIRP 为 44.6dBW，L_0 约为 201dB，当无人机高度为 5km，要求覆盖 30km 半径，压制比为 1：1 时，路径损耗比卫星下行损耗 $20\lg(3600/30.4)=61.5\text{dB}$，考虑 30km 边缘对准敌方终端天线副瓣，而副瓣电平比主瓣低 30dB，则无人机所需 EIRP 为

$$44.6+30+0.4（压制系数项）-61.5=13.5\text{dBW} \tag{5-7}$$

假设干扰天线增益 $G=0\text{dB}$，则 $P_r=22.4\text{W}$。显然，这些条件是极易满足的。

5.2.4　干扰卫星转发器

转发器分为透明转发器和处理转发器两类。下面将透明转发器的工作状态分为两个部分进行分析。在转发器的饱和点以下，非线性影响相对于干扰是次要的，性能主要由干扰决定，应用线性条件下的分析方法；如果干扰将转发器推向饱和，那么由于小信号压缩、互调分量等因素将产生额外的、更加严重的性能下降，甚至将使整个转发器的通信中断，此时需要分析转发器处于饱和状态时的性能。

1. 系统在干扰条件下的性能

（1）将转发器功放推至饱和的干扰。

若用 JSR_u 表示在卫星接收机输入端的上行单用户载波功率与干扰功率之比，则

$$\text{JSR}_u = J_u / S_u = \left(\text{EIRP}_{ju}\cdot G_{sj}\right)/\left(\text{EIRP}_{tu}\cdot G_{su}\right) \tag{5-8}$$

式中，J_u、S_u 分别为上行干扰功率和信号功率，EIRP_{ju}、EIRP_{tu} 分别为干扰和信号的上行有效全向辐射功率，G_{sj}、G_{su} 分别为卫星接收天线对干扰和信号的增益。为了简化，令 $G_{su}=G_{sj}$。

由于转发器工作于饱和点以下状态时，非线性的影响很小，因此假定转发器处于饱和点以下时，转发器输出功率相对于输入功率呈线性关系。在饱和点以上，通过限幅保证下行功率固定在饱和输出功率 P_{dsa}。

对于透明转发器卫星通信系统，如果转发器在设计时没有考虑干扰，就认为输出功率仅由上行信号功率加噪声产生。转发器通常工作在回退状态，令 b（$10\lg b$ 为 dB 值）表示回退值。

若转发器能够同时容纳 N_{ch} 个信道，则

$$P_{dsa} / b = \left(S_u N_{ch} + N_{ou} W_p \right) G_p \qquad (5\text{-}9)$$

式中，G_p 为整个转发器增益；N_{ou} 为卫星接收机处的单边噪声功率谱密度，即为上行噪声功率谱密度。若干扰将转发器推向饱和，并且此时系统有 $n \leqslant N_{ch}$ 个用户，则

$$P_{dsa} = \left(n \cdot S_u + N_{ou} W_p + J_{usa} \right) G_p \qquad (5\text{-}10)$$

式中，J_{usa} 为将转发器推向饱和所需的上行干扰功率。将式（5-10）除以式（5-9），则得到

$$J_{usa} = (b-1) N_{ou} W_p + \left(b - n / N_{ch} \right) S_u N_{ch} \qquad (5\text{-}11)$$

从式（5-12）中可以看出，当 $n=1$ 时，J_{usa} 最大；当 $n = N_{ch}$ 时，J_{usa} 最小，即

$$J_{usa\,min} = (b-1)\left(S_u N_{ch} + N_{ou} W_p \right) \qquad (5\text{-}12)$$

因此，干扰功率至少大于所有用户信号功率和的 $b-1$ 倍才能将转发器推向饱和。

（2）转发器工作在线性区时。

当 $J_u < J_{usa\,min}$ 时，转发器工作在线性区，此时忽略非线性的影响。令 $H_d = G_{std} G_{sd} / L_d$，则地球站接收机解调器输入端的载波功率与总的噪声和干扰功率谱密度之比为

$$\frac{X_{oall}}{S_d} = \left[\frac{G_p H_d \left(N_{ou} + J_u / W_p \right)}{G_p H_d S_u} + \frac{N_{od}}{S_d} \right] \qquad (5\text{-}13)$$

式中，G_{std}、G_{sd} 和 L_d 分别为卫星发射天线增益、地球站接收天线增益和下行链路损耗；N_{ou}、N_{od} 分别为上行和下行噪声功率谱密度；W_p 为干扰分布带宽。对于不同的干扰样式，需要修正其中的 J_u / W_p，如果干扰在信号频带之外，就对信噪比没有影响。

（3）转发器处于饱和状态时。

在仅有系统噪声的链路计算中，通常通过上行信噪比 SNR_u 和下行信噪比 SNR_d 联合得出 S_d / X_{oall}。因为有干扰时，噪声的影响很小，为了讨论方便，令 $S_u / N_{ou} = S_d / N_{od}$，当转发器进入饱和状态之后，信号频带内总的干扰与噪声功率谱密度为

$$X_o = N_o + J_o + I_o \qquad (5\text{-}14)$$

式中，N_o、J_o、I_o 分别为信号频带内由于系统噪声、干扰和互调分量而产生的功率谱密度。所以当没有干扰时

$$X_{oall} / S_d = \left(2 N_{ou} \right) / S_u = \left(2 N_{od} \right) / S_d \qquad (5\text{-}15)$$

如果将式（5-13）代入式（5-15）并求解，则得到

$$\frac{X_{oall}}{S_d} = \frac{1 + b + \left(b - \dfrac{n}{N_{ch}} \right) \dfrac{S_u N_{ch}}{N_{ou} W_p}}{S_u / N_{ou}} \qquad (5\text{-}16)$$

当转发器处于饱和状态时，回退为 0dB（$b=1$）。通过 $E_b = S T_b$ 将 S/N_o 转换为 E_b/N_o，则有

$$E_{bd} / X_{oall} = \frac{E_{bu} / N_{ou}}{1 + b + \left(b - \dfrac{n}{N_{ch}} \right) \dfrac{E_{bu}}{N_{ou} \cdot k}} \qquad (5\text{-}17)$$

式中，k 为每个信道带宽与符号速率之间的关系系数，$W_{ch} = k R_s$。

可以看出，式（5-17）为上行链路信噪比乘上一个缩减因子，且与是否使用扩频技术无关。缩减因子随着回退电平的增加而快速增加。在大多数情况下，饱和点的 E_{bd}/X_{oall} 对于可接受的 P_b 是不够的。

若式（5-11）的两边被 S_u 除，且 $n=N_{ch}$，则有

$$JSR_u = \frac{(b-1)W_p}{R_s}\left[\frac{1}{k} + \frac{1}{E_{su}/N_{ou}}\right] \tag{5-18}$$

2．具体系统举例

取参数如下：转发器输入回退 b=4dB=2.51，信号中心频率为 6/4GHz，转发器带宽 W_p=36MHz。数据速率为 R_b=2.4 kbit/s。同时，考虑了非扩频的窄带系统与扩频系统。分析中使用码率为 1/2 的纠错码。

取系统不能工作时译码之前的信道误比特率为 $P_b \geq 0.01$，假定没有干扰时系统在白噪声条件下的误比特率为 $1.0×10^{-5}$。在加性高斯白噪声信道中，DBPSK 的误比特率为

$$P_b = \frac{1}{2}\exp\left(-E_b/X_o\right) \tag{5-19}$$

式中，E_b 为每比特信号能量；给定 P_b，可求出所对应的 E_b/X_o，即没有干扰时 E_s/N_o 为 10.3dB；有干扰时，当 P_b=0.01 时，对 DBPSK E_b/X_{oall} 为 5.9dB。

首先分析使转发器达到饱和状态所需的最小干信比。若采用的成型滤波器升余弦滚降系数为 1，并且每个信道带宽为 10kHz，则 k=10/4.8≈2.083、E_{su}/N_{ou}=2、E_s/N_o=21.4，将参数代入式（5-18），则可得到使转发器饱和最小干信比 JSR_u 为 33.1dB。

（1）非扩频情况。

当系统是非扩频时，假设干扰带宽是系统带宽的一部分 ρ，对于"群攻击"的干扰策略，假设选择 P_{bc}=0.01 作为干扰者目标。由式（5-13）、式（5-8）可知，在 ρN_{ch} 个受干扰信道内有

$$\frac{X_{oall}}{E_{sd}} = \frac{JSR_u}{\rho W_p/R_{sc}} + \frac{N_{oall}}{E_{sd}} \tag{5-20}$$

由于使用码率为 1/2 的纠错码，因此 $R_{bs}=2R_b$=4.8kbit/s。代入式（5-18），可得

$$JSR_u = 30.9 + 10\lg(\rho) \tag{5-21}$$

使转发器饱和所需的干信比与干扰频带比例关系如图 5-8 所示。由图可以看出，随着受干扰的频带增加，使转发器达到饱和状态时所需的干信比随之增加，当整个频带都受到干扰时，所需的干信比最大，为 30.9dB。

如果整个频段被干扰，即 ρ=1，可以求得 E_{sd}/X_{oall} 是 JSR_u 的函数，其关系为

$$\frac{E_{sd}}{X_{oall}} = \frac{7500}{JSR_u + 697.5} \tag{5-22}$$

将式（5-22）代入式（5-19），就可得到误比特率相对于干信比的关系，即

$$P_b = \frac{1}{2}\exp\left(-\frac{7500}{JSR_u + 697.5}\right) \tag{5-23}$$

平均误比特率与干信比关系曲线如图 5-9 所示。从图 5-9 中同样可以看到，当干扰为宽带噪声干扰时，使系统达到不可接收误比特率（使得 P_b=0.01）所需的干信比为 30.9dB。图 5-10 中 P_b=0.01 时的 JSR_u 与图 5-9 中 ρ=1 时的 JSR_u 相同。

（2）在扩频系统中。

以部分频带干扰和跳频系统为例，在部分频带干扰条件下，系统的平均误比特率为

$$P_{bav} = mP_b\left(SIR_d(m)\right) + (1-m)P_b\left(SNR_d\right) \tag{5-24}$$

式中，m 为部分频带干扰信号所占的整个跳频带宽的比例；P_b 可以由式（5-19）得到。然后，

通过式（5-13）可以求得

$$\frac{X_{\text{oall}}(m)}{E_{\text{sd}}} = \frac{\text{JSR}_{\text{u}}}{mW_{\text{p}}/R_{\text{sc}}} + \frac{N_{\text{oall}}\big|_{P_{\text{bav}}=1.0\times10^{-5}}}{E_{\text{sd}}} \qquad (5\text{-}25)$$

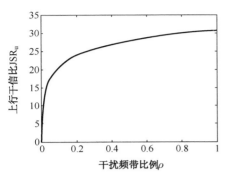

图 5-8　使转发器饱和所需的干信比与干扰频带比例关系

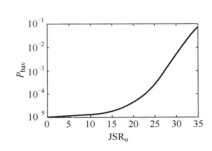

图 5-9　平均误比特率与干信比关系曲线

将相应的参数代入，则得到关系式为

$$\frac{X_{\text{oall}}(m)}{E_{\text{sd}}} = \frac{\text{JSR}_{\text{u}}}{7500m} + 0.093 \qquad (5\text{-}26)$$

将其代入式（5-24），可以得到对于给定的 m 值，干信比与误比特率关系的曲线。干扰者可以调整 m 以使 P_{bav} 最大，即为最坏情况干扰。但在实际系统中，很难造成最坏情况干扰，对 m 的典型值进行计算，m 取不同数量级时的误比特率如图 5-10 所示，m 取值在 $[0,1]$ 时的 P_{bav} 如图 5-11 所示。

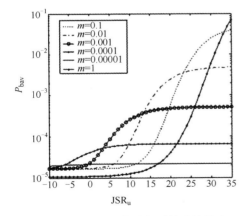

图 5-10　m 取不同数量级时的误比特率

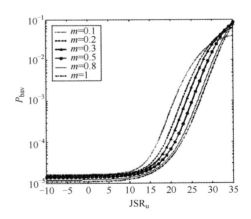

图 5-11　m 取值在 $[0,1]$ 时的 P_{bav}

从图 5-10 和图 5-11 中可以看出，当干扰带宽很窄时，低干信比对系统性能影响较大，但是随着干信比的增加，对系统性能影响不大。随着干扰带宽的增加，在低干信比条件下的性能逐渐变好，而当干信比增加时，系统性能逐渐变差。所以，对于某一固定的干信比，存在一个最佳的干扰频带比例，使得系统性能最差，即为最坏情况干扰。当干扰均匀分布在整个频带上时，系统性能与干扰分布于整个频带上的非扩频系统相同。

由以上内容可知，对于宽带干扰，非扩频或扩频系统的 P_{b} 在低干信比时保持在接近仅有噪声条件下的性能，直到上行干信比 JSR_{u} 达到 15dB，系统性能开始急速下降。此外，在转发器达到饱和之前的干信比就已经使系统性能达到 $P_{bc}=0.01$，所以使系统达到不可接受的误比特率性能的 JSR_u 都小于 JSR_{usa}。通过上述分析可以看出，将转发器推向饱和需要较大的干扰功率，其实干扰在将转发器推向饱和之前已经使得系统误码率低于 0.01。因此，在通信链路已经中断的情况下，试图将转发器推向饱和具有很小的价值。采用带宽为系统带宽的 10% 左右的干扰时，就可以使系统性能变得不可接受。

5.3 卫星通信链路灵巧干扰技术

美国通信干扰专家 Richard A. Poisel 于 2002 年首先提出了灵巧干扰（Smart Jamming）的概念，他指出可以利用接收机在捕获输入信号时间和帧同步信息的过程中实施攻击，这可以看作是灵巧干扰技术的雏形。卫星通信网络灵巧干扰是指综合运用各种手段，对敌方卫星通信网络实施侦察处理、协议分析和灵巧干扰，以较小的干扰功率、较窄的干扰带宽和灵活的干扰样式，对卫星链路产生较大的干扰效果，争夺空间制信息权的攻击行动。

5.3.1 灵巧干扰的分类及样式

常规干扰样式的分类主要以干扰信号样式为依据，如窄带瞄准式干扰、宽带拦阻式干扰、扫频干扰等。灵巧干扰信号的信号样式是根据干扰目标网络信号的特征产生的，所以灵巧干扰样式的分类不再以信号样式为依据。

根据干扰信号接入的网络层次来分，灵巧干扰样式可分为链路层干扰、网络层干扰和其他更高层次的干扰；根据干扰信号接入的网络路径来分，灵巧干扰样式可分为入路由干扰和出路由干扰。

入路由信号的传播途径是从分站发射经转发器接入主控站，信号为各分站需要进行通信的数据信息。对入路由信道的干扰即对主控站的干扰，一方面入路由信号由分站发射，发射功率低，天线增益小，较容易对其实施压制；另一方面由于入路由信号是时隙突发信号，因此灵巧干扰信号的接入难度较大。针对 MC-S-ALOHA 网络的入路由通信协议，对入路由信道可用以下干扰方式。

（1）多信道瞄准式干扰（常规干扰）。

（2）前导序列同步干扰。

出路由信号的传播途径是从主控站发射经转发器接入各分站，由于主控站的发射功率高，天线增益大，因此对出路由信号的压制难度更大一些。但是由于出路由信号是连续信号，因此灵巧干扰信号的接入相对于入路由信道更容易实现，而且出路由信道对整个网络起着定频定时和实时应答的作用，所以对出路由信道的干扰能使网络失控，针对 MC-S-ALOHA 网络的出路由通信协议，对出路由信道可用以下干扰方式。

（1）定时序列同步干扰。

（2）应答监控帧欺骗接入。

5.3.2 灵巧干扰的特征

基于协议的卫星通信网络灵巧干扰技术具有以下两个主要特征。

（1）基于协议：指卫星通信网络灵巧干扰技术是建立在目标网络协议分析和破解的基础

之上的，较之常规干扰技术具有更强的针对性。常规电子干扰技术的侦察手段只针对频率、带宽、调制样式等外部信号特征，并不关心目标网络协议的特征，效费比不高；而灵巧干扰技术需要对目标网络协议做更详细的分析，产生与通信信号数据格式一致的低功率干扰信号，并利用网络协议的规约实现无线接入，通常一种灵巧干扰信号只针对一类网络。

（2）面向网络：指该干扰技术一旦奏效就会作用于整个网络，较之常规干扰技术具有更大的破坏力。常规卫星链路干扰技术采用大功率压制，上行链路干扰只能作用于某一个卫星转发器，下行链路干扰只能作用于某一地面网络节点；而灵巧干扰技术在网络协议破解的基础上可以实现灵巧干扰信号的无线接入。灵巧干扰信号可以通过卫星转发器节点作用于整个网络，从而具有更大的破坏力。

5.3.3 灵巧干扰的系统结构

卫星通信网络灵巧干扰利用卫星信号处理、网络协议分析等手段为灵巧干扰提供信息支援，它涵盖了卫星通信信号获取、处理、协议分析和对敌方卫星通信网络的灵巧干扰。卫星通信网络灵巧干扰的目的是削弱和破坏敌方卫星通信网络的作战效能，夺取和保持空间信息优势，从而掌握战场主动权；其手段包括天基对天基系统的干扰、地基对天基系统的干扰、空基对地基系统的干扰。这里主要以地基对天基系统的干扰为例介绍卫星通信网络灵巧干扰。

卫星通信网络灵巧干扰系统相比较传统的通信干扰系统而言，具有更复杂的功能和系统结构。从信号处理的流程来分，该系统由侦收、信号及协议分析、灵巧干扰信号生成、发射 4 个子系统组成。由于干扰对象选择以同步卫星为节点的通信网络，因此不需要测向子系统。其中，侦收子系统完成对敌方卫星信号的侦收；发射子系统完成灵巧干扰信号的发射；信号及协议分析和灵巧干扰信号生成子系统是整个灵巧干扰系统的核心，完成对己方侦收信号的信号分析与处理、协议分析和灵巧干扰信号的生成。卫星通信网络灵巧干扰的系统结构如图 5-12 所示。

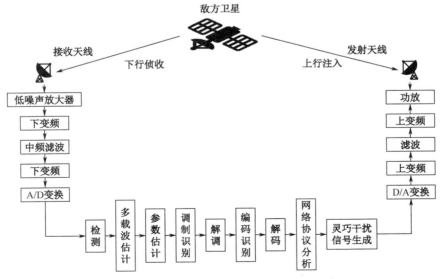

图 5-12 卫星通信网络灵巧干扰的系统结构

从接收天线到 A/D 变换是侦收分系统。由接收天线接收到的敌方卫星信号经过低噪声放大器下变频到中频滤波，中频频率可根据所侦察信号的带宽设置为 70MHz 或 140MHz，然后经过滤波器组滤波再次下变频到低频。需要注意的是，这里的低频信号并不是基带信号，因为未知信号还没有经过载波恢复。经过下变频到中频之后再次经过下变频的目的是降低采样速率，从而提高信号处理的速度。低频频率的选择要根据信号的带宽而定，下变频后信号经数字采样 A/D 变换输入到分析与处理子系统。

从 D/A 变换到发射天线是发射子系统。由灵巧干扰信号生成子系统生成的灵巧干扰信号经 D/A 变换上变频至中频，然后经滤波、放大上变频到射频频率，系统设定的射频频率与侦收信号的射频频率相同。射频信号经功放由发射天线发射至敌方卫星。

侦收子系统即卫星地球站接收机和发射机目前都有成熟的设备，研究内容是信号及协议分析和灵巧干扰信号生成两个子系统。传统通信干扰系统的侦控站只完成信号的侦收和基本参数的测量（如载频、带宽等），不对侦收到的信号做更深入的分析与处理。而灵巧干扰系统的信号及协议分析子系统要完成对信号的一系列分析与处理过程，包括多址协议分析、参数估计、调制识别、解调、编码识别、解码、网络协议分析，灵巧干扰信号生成子系统根据分析与处理的结果生成灵巧干扰信号。下面将详细说明这两个子系统的各部分功能。

5.3.4　信号及协议分析

按照信号处理的流程，该子系统分为 4 个单元：检测及多载波估计单元、调制识别及解调单元、编码识别及解码单元、网络协议分析单元。

1. 检测及多载波估计单元

根据干扰对象的通信体制，检测及多载波估计单元完成信号的检测及多载波估计。由于入路由信号的各个载波频点分布是未知的，因此检测及多载波估计单元要完成多载波信号的检测及多载波参数估计，包括载频分布和时隙长度。若侦收的是出路由信号，则不经过多载波估计，直接进入解调单元。

2. 调制识别及解调单元

调制识别及解调单元完成多载波估计后信号的调制参数估计、调制识别和解调。调制参数估计是完成调制识别的前提，主要完成对信号的载频、码速率的估计，并将估计的结果输入到调制识别单元；调制识别单元完成对信号调制样式的估计，并将结果输入到解调单元；解调单元完成对信号的解调。

此处介绍是基于同步卫星信道，该信道属于 AWGN 信道，信号传输比较简单，不存在多径衰落的影响，而且目前卫星通信信号的调制方式比较简单，以恒包络调制为主，尤其以 QPSK 和 DQPSK 两种调制方式最多。近年来，有关文献也提出了在卫星通信中采用更先进和复杂的调制方式（如 MQAM、TFM、MSK 等），但是目前还未在实际的卫星通信网络中得到广泛应用。

3. 编码识别及解码单元

编码识别及解码单元完成解调后信号的信道编码码型识别和解码。常规卫星通信信号的信道编码从基带数据开始，有 RS 编码、交织、加扰、卷积编码等几个环节。而解码正是编码过程的逆过程，所以编码参数识别及解码包括以下几个步骤：卷积码生成多项式及删除模式识别、Viterbi 译码、扰码识别、解扰、交织类型及深度识别、解交织、RS 码生成多项式识别、解 RS 码。信道编码码型识别及解码原理如图 5-13 所示。

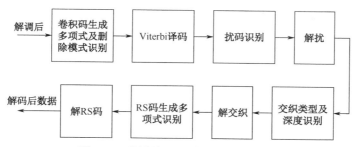

图 5-13　信道编码码型识别及解码原理

信道编码中各种码型的译码目前都有成熟的技术，该部分工作的难点在于以上各种码型的识别。卷积码和 RS 码的码型识别可以用高斯消元法解线性方程组求出生成矩阵，采用反复采集数据的方法来消除误码。交织识别多采用模式匹配的识别方法。码型识别的方法比较复杂，采用统计方法辅助，以人工码流分析为主。

4．网络协议分析单元

协议是通信双方为实现通信而相互约定的一组规约，网络协议是用户在网络中必须遵守的规约。进行协议分析的目的就是破解敌方网络用户所必须遵守的这组规约，使己方干扰信号也能够在网络中传输。对于 MC-S-ALOHA 网络而言，它的协议分析既包括多址协议，也包括网络传输、控制和交换协议。其中，多址协议分析在解调前的信号侦察中已经完成，网络协议分析单元的主要任务是进行网络协议分析。分析网络各层的信号传输、控制和交换机制，以此来控制干扰信号的生成和发射，使干扰信号帧能够遵守目标网络的交换机制，从而在目标网络中传输。

网络协议分析单元完成解码后数据链路层帧格式分析和网络层分组格式分析。不同多址方式的卫星通信网络其帧结构和分组结构不同，但完成的任务是一致的。MC-S-ALOHA 网络各分站只在某一特定的时隙内以突发的形式发射它的已调信号，通信信号的帧结构有些类似于 TDMA 方式，一个时隙重复周期称为一帧。主控站发射的信号为连续帧，除数据帧和应答帧之外，还要发射基准定时标志，标志一帧的起始，并作为各分站发送数据帧的定时基准。此外，由于网络定时误差以及同步卫星漂移等，各站突发之间要留有一定的时间空隙作为保护时间。

数据链路层信号帧格式以 HDLC（高级数据链路控制）为主，通过对信号帧的分析，得到帧长度、报头、数据段、报尾长度和保护时间等参数，并识别出标志码、用户标识码、定时序列等重要的同步信号标志，为干扰信号的生成提供信号源。

网络层分组格式比较复杂，卫星通信网络多采用 X.25 网络层分组格式和 IP 协议分组格式等，此外也采用自定义的分组格式。

5.3.5　灵巧干扰信号生成

在信号及网络协议分析的基础上完成灵巧干扰信号的生成。如前所述，本节研究的灵巧干扰信号不同于常规干扰信号，它具有更复杂的信号结构和发射控制。灵巧干扰信号的生成要满足以下两个要求。

（1）灵巧干扰信号具有与通信信号相似的信号传输格式，包括载频、调制、信道编码、帧格式等。

（2）灵巧干扰信号的传输要能够遵循干扰目标网络的通信协议，包括多址协议、网络传输、控制和交换协议等。

通过前面的分析，可以根据干扰途径和层面的不同来设计灵巧干扰信号并根据目标网络协议来控制其发射，在数据链路层以及网络层对目标实施干扰，达到常规干扰信号不可比拟的效果。

5.4　对卫星跳频扩谱通信的跟踪干扰技术

由于跳频扩谱技术能够在非常宽的扩展频带上工作，因此它是迄今为止最有效的、应用最为广泛的抗干扰技术。但是，在一定的条件下，跳频通信会被跟踪式干扰机（又称为"回答式"干扰机）有效地干扰。在跟踪干扰的情况下，干扰机截获发信机发射的信号，并试图确定跳频的频率，再产生包含有该跳频频率在内的一个窄带干扰。

在设计一个抗干扰跳频通信系统时，扩谱带宽 W_{ss} 在开始时总是固定不变的，而且通常刚好是可用带宽。系统实际使用的跳频速率也是固定不变的，或者至多是几个可选择的跳频速率。数据速率往往是能够随着干扰电平的变化而变化的唯一参数。这个固定的跳频速率 R_h 需要根据许多条件来折中选择，与跟踪干扰威胁相关的折中考虑就是跳频速率要多高才能将其对跟踪干扰的易损性降低至可接受的电平。

采用适当的几何地理条件就能够保护通信系统不受跟踪干扰的威胁，但是在这里仍然有必要简单地提一下：跟踪式干扰机测定需要干扰的频率范围时所使用的方法及其实际性能目前尚未进行详细研究。在此，我们将跟踪式干扰机使用的这种实时测量目标跳频频率的电路称为"测频器"。

本书重点分析快跳频的情况，即多跳传输 1 比特信息。同时，我们将简要地讨论慢跳频（每跳传输多比特信息）情况。

5.4.1　跟踪干扰的概念及几何地理保护条件

发信机-跟踪式干扰机-收信机的几何地理配置示意图如图 5-14 所示。其中，发信机到收信机的距离为 D_{tr}，发信机到跟踪式干扰机的距离为 D_{tj}，而跟踪式干扰机到收信机的距离为 D_{jr}。在跟踪式干扰机的位置上，实际上是由一台接收机加上测频器电路所组成的。此时，跳频周期为 T_h，且假定等于 $1/R_h$；跟踪式干扰机测频器处的 SNR 为 E_{hf}/N_b，这里的 E_{hf} 为跟踪式干扰机的接收机处的能量。合法接收机处的 SNR 为 E_{ht}/N_{or}，其信干比 SJR 将在后面讨论。如果跟踪式干扰机的测频器正确测定了正在发射的跳频频率，那么它能够在这个跳频频率附近产生一个窄带干扰，能够完全将跳频所带来的抗干扰优点消除掉。这里假定了跟踪式干扰机配备了快速频率合成器，它能够在远小于 T_h 的时间内快速切换到一个新频率点上工作。

很多文献中都采用了如下的定义。

如果

$$T_h \leqslant \Delta T = \left(D_{tj} + D_{jr} - D_{tr} \right) / c \tag{5-27}$$

式中，c 为光速；ΔT 为差分时延，那么干扰信号到达合法收信机就太迟而无法干扰这个检测到的跳频频率，因为收信机此时正在处理下一跳的信号。满足式（5-27）条件的干扰机的位置就在下式给出的椭圆之外。

$$4\frac{\left(x - \dfrac{1}{2} D_{tr}\right)^2}{\left(D_{tr} + cT_h\right)^2} + \frac{4y^2}{\left(D_{tr} + cT_h\right)^2 - D_{tr}^2} = 1 \tag{5-28}$$

式中，x、y 轴以发信机天线为中心。

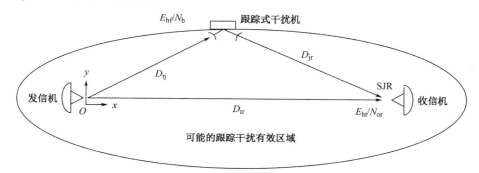

图 5-14　发信机-跟踪式干扰机-收信机的几何地理配置

　　实际上，图 5-14 是二维示意图，适用于平坦地面上的点对点通信情况。而像卫星通信一类的应用场合，其表达方式应扩展到三维空间。对地域通信来说，这 3 个距离具有相同的数量级，所以图 5-14 展示的是一种典型的表达方式。但是，对于卫星通信场景来说，$D_{jr} \ll D_{tr}$，如地球同步卫星通信的 D_{tr} 为 40000 千米，而机载干扰机的干扰距离 D_{jr} 不会大于几百千米；在使用地面干扰机时，这个距离则更小。以地球同步卫星通信的几何地理保护条件为例，则其保护区域如图 5-15 所示。图 5-15 中分别展示了 R_h 为 2000 跳/秒和 10000 跳/秒时，地球同步卫星通信对跟踪干扰的几何地理保护区域变化情况。

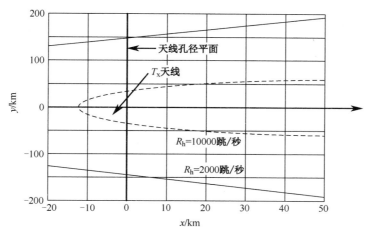

图 5-15　在 R_h 取两个值时的地球同步卫星通信对跟踪干扰的几何地理保护区域

5.4.2　跟踪式干扰机的测频器电路

　　为了便于讨论，假定通信方使用的是正交 M 矩阵 NCFSK 和快跳频，则每跳都在 M 个可能的频率中的一个频率上发送一个周期为 T_h 的音调，其中心频率为音调频率。M 个频率槽中的音调间隔为 R_h，以获得最小正交间隔，因此非跳频用户的信道带宽为 MR_h。如果需要考虑多址方式，如果卫星通信使用的多址方式，那么这里假定使用的是 FDMA，这时所有的用户都使用相同的跳频图形，但相互之间存在一定的频差。整个跳频带宽为 W_{ss}，跳频间隔假定小于等于 MR_h。

跟踪式干扰机的测频器电路框图如图 5-16 所示。假定宽度为 W 的带通滤波器是理想的，不管是使用平方电路检测器还是使用包络检波器，对性能都没有影响。因此，我们考虑采用包络检波器，因为从其特性可直接获得分析结果。

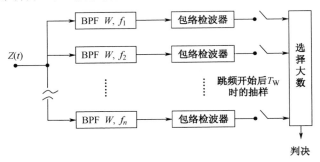

图 5-16　跟踪式干扰机的测频器电路框图

跟踪式干扰机的测频器将所接收到的扩展频带 W_{ss} 分成 N_b 个子频段，每个子频段的带宽为

$$W = W_{ss} / N_b \tag{5-29}$$

在实际工作中，跟踪式干扰机总是想要确定哪个子频段包含有这个跳频频率。因此，这里的问题就是跟踪式干扰机怎样来确定哪个子频段包含有这个跳频频率。在以前的文献中，有一种方法是每个子频段都使用一个经典的能量检测器，而这个检测器是由带宽为 W 的带通滤波器、平方电路和能够在时间 T 内进行积分运算的积分器所组成的。此时提出的假设前提条件是 $T=T_h/2$，也即仅使用跳频周期的一半时间来测定该跳频频率。这就意味着通信方必须扩大几何地理保护条件，以便使式（5-27）中所用的跳频周期等同地变成 $T_h/2$，从而增大其有效的几何地理保护范围。在提出的另一种方法中则考虑使用频率估算器，同样的道理，进行精确频率估算所花的时间可能会太长，从而使干扰方无法真正实现跟踪式干扰。

跟踪式干扰机的最核心任务就是怎样才能在比 T_k 短的时间里测定跳频频率槽。与此相反，合法收信机因为设计有匹配滤波器电路，所以能够对整个跳频周期（符号周期）T_k 执行积分操作；但是跟踪式干扰机不可能等待这么长的时间。当 $T_W=1$ 时，这符合当前所讨论的条件，这时的"积分"就刚好是取一个抽样。这样，就不能使用能量检测器中使用的典型高斯近似算法，即一般指 $T_W \gg 1$ 的条件。由于只测取了一个抽样，因此跟踪式干扰机有可能在该次跳频开始不久就进行测频（这里假定了跟踪式干扰机具有与开始跳频周期同步的某种手段，而且这种同步是相对容易实现的）。对于一个宽度为 W 的滤波器而言，响应一个脉冲的输出将在输入脉冲上升沿之后的 $1/W$ 时间内升至最大值，因此跟踪式干扰机测频器进行抽样的最佳时间大约为

$$T_W = 1/W \tag{5-30}$$

5.4.3　可测定性分析

首先，假定跟踪式干扰机测频器中的解调器使用了一组 4 个匹配滤波器和包络检波器，

则在 N_b 条支路中判定真正包含有所发射信号的正确测频概率由下式给出。

$$P_c = \int_0^\infty \left(1 - e^{-r^2/2}\right)^{N_b-1} r e^{-(r^2+2E_h/N_o)/2} I_0\left(r\sqrt{\frac{2E_h}{N_o}}\right) dr \tag{5-31}$$

式中，$I_0(\cdot)$ 为修正零阶贝塞尔函数。

其次，确定 N_b 个支路中究竟是哪条支路包含有该跳频频率的正确测定概率。适当地修正式（5-31），可得

$$P_{hc} = \int_0^\infty \left(1 - e^{-r^2/2}\right)^{N_b-1} r e^{-(r^2+2E_{hf}/(2WT_hN_o))/2} I_0\left(r\sqrt{\frac{2E_{hf}}{2WT_hN_o}}\right) dr \tag{5-32}$$

这个概率与输入 SNR、W、T_h 和 N_b 都相关，但是 W 和 N_b 的关系由式（5-29）给出。可以发现，定义如下式所示的归一化表达式是十分有用的。

$$g = E_{hf} / (WT_hN_b) \tag{5-33}$$

从而，式（5-32）变为

$$P_{hc} = \int_0^\infty \left(1 - e^{-r^2/2}\right)^{N_b-1} r e^{-(r^2+g/2)/2} I_0(r\sqrt{g/2}) dr \tag{5-34}$$

对 N_b 的 3 个取值分别计算 P_{hc} 的值，它是 g 的函数，其结果由图 5-17 给出。

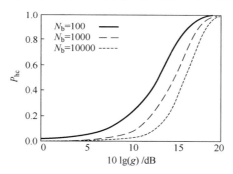

图 5-17　在 3 个 N_b 的取值时 N_b 与 g（单位为 dB）的函数关系

从图 5-17 中可以看出，函数曲线为"S"形，与经典的能量检测器一样，而且当 g 值较小时，$P_{hc} \approx 1/N_b$，也为较小的值；当 g 值较大时，P_{hc} 的值近似等于 1；在这两个极值之间，存在一个相当快速变化的过渡区域。增大 g 和 N_b 所产生的相对影响可以从图 5-17 中明显看出。当 N_b 增大时，增大 g 可改进其可检测性，它只会使图 5-17 中的曲线稍稍上移。例如，若 N_b 从 100 增大到 1000（增加 10dB），则 $P_{hc}=0.5$ 处的曲线向右移动，其差小于 2dB。由于 N_b 增大了 10dB，g 也对应地增加了 10dB，因此测频器可获得的总增益将大于 8dB。

为了实现有效的跟踪干扰，要求 P_{hc} 值尽可能大。由于从很差的可测定性到很好的可测定性之间的过渡区域相当小，因此在实际应用中往往取该过渡区域的中间位置作为可接受的测定性能基准点，此时测频器获得的 P_{hc} 值为 0.5。

为了求得这个过渡区域的中间位置，就要执行式（5-34）的数学分析，以便求得能够使 $P_{hc}=0.5$ 的成对的 N_b 值，其结果 $P_{hc}=0.5$ 时 g 与 $\lg(N_b)$ 的函数关系如图 5-18 所示。图 5-18 中采用的两个坐标轴 g 和 N_b，前者为线性的，而后者为对数的，即 $\lg(N_b)$。N_b 的取值范围为 $10 \sim 10^4$，这里的取值 10 代表非常有用的最低干扰增益数值，而 10^4 则表示实际范围的高端取值。需要注意的是，这个曲线图近似为一条直线，其经验关系为

$$g = 9.16 \lg(N_b) - 0.99 \tag{5-35}$$

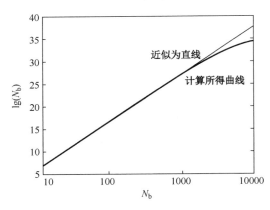

图 5-18　P_{hc}=0.5 时 g 与 $\lg(N_b)$ 的函数关系

5.4.4　卫星通信链路的跟踪干扰

从上面的叙述可以看到，P_{hc} 与测频器接收到的 SNR 有关，反过来又与所发射的功率、距离 D_{tj}、发信天线在干扰机方向上的增益 G_{tj} 以及干扰机天线在发信机方向上的增益 D_{tj} 有关。很明显，通信方应该使用尽可能窄的波束，使 G_{tj} 尽可能小。

若采用一些简化的假设条件，就可以获得由不同距离和增益的影响产生某些理想的 E_{hf}/N_b 电平。发信机的发信功率电平在合法收信机处产生的 E_{ht}/N_{or} 符合链路指标要求，这里的 N_{or} 为收信机处的噪声功率谱密度，于是，跟踪式干扰机处的 SNR 近似为

$$\frac{E_{hf}}{N_b} \approx \frac{E_{ht}}{N_{or}} \left(\frac{D_{tr}}{D_{tj}} \right)^a \frac{G_{tj}}{G_{tr}} \tag{5-36}$$

式中，a 为传播常数，在自由空间传播时，如在卫星通信中，a=2，对地域传播而言，其取值范围为 2.5～4，地形的遮蔽作用等效于使 a 值变得更大。式（5-36）的影响对卫星通信来说是一个实际问题，因为此时的距离 D_{tr} 非常大。例如，对于地球静止轨道卫星来说，假定其 D_{tj} 为 50km、D_{tr} 为 40000km，则 $20\lg(D_{tr}/D_{tj})$=58dB，可以看到获得的好处非常大，这要比图 5-17 给出的测频器要求的 SNR 更大。所以，通信方不得不考虑利用天线的保护特性来进行补偿。

在上面的叙述中，测频器和干扰发射机是同地部署的，但将它们分开来是完全可能的，这样既可以获得比同地部署更大的 E_{hf}/N_b，也不会因为发射干扰而暴露其位置。然而，在分析中应将干扰环路中因分开部署所产生的额外延迟考虑进去。

有了上面的基本分析，下面将进一步讨论跟踪干扰采用的干扰对策。跟踪式干扰机选择 W 时应考虑干扰效果、测频器的性能及电路复杂性等多种折中方案。只要测频器确定了这个跳频频率信号在这个宽度 W 中的某个子频段内出现，则所有的可用干扰功率都将集中到以这个确定的子频段为中心的一个干扰频段 W_j 中。但是，测频器只知道该宽度 W 中的某个地方出现了一个 M 矩阵音调，不知道用户正在使用 M 个频率中的哪一个频率。对于跟踪式干扰机来说，它总是希望干扰压制整个信道带宽，在快跳频 NCFSK 中，其值等于 MR_h。如果 $W \gg MR_h$，那么干扰机可选择 $W_j = W$。若要达到最佳干扰效果，则测频器的分辨力为

$$W = MR_h / 2 \tag{5-37}$$

此时，可以使用的最小有效干扰带宽为 $W=MR_h$。因此，从式（5-29）和式（5-37）可以看到，为了实现跟踪式干扰机的最佳干扰效果，干扰机必须测量的频率槽的最大数量为

$$N_b\big|_{max} = 2W_{ss}/(MR_h) \qquad (5\text{-}38)$$

若要考虑成本方面的因素，跟踪式干扰机最好使 N_b 的取值尽可能小。为达到最大干扰效果的目的，N_b 不需要比式（5-38）给出的结果大；反之，在 E_{hf}/N_b 的一些实际取值时，测频器所要求的 N_b 值是由图 5-19 所示的曲线确定的。此时，对于给定跳频增益 $PG_{fh}=W_{ss}/R_h$ 的情况，当 N_b 增大时，所要求的 SNR 值减小。在某些链路的设计预算中，为达到有效干扰的目的，实现良好的可测定性所要求的 N_b 值会超过式（5-38）给出的结果。

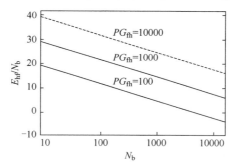

图 5-19　在 3 个 PG_{fh} 取值时 $E_{hf}/N_b\big|_{P_{hc}=0.5}$ 与 N_b 的函数关系

对于使用跳频 FDMA 多址方式的卫星通信，跟踪式干扰机只要能跟踪一个用户就有机会干扰所有用户。此时，测频器只要测定出现一个用户跳频的子频段即可。如果有 U 个用户，那么所占用的用户跳频频带宽度就为 UMR_h。为了确保能够干扰所有用户，跟踪式干扰机必须选择以测定子频段为中心的、宽度为 $2UMR_h$ 的干扰带宽来实施干扰。

5.4.5　跟踪干扰对跳频扩谱信号误码性能分析

1．快跳频的误码性能

现在来推导对快跳频实施跟踪式噪声干扰所产生的符号错误概率。由于存在差分几何地理延时 ΔT 和抽样延迟 T_w，因此该跳频中的最末一段 $[T_h-(\Delta T+T_w)]$ 才会受到干扰。此时，唯一的条件是 $T_h-(\Delta T+T_w)>0$。假设总的平均干扰功率为 J_{tot}，这个干扰功率的发射时间为 T_h，且被扩展在干扰频段 W_j 上。另外，收信机在时间 T_h 上积分，因此落在这些被正确测定的跳频频率上的有效干扰功率就被降低了 $[T_h-(\Delta T+T_w)]/T_h$。

如果跟踪式干扰机能够预先确定 D_{tr}、D_{tj} 和 D_{jr} 这 3 个距离，就可以选择另一种干扰对策。此时，可将全部干扰功率集中在所要干扰的这个跳频信号的最后 $T_h-(\Delta T+T_w)$ 秒时间内，以增大目标用户接收机处的干扰功率密度，从而达到有效干扰的目的。但是，这样一种干扰机必须是非常先进的。

2．慢跳频的误码性能

若通信方使用慢跳频技术，则每跳就有多个数据符号。此时，信号信道带宽增大而取 $R_s \cong 1/T_s$ 数量级，它与所使用的调制方式有关，这里的 R_s 和 T_s 分别为符号速率和符号周期。在测频器的性能表达式中，快跳频情况下使用的 E_{hf} 在这里就要用 $E_{sf}N_s$ 来代替，这里的 E_{sf}

为跟踪式干扰机所接收的符号能量，而 N_s 为每跳的数据符号数。因此，测频器将会获得高于快跳频情况的 SNR。

由于存在差分几何地理延时 ΔT 和抽样延迟 T_W，因此只有落在该跳频中最后一段，即 $\left[T_h - (\Delta T + T_W)\right]/T_h$ 中的符号才会受到干扰。只要跟踪式干扰机具有足够大的干扰功率，就足以能够保证使这一部分符号产生 0.5 的误码率，从而达到有效干扰的目的。

由以上讨论可知，测频器的性能随着 N_b 的增大而得到改善，还可以看到 PG_{fh} 增大（或 W_{ss} 增大，或数据速率降低）时，跟踪式干扰机的可测定性能会变差。跟踪式干扰机选择干扰带宽 W 时应考虑干扰效果、测频器的性能及电路复杂性等多种折中方案。为了实现跟踪式干扰机的最佳干扰效果，其必须测量的频率槽的最大数量为 $2W_{ss}/(MR_h)$。但是，若要考虑成本方面的因素，则干扰机最好使其取值尽可能小。对于使用跳频 FDMA 多址方式的卫星通信，跟踪式干扰机只要能跟踪一个用户就有机会干扰掉所有用户。

习 题

1．简述卫星通信系统的组成。

2．通信卫星干扰的方式有哪些？其功能是什么？

3．简述通信卫星干扰与卫星通信干扰概念的区别？

4．瞄准式干扰有哪几种？请具体说明。

5．卫星通信干扰装备具备哪些功能？请具体说明。

6．简述卫星通信的优点和不足。

7．某跳频通信系统的跳频信号频点驻留时间为 20ms，设干扰机侦察反应时间为 14ms，驻留时间中未被干扰比为 0.8，若对该跳频信号实施跟踪干扰，则通信信号与干扰信号的路径差的上限为多少？

8．灵巧干扰系统由哪 4 个子系统组成？请说明其中两个关键子系统的功能。

9．为什么转发式干扰信号频率与目标信号频率重合度高？

10．卫星通信常用哪些频段？

11．试解释自由空间损耗的概念。大气对电波传播有何影响？

12．设某地球站发射机末级输出功率为 2kW，天线直径为 15m，发送频率为 14GHz，天线效率为 0.7，馈线损耗为 0.5dB，试计算 EIRP。若采用 10kW 的干扰功率对上行信号实施干扰，则所需干扰天线增益为多少？

13．链路大功率压制干扰方式的干扰原理是什么？

14．设某一通信卫星，窄波束发射 8GHz，EIRP 为 44.6dBW，L 约为 201dB，有一个无人机高度为 6km，要求覆盖 25km 半径，压制比为 1∶1 时，路径损耗比卫星下行损失小多少？考虑 30km 边缘对准敌方终端天线副瓣，而副瓣电平比主瓣低 30dB，则无人机所需 EIRP 为多少？

第 6 章　卫星遥测遥控系统对抗技术

卫星遥测遥控系统是卫星系统的五大组成部分之一，主要负责对卫星的飞行轨道、姿态和各分系统的工作状态进行跟踪测量、监视和控制。它是卫星按照预先设计好的状态飞行和工作，以完成规定任务的重要保障。对卫星的遥测遥控贯穿于卫星发射、运行、回收的全过程，没有遥测遥控系统的指挥，卫星就不能正常运行。所以，只要干扰卫星的遥测遥控系统，就能使卫星不能继续正常工作，偏离轨道，甚至发生姿态翻转，达到干扰卫星乃至硬杀伤的效果。

6.1　遥测遥控系统的组成与干扰特点

对卫星的遥测和遥控是卫星测控的两大主要任务。

（1）遥测：是将卫星上各种传感器和仪器所测得的工程参数和探测数据，通过无线电设备传送到地面站，这就是工作状态测量。

（2）遥控：将地面测控中心发出的指令信号，通过无线电设备传送到卫星，使卫星按照控制指令的要求完成各种动作，实现对卫星的控制，包括飞行状态和内部工作状态的控制。

6.1.1　遥测系统的组成与工作原理

无线电遥测系统是一个信息传输系统，发信者就是各个被测对象，信息就是各种被测对象呈现出来的物理（或化学）特性。通过信息变换器，把这些消息变成可以远距离传送的无线电波，而收信交换器则将无线电波变换成收信者（人或设备）可以接收的信息形式。

无线电遥测系统由发送端设备（装在卫星上）和接收端设备（地面接收站）组成。图 6-1 所示为无线电遥测系统原理框图。

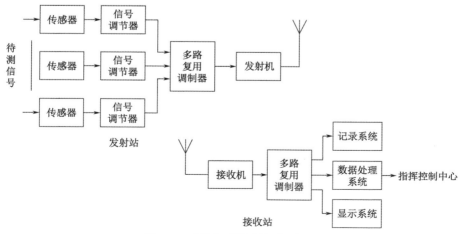

图 6-1　无线电遥测系统原理框图

在发送端，传感器将各种待测参数，如卫星中各系统的工作状态，科学仪器探测的各种数据等，转换成适合远距离传送的规范化电信号；多路复用调制器将各路遥测信号按一定体制集合起来调制发射机载波，通过发射机发射无线电发向地面。在接收端，接收天线收到信号后送入接收机，完成载波解调，再经过多路复用解调器恢复出各路原始信号，由终端设备予以记录、处理和显示，并按要求将一部分遥测数据及时传送到指挥控制中心。

6.1.2　遥控系统的组成与工作原理

1. 遥控系统的组成

遥控可分为有线遥控和无线遥控两种。利用无线电波传输信息的遥控称为无线遥控。由于无线遥控能对人们难以接近或根本无法接近的控制对象进行远距离操纵，因此在国防和国民经济许多部门中得到广泛应用。

卫星的遥控系统是无线遥控系统。无线遥控系统主要由指令和数据形成设备、指令和数据传输设备、指令和数据检出设备三大部分组成。遥控系统组成框图如图 6-2 所示。

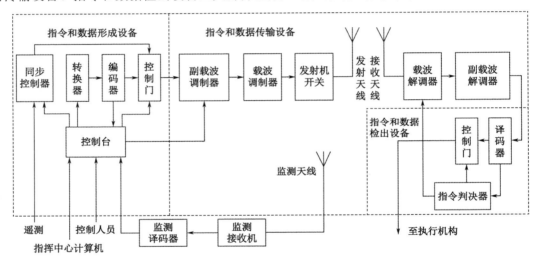

图 6-2　遥控系统组成框图

根据图 6-2，指令和数据形成设备包括同步控制器、转换器、编码器、控制门和控制台等；指令和数据传输设备包括副载波调制器、载波调制器、发射机开关、发射天线、接收天线、载波解调器和副载波解调器等；指令和数据检出设备包括译码器、指令判决器和控制门等。

遥控系统和遥测系统在信息传输方向上相反。遥测系统是由被测对象到传感器，再经传输通道至地面站或计算机。遥控系统的过程相反，由地面站或计算机至传输通道，再到执行元件，最后影响被控对象。由于传输方向相反，遥控信道的各设备与遥测信道所处位置互换，就造成了设备上的区别。例如，遥测发射机都安装在卫星上，受条件限制，发射机较简单，电波功率低；遥测接收机安装在地面且有人职守，所以遥测接收机较复杂，具有较高的灵敏度。遥控发射机处于地面条件下，可设计较复杂的发射系统和大型地面天线，发射机的功率很大，一般在数百瓦，乃至数千瓦以上。遥控接收机则比较简单，灵敏度也较低，它安装在卫星上。遥测系统和遥控系统在设备上具有如此差别，是因为要使星载设备在功耗、体积、质量等方面尽量减少，而在可靠性方面要大大提高。星上设备复杂，可靠性则相应降低。

2．遥控系统的工作原理

无线遥控系统的工作过程就是指令和数据的形成、传输与检出过程。从信息传输原理来看，遥控与遥测的区别不大。同样，卫星的遥控指令信息量很多都是在一个载波信道内传输，因此，遥控系统也是一种多路化传输信息的传输系统，也有时分制和频分制两种形式。主要的工作过程包括以下几个。

（1）指令和数据的形成。

指挥中心计算机根据预定的卫星控制计划和遥测系统及跟踪测量系统提供的卫星实时飞行状态及工作状态等信息，自动计算生成（或控制台人工参与）遥控程序、遥控指令和注入数据，将其送往遥控站发向卫星。在遥控站，注入数据经码型变换后调制发射；而控制人员的命令或计算机输出的命令需经变换器变换成指令信号，再由编码器根据该指令信号产生的各种控制指令选择相应的控制指令，经码型变换后调制发射。在指令和数据的形成过程中，控制台要对编码器产生的控制指令进行校验，判断无误后才输出信号，打开控制门和发射机开关，让正确指令发出。

对卫星等空间飞行器，通常有如下指令内容。

① 航天器上设备开机、关机与备份切换控制。

② 变轨、轨道调整、轨道维持，交会、对接，以及离轨返回等控制。

③ 姿态机动、姿态维持，以及自旋稳定航天器自旋转速调整等控制。

④ 向航天器上的数据管理分系统（计算机或程序控制装置）注入数据，修正程序控制时间、程序控制计算用参数值以及导航有关参数等。

由遥控系统指令可知，遥控指令信息多数是不连续的状态量，其中多数是一些开关量，而卫星的遥测信息较多的是连续变化量。

（2）指令和数据的传输。

地面发射机和发射天线以及卫星上接收天线和接收机共同完成指令和数据的传输任务，其工作原理与遥测系统大致相同。

（3）指令和数据的检出。

译码器首先对副载波解调器的输出进行译码识别，检出指令和数据，再由判决器进行抗干扰判决和保密判决，必要时还可以将指令预先存储于指令判决器中，实际接收的指令与之对比，判决无误后打开控制门，让正确指令送往执行机构或将正确数据送给卫星上的计算机。指令和数据判决器还可以定时打开或关闭接收机，以提高信道的抗干扰能力。

（4）指令执行。

指令执行一般分为两种：一种对执行时间无精度要求；另一种对执行时间精度有严格要求。例如，在自旋同步卫星的发射、同步和定点保持过程中，需要对卫星上的轴向、径向、切向喷管及天线消旋步进电机进行控制，以实现卫星转移轨道段的自旋速度调整和姿态调整，以及同步轨道段的天线消旋和定向保持等，这种场合要求控制信号与卫星的自旋角速度严格同步，故称为同步控制。

3．遥控系统的抗干扰性、保密性和可靠性

无线遥控系统的接收设备都装置在卫星上，它处在地面各种干扰源的辐射范围内，易受到干扰，故其灵敏度不能设计过高。要加大遥控发射机的功率和提高发射天线的增益，使到达飞行器处的无线遥控载波信号有足够的强度。即使采取这样的办法，也尚难避免遥控接收机不受干扰，如雷达跟踪测量卫星之际，其大功率无线电波就会干扰遥控系统。这时就要对遥控信号采取适当的编码形式，以提高遥控系统的抗干扰性、保密性和可靠性。

表 6-1　7 位码距为 4 的指令编码

指令序号	指令编码
1	1110010
2	0111001
3	1011100
4	0101110
5	0010111
6	1001011
7	1100101

提高指令编码信号的抗干扰性是指在遥控接收机受到较强干扰时，不至于由一条指令错成另一条指令。最常用的办法是采取加大码距的措施。各指令编码信号之间的码距，就是它们之间码信号不同的数目，如表 6-1 所示。

由此可见，任何两条指令编码之间，码距为"4"。这说明，即使此码组受干扰错了 3 个码，也不会混入到另一条指令上去（宁可受到干扰，不执行指令，也不要执行错误的指令），这就是所谓的码的"自检"，这些码具有鉴别 3 个以内错误码数的功能。此外，采用特殊的编码形式还可实现对码的"自校"，可指出哪一位码发生错误。

提高指令编码保密性的办法是设计出不易破译的密码，或者星-地两端的编码与解码方式均按异常的规律随时间而变化。同时，为防止指令编码被截取后盗用同样的指令信号干扰，可采用一次性遥控指令码。

为提高遥控指令执行的可靠性，往往采取遥控码多次重发，借助码距自检或奇偶自检的办法，在接收端记下每次正确的码组。接收端接收到预定次数的正确码组后，便开始执行。例如，规定每组指令码重发 5 次，星载解码器可正确解出 4 次或 3 次，便可执行。这样，保证了可靠性不致因偶然的干扰造成错误指令或漏失指令。

目前，一些卫星的遥控系统常通过遥测系统把卫星解调出来的指令码组反送回地面站，与原来发送的指令码进行计算机比对检验，待验证无误后再发执行指令，使各条指令付诸实行。若经遥测系统送回的遥控指令码不正确，则地面重发指令或发清除指令，清除存储器中已经接收存储的错误码。这种将遥测-遥控形成闭环方式，由遥测系统检验指令码的办法，大大地提高了遥控系统的可靠性。考虑到编码的保密要求，且不能把遥控指令码原封不动遥测下来，需对其"伪装"后再传送回地面。地面接收到的这种指令码组，在计算机中复原并与原指令码组比对。遥测比对方法需要较长的时间，这对近地轨道卫星不适用，而对地球同步轨道卫星则很适用，国际通信卫星-IV 的遥控系统就是采用的遥测比对方法。

6.2　遥测遥控系统干扰技术

对军用卫星遥控、遥测系统干扰的目的是探讨采用干扰方法永久破坏卫星正常工作的途径。众所周知，入轨后的卫星，地面中心控制站要通过遥测系统了解卫星状态，并通过地面的遥控系统来控制其正常工作。如果采用侦收手段侦收到遥测信号，就可了解敌方卫星的状态，在此基础上掌握敌方遥控信号的特征，进而干扰其遥控系统，使其不能接收地面指令，从而不能维持正常运行；或者通过发射遥控指令改变卫星运行状态，如令其偏离轨道、姿态翻转等，以达到永久性破坏其正常工作的目的。

对军用卫星遥控、遥测系统的干扰方法是采用升空平台侦察遥控信号，指挥控制地面设备发出干扰或错误指令，通过地面侦收设备可以了解敌方卫星姿态和己方干扰后姿态的改变。其难点在于己方侦收干扰设备位置的设置，以及密码的破译。对于中、低轨卫星，由于其遥测遥控设备只在特定地域才启动有效工作,因此如何克服这一点是此项干扰措施发挥有效作用的核心。

　　通过以上对遥测遥控系统的工作原理分析可知,遥测遥控系统属于无线电系统,遥测遥控信号属于无线电信号。也就是说,遥测遥控系统与雷达系统、通信系统并无本质区别,遥测遥控信号与雷达信号、通信信号也无本质区别。因此,完全可以应用一般意义上的雷达干扰、通信干扰技术对遥测遥控系统实施侦察、干扰。卫星在太空中为了保证正确的位置和正常工作,要不时地从地面遥测指令分系统和监控管理分系统接收各种遥测遥控指令。当敌方测控中心向卫星发送遥控信号或卫星反馈遥控信号时,己方卫星通信干扰侦察装备进行搜索截获。从截获的信息中可以提取敌方信号的各项参数,并选取最佳干扰样式进行干扰,就有可能完全破坏敌方遥测遥控系统对遥测和遥控信号的接收,从而使敌方测控中心无法获知卫星的各种状态信息,无法发出正确的遥控指令。另外,由于遥控指令受到了干扰,卫星的位置及工作状态不能被正确控制,处于失控,甚至可以通过一定的手段对其进行欺骗干扰,夺取卫星的控制权,发出指令改变其运行轨道、天线波束角度或关闭卫星等,从而获得巨大的军事价值。

　　根据卫星的实际应用技术,在遥测遥控卫星干扰系统中,应主要实施欺骗干扰,辅以压制干扰。使用欺骗干扰破坏敌方卫星正常工作,压制干扰增大敌方卫星虚指令、误指令概率。

　　遥测遥控卫星干扰系统由遥测侦察站、遥控干扰站和电子干扰卫星组成,如图 6-3 所示。其中,电子干扰卫星包括遥控接收机和遥测干扰机。

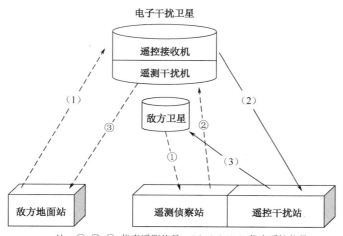

注:① ② ③ 代表遥测信号;(1)(2)(3)代表遥控信号

图 6-3　遥测遥控卫星干扰系统的组成

　　为说明遥测遥控卫星干扰系统的工作过程,可把整个系统划分为两部分:一部分为遥测卫星干扰系统;另一部分为遥控卫星干扰系统。遥测卫星干扰系统由地面车载遥测侦察站和星载遥测干扰机组成;遥控卫星干扰系统由地面车载遥控干扰站和星上遥控接收机组成。当遥测卫星干扰系统工作时,遥测侦察站侦收、处理、识别敌方卫星发出的遥测信号,按最佳干扰参数产生遥测干扰信号,发送到电子干扰卫星上的遥测干扰机中,遥测干扰机接收到此干扰信号后,进行放大、转发,从而形成对敌方卫星遥测系统的干扰。当遥控卫星干扰系统工作时,星上遥控接收机侦收到敌方遥控信号后,转发给地面的遥控干扰站,遥控干扰站对其进行处理、识别后,选择最佳干扰参数产生遥控干扰信号,遥控干扰信号经放大、发射后,形成对敌方卫星遥控系统的干扰。

习　题

1．简述遥控系统的组成及工作原理。

2．简述遥测遥控系统干扰技术。

3．设某二进制数字传输系统的信息速率为 2400bit/s，接收端在 0.5h 内共收到 128 个错误符号，分别计算采用 BPSK 调制、DBPSK 调制、QPSK 调制时的误比特率。

4．若遥测信号电磁波的载波频率为 1575.42MHz，在自由空间中传输距离为 300km，试推导出该电磁波路径损耗。

第7章　电子侦察卫星对抗技术

随着新军事技术革命性的发展，电磁空间已成为继陆、海、空、天之后的第五维战场空间，并首先表现在侦察与反侦察的斗争方面。只有依靠各种侦察与反侦察措施获得信息优势，才能赢得战争的主动权。在电磁信息侦察中，电子侦察卫星由于受限小、全天候、持续时间长、覆盖范围大而被西方一些强国广泛采用，昼夜不停地对空中、地面进行侦察和监视。

电子侦察卫星又称为电子情报卫星，它是部署在空间的"顺风耳"，主要利用星载电子侦察设备截获地球上辐射的雷达、通信等信号，通过对信号的处理、分析和识别，截取雷达、通信等信号的特征参数、传输信息的内容、辐射源的准确地理位置等信息。卫星上的电子侦察设备主要由天线、接收机和终端设备组成。卫星电子侦察设备将侦测到的电磁信号进行预处理后，发送到地面接收站，以便分析电磁信号的各种参数和进行辐射源定位，并从中提取军事情报。

7.1　电子侦察卫星对抗特点

7.1.1　电子侦察卫星的主要特点

电子侦察卫星的任务是通过对截获的通信信号、雷达信号和遥测遥控信号的分析，获取电子情报和军事情报。就目前的发展情况来看，电子侦察卫星可分为普查型和详查型两种。普查型电子侦察卫星主要是用来进行大范围的侦察，对各种无线电信号和雷达信号的辐射源进行概略定位，并确定其频段和扫描方式，它的扫描范围可达 2000km 左右。详查型电子侦察卫星主要用于精确核定普查过程中发现的感兴趣的目标，并获取电台和雷达信号的特性与具体参数，以便从中提取有价值的情报。

国际上公认，离地面 100km 以上的空间，不属于地面国家的领空范围。而电子侦察卫星一般部署在距地面 500～600km 的较低轨道上，因此利用卫星进行侦察是目前国际上"唯一合法"的侦察手段。同时，此方法不易受地形、气象等条件的限制。卫星居高临下，视野开阔，侦察范围广，获得情报多，其频率覆盖范围可达 0.5～20GHz。但是应该看到，基于空间平台的特殊工作环境和任务，要求星载电子侦察接收机系统必须具有良好的性能，即快速的信号截获能力、足够高的灵敏度（能接收雷达副瓣辐射信号）、在密集信号环境下的信号分选能力、较好地适应不同体制辐射源信号、一定的频率测量和定位精度等，还要求星载电子侦察系统体积小、质量轻、稳定性和可靠性高。随着电子情报对卫星的依赖程度越来越高，电子设备不断改进，尤其是美国，电子侦察卫星的轨道高度已向800km 以上发展。卫星部署越高，地面覆盖面就越宽，如果处于地球静止轨道，只需 3 颗卫星即可覆盖全球，这样便大大提高了监视电子目标的时效性。同时，为了提高时间分辨率和空间分辨率，侦察卫星工作方式已由单星工作向多星组网方式发展。

为了提高信息的时效性，以往的地面信息处理功能已逐步向星上发展，随着大规模集成和微处理技术的发展与应用，星上终端设备将担负起越来越多的信息处理任务，卫星只需把处理结果发送回地面，这将给未来战场上直接使用卫星获取信息打下基础。

电子侦察卫星按其运行轨道可分为异步轨道和同步轨道电子侦察卫星两大类；按定位方法可分为单星定位和多星定位两种体制。单星定位又分为测角定位和测向交叉定位两种方法，卫星轨道高度一般为 400～500km。多星定位法也称为时差定位法，卫星轨道高度一般在 100km 以上。

7.1.2 电子侦察获取信号情报的必要条件

电子侦察卫星的有效载荷截获信号，获取情报需满足一定的必要条件。

1．侦察设备完全截获辐射源信号的功率条件

$$G_i(\theta, f) + P_j(\theta, f) - 2R - 1 > S_k \quad i \in I, \quad j \in J, \quad k \in K \tag{7-1}$$

式中，$G_i(\theta, f)$ 为辐射源 I 个发射波束序列中第 i 号波束的增益（dB）；$P_j(\theta, f)$ 为辐射源 J 个发射功率组合中第 j 种功率的强度（dBW）；S_k 为侦察设备 K 个侦察模式中第 k 种侦察模式的系统灵敏度（dBW/m^2）；R 为侦察设备距辐射源的距离（dBm）；θ 为辐射源相对于侦察设备的角位置，f 为辐射源信号频率。

2．侦察设备完全截获辐射源信号的测量条件

（1）瞬时测频范围 B_{SIGINT}>辐射源对应的工作频率捷变范围 B。

（2）瞬时动态范围 D_{SIGINT}>可能截获到的辐射源信号幅度变化范围 D。

（3）连续观测时间 T_{SIGINT}>辐射源信号参数环周期 T。

（4）观测极化域 P_{SIGINT}=辐射源辐射波极化值。

3．侦察设备完全截获辐射源信号的分析条件

就电子情报来说，对完全截获的雷达信号项目{f，PRF，脉宽，波束}的值、变化规律和完全截获的通信信号可解析出信号特征参数变化规律与周期。对于通信情报，就是完全解的内涵。同时满足上述功率条件、测量条件和分析侦察即为完全侦察，否则为非完全侦察；当获取重匮乏和/或受强干扰而使侦察方程难以收敛时，即为病态侦察。

7.1.3 电子侦察卫星对雷达的侦察能力

地球同步轨道卫星位于 36000km 高的轨道上，而低轨电子侦察卫星一般部署在 500～600km 高的轨道上。现代发达国家的军用雷达都采用了低副瓣天线技术。当卫星过顶针对这类雷达的副瓣进行侦察时，卫星感知的雷达平均副瓣增益 $G_i(\theta, f) < 0$。因此，对于高度为 600km 的雷达情报侦察卫星或地球同步轨道电子侦察卫星，如果想进行有效侦察，那么卫星所需系统灵敏度根据图 7-1 可以求得。不同侦察卫星对应的完全截获辐射源信号的功率条件（H 为卫星高度）如图 7-1 所示。

显而易见，美国的电子侦察卫星可连续不间断地侦察到表 7-1 所示的雷达。

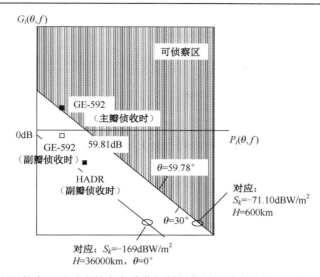

图 7-1　不同侦察卫星对应的完全截获辐射源信号的功率条件（H 为卫星高度）

表 7-1　电子侦察卫星对几种国外地面雷达高效侦察时所需的系统灵敏度 S_k（dBW/m²）

雷达型号	AN/FPS-117（E）	AN/TPS-59	HADR	AN/TPQ-36A	AN/TPS-43E	AN/TPS-75
S_k 应优于（H=600km）	−82.62	−79.93	−76.56	−82.94	−57.85	−57.85
S_k 应优于（H=36000km）	−118.18	−115.49	−112.12	−118.5	−93.41	−93.41

　　美军的"大酒瓶"侦察卫星的灵敏度为-169～-117dBW/m²，当这样的侦察卫星过顶对这些雷达进行侦察时，由于均满足侦察设备完全截获雷达信号的功率条件，加之该卫星具有很强的星上信息处理能力，因此该卫星实现了近乎实时完全侦察。

7.1.4　电子侦察卫星的弱点

　　电子侦察卫星存在明显的弱点，具体如下。

　　（1）侦察或监视要依赖于对方的电磁辐射，如果目标电磁信号不能进入接收系统或不在接收系统覆盖范围内，侦察将失效，其中典型的情况是对猝发通信和扩频通信信号侦察。

　　（2）卫星在被侦察或监视目标上空的空间位置相对较高，截获的电磁信号较弱，同时监测效果还受到波束方向限制和大气层特性影响，使得信号提取困难；对于低轨道（170km 左右）卫星，容易受到敌方反卫星武器的直接攻击，而且更重要的是其侦察覆盖区域有限，工作寿命短。

　　（3）由于卫星载体的特殊性，使得对侦测信号的星上处理能力有限（容量和反应速度等），因此对于电磁辐射源数较大、信号密集的情况，难以从中分选和识别出有用信号。换言之，就是容易受到干扰信号和假信号的欺骗。

　　针对上述弱点，研究电子侦察卫星的工作效能对于卫星电子侦察与反侦察技术的研发具有重要的指导意义。目前，美国和俄罗斯都对此非常重视，投入了大量的资金和技术资源，并已经在实际中运用这些新的侦察和反侦察措施。例如，在战术上，采用多星组网、全频段、全天候监视；在技术上，采用多种侦测技术结合和提高星上数据处理能力以及发展不间断定位技术等。

7.1.5 电子侦察卫星干扰的一般方法

针对卫星的特点，可以考虑通过以下方法来实现干扰。

1．降低辐射源旁瓣

航天电子侦察主要是侦察旁瓣，主瓣侦察的精度是很低的，低旁瓣辐射源被发现的可能性大大降低，所以降低辐射源旁瓣可防止被敌方卫星发现。

2．目标关机

由于卫星的轨道可以测出，因此可推出其在目标上空的滞留时间，一般为几分钟，最简单的方法是在此期间内将雷达关机。通常卫星对地球的覆盖周期为几天，故这样也不一定影响雷达的正常工作。

3．假目标照射

针对卫星轨道较固定的特点，在其飞临目标上空时，可用若干假目标辐射源照射它，由于假目标可以用主瓣对准侦察接收机，可能会将弱真实信号抑制掉，同时能加重侦察设备信号处理的负担，使其截获概率降低。一般假目标信号总是比被保护雷达的最大旁瓣电平大20dB。

4．有源干扰

利用地基/机载噪声干扰机或欺骗干扰机有意释放电磁干扰噪声或有意辐射电磁干扰信号以便干扰/欺骗星上的雷达和通信设备。此外，还可在敌方卫星轨道上释放金属碎片与颗粒、气溶胶等干扰物使卫星上的光电器件工作失常，导致卫星飞离其运行轨道而坠毁。

7.2 反电子侦察卫星技术

星载有效载荷即星载电子设备是电子侦察卫星能够实施有效电子侦察的关键。星载有效载荷主要包括：截获别国或敌方辐射源信号的侦察接收系统、负责信息存储的数据记录设备、将数据回传地面接收站的数据传输设备，以及对上述设备进行遥测的设备等。这里主要介绍对卫星侦察接收系统的对抗。电子侦察卫星接收机主要截获敌方通信、雷达信号，本节从通信、雷达信号两个方面阐明其反侦察技术。

7.2.1 通信反侦察技术

通信反侦察技术可从隐蔽通信的角度考虑，而扩展频谱通信系统在抗干扰性和保密性等方面具有其他通信系统无法比拟的优越性，是很好的隐蔽通信方式。扩展频谱通信系统按其工作方式一般可分为以下 4 种：①直接序列扩频通信系统；②频率跳变系统；③线性调频系统；④时间跳变系统。实际的扩频通信系统，除了上述 4 种基本工作方式，还可能是这些基本方式加以组合而构成的混合扩频系统，如 FH/DS、TH/DS、TH/FH 系统等。前两种是比较常用的扩频系统，下面加以详细介绍。

1. 直接序列扩频通信系统

直接序列扩频通信系统又称为伪噪声调制系统，简称 DS 系统和 PN 系统。它用一个速率很高的数字编码序列去直接调制射频载波，从而使射频带宽较原始信号带宽大得多。

（1）基本原理。

直接序列扩频通信系统的基本原理就是用一个高速率的伪随机码序列与信息码序列模 n（进制）相加（波形相乘）后的复合码序列去调制载波而获得直接序列扩频信号。一般来说，对载波的调制可以采用任何幅度或角度调制方式，但最常用的还是二进制相移键控（2PSK）方式。

直接序列扩频通信系统框图如图 7-2 所示。在发送端，首先通过模 2 加法器把信码（数据）调制在伪随机码序列中，再由携带有信息的伪码序列对载波进行二进制相移键控。经过两次调制后的扩频信号经发射机送入信道传输。

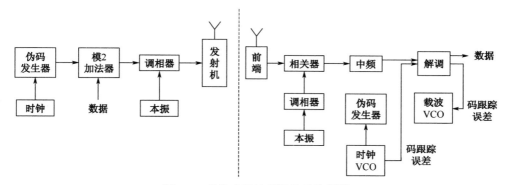

图 7-2　直接序列扩频通信系统框图

（2）扩频编码。

通过对直接序列扩频通信系统基本原理的讨论，不难看出，在系统设计中，扩频地址码选择是一个关键性的问题。事实上，扩频码的类型、长度和码元速率往往决定着 DS 系统的性能，要想系统具有较好的反卫星侦察能力，就必须选择合适的伪随机码作为扩频地址码。扩频编码牵涉许多理论问题，这里仅对扩频码的选码原则做简要介绍，正确选择扩频码对扩频通信系统具有重要意义，一般来说，扩频码的选择应尽量符合以下几条原则。

① 具有类似于白噪声的统计特性，为了增强信号的隐蔽性，提高反侦察能力，要求直接序列扩频通信系统具有类似于噪声的特点。因此，要求扩频码的功率谱密度尽可能均匀，不应有强的谱线出现，即希望它具有类似于白噪声的统计特性。

② 具有优良的自相关特性和互相关特性，即要求自相关函数主峰大、旁瓣小，而互相关函数应接近零。

③ 码的长度与速率应满足系统抗截获的要求，即保证系统获得足够的处理增益。

④ 同一族序列中应有足够的码组可供选用，并且族内各码组间的互相关函数尽量小，以满足码分复用通信的要求。

⑤ 码序列发生器构造简单，且便于处理与控制。

白噪声是一种随机过程，功率谱密度在很宽的频带内都是均匀的，它具有极其优良的相关特性，因此将它用作直接序列扩频通信系统的扩频码是十分理想的。但是对白噪声进行放大、调制、检测、同步及控制等难以实现，因而实际中只能用具有类似于白噪声统计特性的伪噪声编码来逼近它，并以此来作为直接序列扩频通信系统的扩频码。

在工程上，常用二元{0, 1}序列来产生伪噪声码，伪噪声码具有以下 3 个方面的基本性质。

① 平衡特性：在编码序列的每一周期内 0 和 1 出现的次数大致相等。

② 游程特性：把 n 个相同码元的码元串称为长度为 n 的游程。在编码序列中长度为 n 的游程比长度为 $n+1$ 的游程的数目多一倍。

③ 相关特性：编码序列具有类似于白噪声的自相关函数。

（3）扩频信号的产生。

在 DS 系统中，为了产生带有信息的宽带扩频信号，通常需要两个调制器，即扩频调制器和信息调制器。产生扩频信号的原理框图如图 7-3 所示，图中的两个调制器随着采用的调制方式的不同而不同。

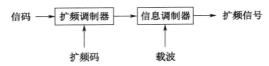

图 7-3　产生扩频信号的原理框图

① 扩频调制。扩频调制是指利用高速率的码序列对载波进行调制。在 DS 系统中，扩频调制常用相移键控（PSK）方式。这时的扩频调制器就是一个相移器，实际中常采用双平衡混频器/调制器来实现。双平衡混频器/调制器又称为双边平衡调制器或环形调制器。

② 信息调制。信息调制可以采用模拟调制方式，也可以采用数字调制方式。

在模拟调制方式中，可以用传统的调幅和调频把已调载波进行扩频调制。由于调幅方式固有的缺点（抗干扰性能差、效率低、保密性差等），在直接序列扩频通信系统中很少使用。信息调制只采用调频方式。

信息调频-直接序列扩频如图 7-4 所示。用信息调制压控振荡器，获得调频波。为了稳定调频载波频率，使用了锁相环路，输出高稳定度调频波，再由双平衡混频器/调制器产生直接序列扩频信号。

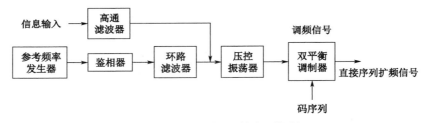

图 7-4　信息调频-直接序列扩频

在数字调制方式中，先将模拟信号数字化，变成数字信息流。通过数字信息流与伪随机码"揉合"在一起，进行扩频调制，产生直接序列扩频信号，这种方法称为码型变换。直接序列扩频码型变换电路如图 7-5 所示。

从原理上讲，码型变换（CM）与二进制相移键控（2PSK）是完全等效的。在 DS 系统中，用得最多的也最为有效的一种信息调制方式就是码型变换方式，它不仅实现简单，而且性能优越。

在 DS 系统中，还有一种常用的信息调制方式——码型键控（CSK）。所谓码型键控，是指用不同码组来代替数据码中的不同元素"0"和"1"。如果用这些不同的码组作为扩频码对载波进行相移键控就能得到 CSK/DS 信号。

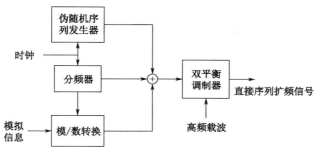

图 7-5　直接序列扩频码型变换电路

二进制码型键控（2CSK）和码型变形是十分类似的，所以在有的书中两者不加严格区分，但是应该注意，在用码型键控做信息调制时，信码的宽度应该等于扩频码周期长度的整数倍（通常使两者相等）。同时，对用来代替不同信息元素的各扩频码组要求它们具有优良的自相关特性和尽可能低的互相关峰值。

当码型键控用于 DS 系统时，它的性能特点完全和码型相同，因此也是人们乐于采用的一种调制方式。

（4）解扩和解调。

直接序列扩频信号的解调一般分两步进行。首先，将宽带扩频信号解扩；然后，对解扩后载有信息的窄带信号进行调制。习惯上把这种先解扩后解调的方式称为"前置解扩"，如图 7-6（a）所示。在 DS 系统中也可以采用所谓的"后置解扩"方式，这种方式是先对宽带扩频信号进行解调，解调后得到宽带射频信号，再对这个信号进行解扩，从而得到基带信号，如图 7-6（b）所示。在"前置解扩"中，信息解调是在解扩后的高信噪比条件下进行的，所以它具有较强的抗干扰能力。而"后置解扩"的解调是在解扩前的低信噪比条件下进行的，由于解调器的门限效应，"后置解扩"的抗干扰能力较差，因此在 DS 系统中只要条件允许，就尽量采用"前置解扩"方式。

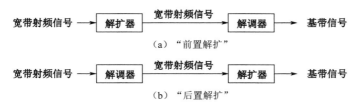

图 7-6　DS 系统的"前置解扩"与"后置解扩"

解扩是扩频通信系统特有的，扩频通信系统的优良性能在很大程度上是由解扩器提供的。直接序列扩频常用的解扩方法有两种：一种是用有源相关器实现解扩；另一种是用序列匹配滤波器来实现解扩。

①　有源相关器解扩。有源相关器解扩是通过把接收到的扩频信号和一个本地参考信号相乘来完成的。这个本地参考信号的结构和接收到的信号相同，在时间上与接收到的信号同步。有源相关器的核心就是一个相乘器（平衡调制器）。典型的相关器有两种：直接式相关器和外差式相关器。

a．直接式相关器。直接式相关器的结构和直接序列扩频调制器的结构完全一样，其实它们有两个完全相同的双平衡调制器。图 7-7（a）、（b）分别给出了直接序列扩频调制器和直接式相关器的原理框图。射频载波经调制码相移键控后成为 PSK 信号，这一相移键控信号进入直接式相关器，它又由本地参考码再次进行相移键控。当本地参考码和调制码相同且同步时，两次相移键控的作用相抵消，所以直接式相关器输出的是一个恢复的载波信号。这样，就把一个宽带信号变成了窄带信号，从而实现了信号的解扩，如果扩频调制器输入的是一个经信号调制后的载波信号，那么它经扩频调制和相关解调后也将是仅受到信息调制的载波信号。

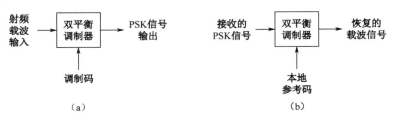

图 7-7　直接序列扩频调制器和直接式相关器的原理框图

直接式相关器的优点是结构简单；缺点是对干扰信号有直通和码元速率泄露现象。从图 7-7 中可以看到，直接式相关器输入中心频率与输出中心频率是一样的，即如果直接式相关器的相移键控已调信号中心频率是 f_0，那么恢复后的载波频率也是 f_0，如果有一个比有用信号大得多且中心频率等于 f_0 的窄带干扰进入直接式相关器，那么这个干扰信号的一部分就有可能绕过直接式相关器而直接泄露到输出端。由于这个泄露过去的窄带干扰和解调后的有用信号频率相同，因此将引起严重干扰。所以，直接式相关器抗瞄准式窄带干扰的能力差，在实际系统中很少使用。

b. 外差式相关器。外差式相关器是一种相关输出信号与输入信号中心频率不同的相关器。在解扩过程中，载有信息的信号被变换到一个新的中心频率上，这就避免了干扰直接泄露的可能性。此外，它还使得外差式相关器后面的电路能在较低的频率上工作。因此，实际上使用的一般都是外差式相关器。

② 序列匹配滤波器解扩。序列匹配滤波器解扩的主要缺点是要求系统必须精确地同步，所以同步系统往往比较复杂，且捕捉性能也比较差。大家知道，匹配滤波器可以实现信号的最佳接收，用以检测 DS 信号的匹配滤波器，习惯上称为序列匹配滤波器（SMF）和横向滤波器。用序列匹配滤波器解扩 DS 信号不需要复杂的同步系统，可直接从序列匹配滤波器的输出信号中提取同步信息。因此，使整个系统的设备大为简化。

图 7-8 给出了用序列匹配滤波器接收 CSK/DS 信号的一种原理框图。图 7-8 中输入信号为 CSK/DS 信号，其中对应于信码“1”和“0”的扩频码是两个互相关函数值很小的伪随机码序列。使用两个序列匹配滤波器（SMF1 和 SMF2）分别对信码“1”和“0”对应的伪随机信号进行匹配检测，然后将其输出信号经包络检波、积分-清洗后进行抽样判决即可恢复原始信码。

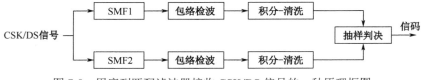

图 7-8　用序列匹配滤波器接收 CSK/DS 信号的一种原理框图

目前，用于"后置解扩"的序列匹配滤波器可由大规模集成电路和 CCD 器件等构成；用于"前置解扩"的序列匹配滤波器一般可由声波延迟线构成。图 7-9 所示为延迟线式序列匹配滤波器的原理框图。

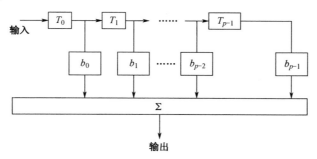

图 7-9　延迟线式序列匹配滤波器的原理框图

在图 7-9 中，T_0，T_1，T_2，…，T_{p-1} 是声波延迟线（或其他延迟器件）构成的延迟电路，每级延迟电路的延迟时间 $\tau = TC$（扩频码元宽度）。b_0，b_1，b_2，…，b_{p-1} 是加权系数，为了使序列匹配滤波器与扩频信号匹配，加权序列 $\{b_n\}$ 应为扩频码的选码。假设扩频信号是由长度 $p=7$ 的序列（-1-1-111-11）调制的 2PSK 信号，则加权序列 $\{b_n\}$ 为（1-111-1-1-1）。这样，当扩频码的一个完整周期对应的 2PSK 信号恰好处在序列匹配滤波器中时，各抽头信号经过相应加权后呈现"同相"（条件是载波频率等于扩频码码元速率的整数倍），此时相加器输出最大，对应于"相关主峰"，通常把这个时刻称为"匹配时刻"。在其他时刻，各抽头信号加权后的相位有"正"有"反"，相加器输出较小。事实上，序列匹配滤波器实现的就是相关运算，加权序列就相当于本地参考码。所以，序列匹配滤波器解扩与有源相关器在本质上是相同的。

③ 信息解调。扩频信号经解扩后，剩下的问题就是从已解扩的带有信息的中频信号中解调出基带数字信号（信码）。信息解调是一般通信系统都有的。对于 2PSK 信号的解调，可采用相干检测的方法。其中相干载波的提取可采用平方环法及 COSTAS 环法。对于其他信息调制方式，应采取相应的解调方法。

（5）系统的同步。

和普通数字通信系统一样，直接序列扩频通信系统的同步也包括位同步（又称为码元同步或比特同步）、帧同步和载波同步。不过，在直接序列扩频通信系统中特别强调位同步，它不仅要求数据流比特之间的同步，还要求收发双方的扩频码序列的"起点"对齐，这是相关解扩与信息解调的前提条件。因此，直接序列扩频通信系统的同步问题比普通数字通信系统中的同步更为复杂。

① 同步不确定性的来源。

所谓同步不确定性，是指接收端事前无法确切地知道发射端序列的初始相位和载波频率。

直接序列扩频通信系统同步要达到的目标是：收发双方码序列的相位差要在 1bit 范围内，这样相关器才有解扩信号输出；接收机载波频率应该对准发射机载波频率，这样才能使解扩信号顺利地进入中频滤波器。

同步的不确定性表现在码元速率的不确定性、码相位的不确定性和载波频率的不确定性上。现代的稳频技术已经能够为收发双方提供高稳定度的频率源，使上述 3 种不确定性大为减小，但以下几个方面的影响仍不能忽视。

a. 多普勒频移引起的不确定性。两个以速度 v 做相对运动的物体，若物体 A 上发射机发

出频率为 f 的载波。在物体 B 上接收机收到的电波不再是 f，而是 $f_R = f_R \pm fv/c$，其中，v 是 A、B 两个物体的相对运动速度，规定相向运动取"+"，相反运动取"−"，c 是光速。这就是多普勒效应。对于航天电子设备来说，通信的双方经常处于变速状态中，因此 f 总是不断变化的，其中变换量 $\pm fv/c$ 是一个不确定的量。

　　b．电波传播的时延。电波在空间传播需要一定的时间，因此对于具有一定距离的两个通信点来说，即使双方约定在同一时间内开机也不可能实现同步。对于固定的通信系统，只要预先确知双方的距离，时延误差可以补偿。但是，对于距离在不断变化中的移动通信来说，就不能精确补偿这一时延，因此要求接收端不断跟踪发射端的频率和相位。

　　c．多径效应。电波经过不同的途径到达接收端，叠加在一起，引起总接收信号相位的偏移。这也是不确定性的一个来源。各种传输媒质相比较，对流层散射多径效应的影响比较明显。

　　d．频率源的不稳定性。尽管采用了各种频率措施，但频率源的不稳定因素（如升温、老化等）并不能完全消除。在直接序列扩频通信系统中，频率源不稳定引起码时钟速率的飘移将造成累积码元相位偏移。

　　所有上述不确定性因素，都要求通过系统的同步来加以消除。

　　② 同步的基本过程。

　　一般来说，直接序列扩频通信系统的同步分为两个基本过程：同步捕获和同步跟踪。所谓同步跟踪，是指同步系统自动地搜索码相位和频率的不确定区域，以获取接收的扩频信号的相位和频率信息，并以此来校准本地参考信号的相位和频率。当捕获过程结束时，接收机的本地参考信号与接收到的扩频信号已基本上达到同步——收发双方序列的相位偏差小于 1bit，频率偏差达到容许范围，这时接收机便能进行正常的相关解扩和信息解调。

　　在完成捕获过程之后，同步系统立即进入同步跟踪状态。所谓同步跟踪，是指采用相位锁定的方法，不断地调节、补偿相位（频率）的飘移，进一步降低相位（频率）的偏差，使系统的同步状态得以保持。应当指出的是，同步跟踪过程并不是直接序列扩频通信系统所必需的。如果系统采用高稳定度的频率源，使得在整个通信时间内，码相位的累积飘移不超过系统容许的范围（远小于 1bit）时，系统在达到同步后，可以不必采用同步跟踪而能维持系统的正常工作。

　　同步系统中还必须有同步判决电路，用来控制捕获和跟踪过程的相互转换。扩频接收机的解扩器实质上就是一个相关器，其输出信号的大小正比于接收信号与本地参考信号的相关函数，由于本地参考信号与接收到的扩频信号是相同的，因此解扩器的输出信号正比于接收到的扩频信号的自相关函数。伪随机码调制的 DS 信号具有图 7-10 所示的自相关函数。当本地参考信号与接收到的扩频信号相位一致（同步）时，根据这一特性，同步判决电路通过对相关器输出信号进行门限判决，来确定系统是否达到同步。

　　同步捕获一般是通过改变本地参考信号的相位来对码相位的不确定区域进行扫描搜索的。在搜索过程中，同步判决电路不断检测相关器的输出。如果相关器输出信号超过判决门限，就说明本地参考信号可能已经与接收到的扩频信号同步，这时便可控制同步系统停止搜索。由于噪声的存在，因此相关峰的检测可能出现漏检。为了减小漏检概率，判决门限略取低一些。在系统停止搜索以后，同步判决电路继续检测相关器的输出，以对捕获到的同步信息进行确认。同步确认时的门限要取高些，以减少虚警引起的假同步。如果在连续 n_0 次周期性检测中，有 n_1 次超过判决门限 3，就可确认捕获到的同步信息是真实的、非偶然的虚警；

否则说明捕获到的同步信息可能是噪声引起的虚警,这时系统必须重新开始搜索以捕获真实的同步信息。

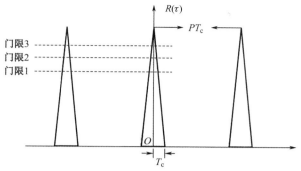

图 7-10　扩频信号的自相关函数

在同步判决电路确认达到基本同步之后,同步捕获过程完成。同步判决电路发出"启动跟踪命令",同步系统转入跟踪过程,同时跟踪式判决门限如图 7-10 中门限 2 所示。如果相关器连续 n_2 次输出信号不超过判决门限 2,就说明是因为接收机已停止接收扩频信号——通信过程已结束;或是由于码相位偏差超过 1bit——跟踪系统失锁,系统失去同步。无论是上述两种原因中的哪一种,同步判决电路都必须发出指令,使同步系统重新进入搜索状态。

综上所述,可以得到一般扩频接收机的比较完整的同步系统原理框图,如图 7-11 所示。其中,同步判决电路通常由一系列判决门限不同的检测器组成,典型的同步判决电路如图 7-12 所示。

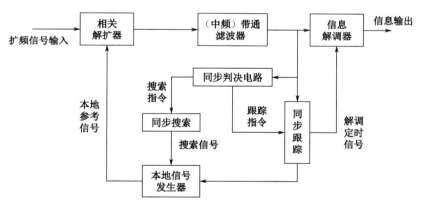

图 7-11　扩频接收机的比较完整的同步系统原理框图

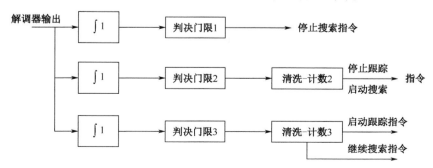

图 7-12　典型的同步判决电路

在同步系统中，判决门限 1、2、3 与参数 n_0、n_1、n_2 的选取应根据漏检、虚警概率等多种原因折中考虑后确定。

2．频率跳变系统

频率跳变系统简称跳频（FH）系统，该系统的发射机和接收机的工作频率在一组预先指定的频率上跳变，而所用频率的次序取决于某一数字编码序列。跳频系统可以随机选取的频率数通常是几百到几万个离散频率，扩展频带的宽度是由跳变的频率数和频率跳变的最小间隔来决定的。

（1）跳频系统的基本组成及特点。

跳频系统原理框图如图 7-13 所示。所谓跳频，是指按照某一规律自动地改变系统的工作频率。它的核心是在收、发两端分别用伪码产生器产生一伪随机序列，用它去控制频率合成器的输出频率，使系统的工作频率按伪随机序列跳变。显然，只有当收、发两端的工作频率都按同一伪随机序列同步地跳变时，才能在接收机混频后得到一个频率不再跳变的中频信号，以备解调。

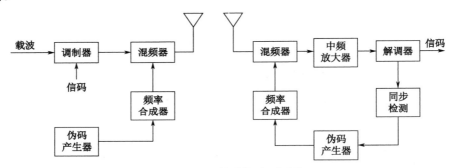

图 7-13　跳频系统原理框图

在跳频系统中，信号频谱的扩展基本上与所用的伪随机码的速率无关，而是决定于所用频率跳变的最小距离 b 和频率数目 N。实际上，伪随机码的速率，即跳频速率，可以高于或低于信码的速率，所用的跳频数目 N 常常有几千个，甚至达 220 个。

任何非所需信号进入跳频接收机混频时，都将受到接收机中本地伪随机码的扩展。例如，若一单频信号进入接收机，当它被编成中频信号后，其带宽与本地频率合成器的带宽相同。若一带宽与本地频率合成器输出带宽相同的信号进入接收机，但和接收机不同步，则变频后的带宽将加倍。中频放大器抑制所有在其通带外的信号功率，从而使非所需信号受到抑制。

跳频系统具有以下几个优点。

① 以"躲避"方式提高通信的抗干扰性能。对 FH 系统来说，只有当干扰在每次频率跳变的时隙内，干扰频率恰好位于跳频的频道上时，干扰才有效。显然，发生这种情况的概率是极小的。

② 在非常强的邻近电台干扰下具有通信能力，即易于解决远近问题。

③ 具有多址通信能力和高的频带利用率。

④ 易于和其他类型扩展频谱系统组合，构成各种混合扩频通信系统。

⑤ 便于与现有的常规通信体制兼容，这是因为 FH 系统的信号调制方式灵活，无论是模拟信息还是数字信息，都可调制。而在 DS 系统中，模拟信息一般必须经数字化后才能实行调制。

上述优点使得跳频系统能够满足反侦察的要求，这也正是战术通信系统所迫切渴望的，因此跳频系统受到了各国的广泛重视。目前，研制体积小、质量轻的高速跳频频率合成器和声表面波匹配滤波器等部件，是跳频系统工程中需要解决的主要技术问题。

（2）跳频系统的关键问题。

① 跳频速率的选择。跳频系统的频率跳变速率取决于该系统伪随机序列的码元速率，通常跳频系统的码元速率比直接序列扩频通信系统的码速率低很多。在选择频率跳变速率时，应综合考虑各个因素，其中包括成本、抗干扰的截获概率、频谱相邻信道干扰、语言可懂度和同步等。

当跳频速率太低（不到 50 跳）时，不仅信号易被跟踪和干扰，并有可能被截获和测向，而且一个频道被干扰，将会丢失一个或多个音节，为了避免与己方固定频率电台网产生干扰，在跳频序列内可以故意阻塞某些信道，这对慢速跳变系统来说将使同步变慢，甚至不能工作。

对于中速和快速跳频系统来说，信号不易被识别、定位和干扰。即便有几个信道被干扰，丢失的信息也是比较轻微的，不会使语言变得不可懂。但跳频速率也并非越高越好，因为跳频系统一般都用频率合成器作频率源，而频率合成器的频率变化是靠改变分频比和环路锁定实现的。另外，由于在转换频率时间内是不能传递信息的，因此跳频速率越高，转换频率所占用的时间就越多，这将相对减少传递信息的时间。同时，快跳频在每个跳频周期内，只能发送少量信息，同步序列也必然分散在一些跳频周期内，这使快跳频电台的同步易受干扰。

此外，在实际设计系统时，跳频速率的选择还必须兼顾到系统的射频带宽、数目及系统对误码率的要求等因素。

综上所述，要想得出一个最佳的跳频速率是困难的。目前，国外正在研制和生产的战术跳频电台，快（每秒 500 跳以上）、中、慢（每秒 10～50 跳）3 种速率都有。

② 跳频系统频率的选择。跳频系统可以传输任何信息，但通常传输的是数字信号。这里仅讨论当数字信号速率已定、传输二进制 FSK 信号时的频率数目的选用。

跳频系统中必须有大量可供选用的频率，所需的频率数目与系统对误码率的要求有关，例如，当干扰或噪声均匀地分布在每个可用频率上时，有 1000 个频率就可以很好地工作了。因为在这种情况下，每个跳频频率上所受到的干扰功率仅是干扰总功率的 1/1000，这表明干扰功率要达到所需信号功率的 1000 倍以上才可能使通信阻塞。换句话说，系统对这种干扰的处理增益为 30dB。对于窄带干扰，它只在某个频率上起干扰作用，当接收到的干扰功率大于或等于有用信号功率时，则在一个信码仅用一个频率传输的情况下，引起的误码率为 10^{-3}。然而，此误码率在数字通信中是不能接受的。总之，对于这种不具有多余度的简单跳频系统，误码率为

$$P_{\mathrm{e}} = \frac{J}{N} \tag{7-2}$$

式（7-2）中，N 为系统采用的频率数目；J 为功率大于或等于信号功率的窄带干扰数目。

为了改善系统的误码率，可以增加多余度（或称为冗余度），即一个信码用若干个（数量一般为奇数）频率传输，最后按多数准则判决（图 7-14）。这样，即使其中某些频率受到干扰发生错误，但只要大多数频率是正确的，通过多数判决就能减小误码率。这时的误码率为

$$P_{\mathrm{e}} = \sum_{x=r}^{m} C_m^x p^x q^{m-x} \tag{7-3}$$

式（7-3）中，$p=J/N$，为只用一个频率传输时的误码率；q 为只用一个频率传输时的正确概

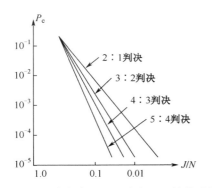

图 7-14　不同多余度下误码率与 J/N 的关系比较

率，$q=1-p$；m 为发送每一信码所用的频率数；r 为使一信码错判所必需的错误码元数。

在以上讨论中，安排发送频率是按照频率间隔恰好是其带宽的原则连续排列的，但在一些系统中并非如此，它容许在单个频谱之间有很大重叠，重叠的方法是使一频道的中心落在邻频道的零点上。显然，如果采用这种方法，带宽大约可节省一半。

③ 跳频系统的同步。跳频系统能否正常工作的首要问题是收发两端的频率跳变序列必须是严格同步的。由于系统的频率序列是由伪噪声（PN）码发生器控制的，因此问题的关键是要解决收发两端 PN 码发生器的同步。PN 码发生器是由若干级数的线性反馈移位寄存器组成的，它所产生的伪随机码序列只要确定下列 3 个变量，各电台产生的码本就完全相同，且在时间上同步。

a．同样的移位寄存器，具有相同的级数和接法。

b．反馈的连接方式一样。

c．序列的状态一样。

显然，对于同一种类型的跳频电台来说，第一点是完全相同的；通过预约的方式，也可使第二点的反馈连接方式相同；只有第三点，在双方建立同步之前，它是一个随机状态。因此，开通信道首先要解决的就是这个问题。

通常把序列发生器的状态称为扩码相位（TOD），此信息在实现通信之前，必须传到网中全部电台，以完成捕捉和同步。由此可见，为了同步，发射方在发送通信所要传送的消息的同时，需传送有关序列状态的信息。也就是说，跳频信息分两大类：一类是通信消息；另一类是勤务信息。前者是通信的目的，后者是保证可靠通信的手段。有关序列状态的 TOD 信息，就是勤务信息。接收机在捕捉信息时，需事先知道发射方跳频图案中的至少一个频率，并且就在这个信道上预置等候，或者直接预置在事先约定的勤务频率上守候。由于收发双方的信道开通必须依靠 TOD 信息，因此 TOD 信息在完成跳频通信的过程中是至关重要的，必须对它采取保护措施，防止敌方的检测和干扰。为此应做到以下几点：

a．尽可能少地暴露 TOD 信号，只有在开始组网、新电台进网或需要定期同步时，方才发送 TOD 信息。

b．对 TOD 信码设有纠错，同时使它的每比特位再包含若干比特相关子码，即设立专门的调制和相关解调电路来检测。并且这些若干比特相关子码也不固定，每次可变更。

c．载送 TOD 信息的勤务信道不长期固定，由发射台选取，接收台可实时查阅"勤务信道地址索引"。

某跳频电台（每秒 20 跳）的 TOD 信息结构，如图 7-15 所示。

从图 7-15 中可以看出，在 50ms 的消息区间内共有 25 个比特位，其中开始的 4ms（2 比特）是频率合成器频率置定所需的时间，在这段时间里没有什么信息发送，在余下的 23 个比特信息位中，后面的 22 比特是 TOD 消息；第三比特位用来发送一组固定的 01 码，使接收台与发射台在 TOD 消息到达之前先完成比特同步，即确定接收台的时钟基准。图 7-15 中

22 比特位的 TOD 消息正好与发射台 PN 码发生器的级数对应，表示了该 PN 码发生器的实时状态，此信息发射出去，就是要使接收台的 PN 码发生器按此 TOD 信息来确定它的实时状态，以达到同步的目的。为了保护 TOD 信息，每个比特位中又有 32 个子码，其速率为 16kbit/s。接收端要想解出 TOD 信息，就必须先对此 32 个子码做相关检测。为了更好地保护 TOD 信息，所用的 32 个子码不但相关性要好，而且可以变化。

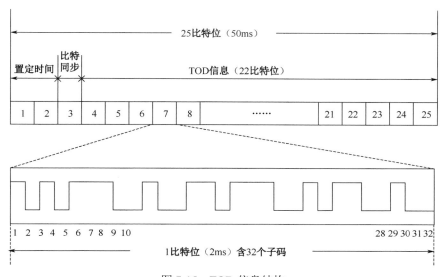

图 7-15　TOD 信息结构

正常通信的信息结构比较简单，对上面所举的跳频电台来说，在每跳的 50ms 中，前 4ms 仍是频率合成器的频率置定时间，后 46ms 则是模拟信息。显然，这种信息结构的语言中断率为 20Hz，中断时间占 8%。根据语言中断模拟器的测试得知，中断率在 10～20Hz 范围内，中断时间小于 20% 时，对声音可懂度的影响可忽略不计。

随着要求的提高，信息的结构趋于复杂，实现起来比较困难，但性能随之完善。对于上面所举的例子，在电台工作期间，双方维持同步的方法比较简单，维持同步的信息并不置入消息帧里，而是按照一定的规律，发出一帧 TOD 勤务信息。

（3）跳频信号的产生与接收。

① 跳频电台的基本组成。跳频电台通常由基础电台（包括收发部分）、抗干扰部件（或简称跳频部件）、频率合成器、加密装置组成。

为了使跳频电台与一般通信方式兼容，基础电台通常就是一个普通电台。因此，跳频电台可以有两种工作方式，即常规的（非跳频的）和跳频的。大家知道，一个普通的调幅、调频或单边带电台，在发射和接收信号时，都有一个确定的载波频率（工作频率），这一频率在完成一次确定的通信任务中是始终保持不变的。只有到下一次通信，双方才能改变到预先约定的另一确定的工作频率上。但跳频通信则不同，它在完成一次确定的通信任务的时间内，哪怕通信时间短到只有几秒，收发双方的工作频率都是不断地跳变的。显然，只有双方的工作频率按照相同的规律跳变，并且保持严格同步，才能保证通信的正常进行，而完成这一功能主要是靠跳频单元。因此，研究跳频电台主要就是研究跳频部件。

某跳频电台组成简图如图 7-16 所示。该电台作为基础台，并采用 PN 码发生器产生伪随机码序列。这种 PN 码发生器虽然具有周期性的输出，但当反馈选择得当时，它将具有最长周期。所以，对于一次通信来说，它的变化就显现不出周期性，而具有随机噪声特性，这正是我们所希望利用的。该电台跳频信号的产生过程是：PN 码发生器输出伪码控制频率合成器，频率合成器输出确定的主振频率供发射的信息调制输出。由于 PN 码发生器的状态在不断地变化，使频率合成器输出的主振频率也不断地变化，即电台的工作频率以一定的速率和规律不断地跳变，因此信息也就从不同的信道被发射出去。

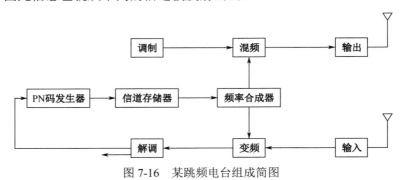

图 7-16　某跳频电台组成简图

在接收端，收信机有一个与发射端完全相同的 PN 码发生器，当它的运转状态与发射端 PN 码发生器的实时状态完全一致时，它所产生的地址码，通过信道存储器控制频谱合成器，输出的频率固定到一个中频。这样通过变频所获得的中频信号再经过解调即可得到所需的消息。

② 跳频信号的产生。由于跳频信息中不仅含有通信信息，还有 TOD 信息，因此实际的跳频电台结构更为复杂。图 7-17 所示为某跳频电台发射部分原理框图。该跳频电台也是以调频电台为基础的，且图中只绘出与跳频信号产生有关的部分。

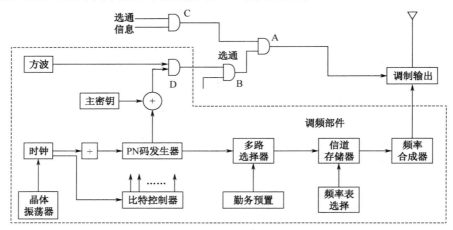

图 7-17　某跳频电台发射部分原理框图

由图（7-17）可见，跳频电台发射部分也是由跳频部件、频率合成器和发信机三部分组成的。跳频信号的产生中主要是勤务信号的产生比较复杂，而通信信号的产生并没有什么特别的。图 7-17 中的晶体振荡器是跳频部分的标准频率源，其输出产生一定的时钟信号，供整个跳频部件各功能单元作触发脉冲用。例如，它经过除法器获得 PN 码发生器所需要的时钟信息，此时钟速率应与 PN 码发生器的速率相同，PN 码发生器何时触发则要受到比特控制器的控制。实际上，比特控制器就是时序发生器，整个跳频部件各功能单元的触发时间都要服从于比特控制器编排的时序逻辑。因此，它的输出端是很多的，图中省略了这些控制连线，而用许多输出端来示意。

总之，从发送跳频信号的角度看，跳频部件所起的作用有两个：一是产生频率跳变指令；二是产生以基带信号形式出现的 TOD 码和同步码，它们使得收发双方维持同步。

③ 跳频信号的接收。

a. 跳频信号的解调过程。根据跳频信号的产生方式可知，其同步可分两步：信道开通时建立收发双方的同步和同步后发射通信消息过程中的维持同步。前者的实现是靠发送 TOD 勤务信息，后者则是按照一定的规律，在信息帧的中间插入同步信号。在接收这样的跳频信号时，也是相应地分成两个步骤，即先建立接收机对发射机的同步，然后在接收信号的过程中，根据插入的同步信号，再不断地修正同步。

仍以同一跳频电台的接收部分来说明跳频信号的接收过程，跳频电台接收部分原理框图如图 7-18 所示。

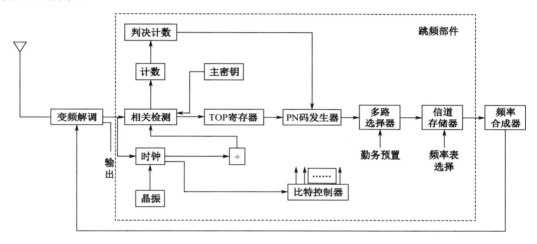

图 7-18　跳频电台接收部分原理框图

由图 7-18 可知，频率合成器的输出频率作为本振频率备用，只有当它输出的频率能随着发射方工作频率同步跳变，且始终与之相差一个中频时，才能经变频后得到所需的固定中频，以备解调。因此，正确接收跳频信号，本质上还是解决接收方跳频部件如何能与发射方跳频部件按同一规律跳变的问题。

由前面分析可知，所谓建立收发两方之间的同步，实质是使收发两方的 PN 码发生器的实时状态取得一致。因为电台相同，PN 码发生器的结构必然一样，反馈的选择、勤务频率的预置、频率表的选择及主密钥也均可按照事先的约定，预置在相同的位置上，唯有 PN 码发生器的实时状态是随机变化的，不可能以预置的方式解决同步的问题。这就需要借助于发射方发出的 TOD 勤务信息中所包含的 PN 码发生器的实时状态，来置定接收机的 PN 码发生器。一旦两者的实时状态取得一致，同步即告完成。

在同步之前，TOD 勤务信息的接收是靠勤务预置单元实现的。前面曾说过，发射方在发送 TOD 勤务信息时，是在几个预置频率上进行扫描，并依次输出的。因接收方预置和发射方相同，所以其频率合成器在某一个勤务频率上呈等待状态。当发射方发送 TOD 信息时的工作频率与接收方的预置频率相对应时，两者即可相差得出所需的中频，并将这一帧信号接收下来。由勤务信号的结构可知，先接收的是位同步信号，它通过时钟单元将接收机的时钟基准加以校正，实现接收机的时钟与发端时钟同步。然后经分频，得到适当速率的时钟信号送至相关器和 PN 码发生器等，在位同步之后，接收机陆续接收 TOD 码，经相关器与主密钥相关，并将相关结果计数、存储，当计数达到预定值时，判决起跳，这时寄存器寄存的 TOD 码正好移入 PN 码发生器，使接收机的 PN 码发生器的实时状态按发射机的同一状态预置完毕，从此收发两方的频率跳变将保持一致。总之，与发端一样，接收机在接收 TOD 信息时，其频率合成器是受勤务预置控制的，而与 PN 码发生器无关。只有在收完 TOD 信息，使接收方 PN 码发生器与发射方同步之后，频率合成器才受 PN 码发生器的输出指令控制。

b．TOD 信息判决。关于 TOD 信息的判决过程可通过图 7-19 做进一步理解，TOD 信息判决框图如图 7-19 所示。

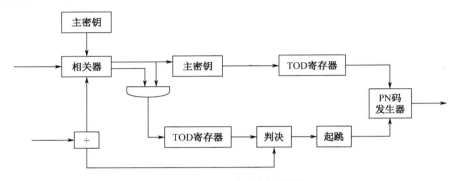

图 7-19　TOD 信息判决框图

由图 7-19 可知，将在勤务频率上收到的 TOD 信息送入相关器，与主密钥的输出相关即可得到 TOD 码。这是因为收到的 TOD 信息本身在发射方曾与同样的主密钥模 2 加，在接收方的这次相关等于又是一次模 2 加，所以相关结果必然与发射方的 TOD 码相同。相关结果凡是 "1" 码的就进入 TOD 寄存器，并记为 "1"；凡是 "0" 码的，TOD 寄存器因未收到 "1" 码就自动记 "0"。这样当一帧 TOD 码全部被逐个按码位记录完毕后，TOD 寄存器就寄存了发射方 PN 码发生器此刻的全部 TOD 相位，并等待移入接收方的 PN 码发生器。同时，相关器每输出一个 "1" 码或 "0" 码，都要通过或门计数，并每隔一次跳变时间就做一次判决。当判决得知 TOD 计数结果与 PN 码发生器的级数不符时，原来的计数即被清洗，TOD 寄存器里寄存的状态也不输出；当且仅当 TOD 计数结果与 PN 码发生器的级数完全相符时，才输出一个起跳指令，TOD 寄存器所寄存的发射方 TOD 信息便置入接收方 PN 码发生器，使接收方PN 码发生器的实时状态与发射方完全一致，并开始同步跳变。

7.2.2　雷达反侦察技术

雷达信号反侦察技术表现在时域、空域和频域 3 个方面。频域是其中的一个重要方面，它往往和时域、空域相结合。频域的主要技术措施包括扩展单部雷达工作频域范围、开发新的频段、频率捷变、频率分集、自适应占空变频、超宽带等。其中，频率捷变、频率分集和自适应频率捷变技术具有很强的无源抗干扰能力，下面主要介绍这 3 个方面。

1．雷达频率捷变技术

雷达频率捷变技术是从 20 世纪五六十年代至今广泛应用的一种雷达抗干扰技术。频率捷变是指雷达发射相邻脉冲或脉冲组的载频在一定范围内快速变化。它除了工作频率在一定的范围内可迅速变化，与常规固定频率雷达技术大体相当。它不但具有增大雷达探测距离、提高跟踪精度、抑制海浪杂波等优点，而且具有很强的抗有源压制干扰的能力。许多常规固定频率雷达都改装成捷变频雷达，得到了广泛应用。

（1）概念与内涵。

目前，频率捷变技术在雷达中主要有两种具体实现方式：一种方式是利用旋转磁控管实现雷达工作频率（载波频率）的快速跳变，即非相参捷变频雷达；另一种方式是通过频率合成器形成若干频率点，雷达工作频率在这些确定的频率点中随机跳变，即全相参捷变频雷达。

这两种技术的成本及其抗干扰效果有很大差异，各有其优缺点。一般非相参捷变频雷达的系统相对比较简单、造价比较低，但干扰方往往可根据其发射频率的特性，预测其下一个信号的频率值，对其实施预测性的瞄准式干扰已得到了比较理想的效果；而全相参捷变频雷达的系统相对比较复杂、造价比较昂贵，但很难对其实施窄带瞄准式预测干扰，而且由于其相位的相参特性，可以实现与动目标显示（MTI）技术兼容，在抗有源压制干扰的同时，可以抗无源干扰，实现自适应频率捷变技术也比较容易可行，因此其抗干扰特性和潜力都优于非相参捷变频雷达。

① 非相参捷变频雷达的频率输出特性。

图 7-20 是典型的非相参捷变频雷达的组成框图。非相参捷变频雷达的输出频率取决于旋转磁控管输出的频率，并要求在脉间做出快速跃变。显然关键在于要使接收机本振能快速地自动测出跟踪发射频率，并将本振频率及时快速地调整到所需频率上来。这个功能主要是由频率自动调整电路（AFC）完成的。非相参调谐磁控管发射频率呈准正弦变化，发射脉冲频率的分布为反正弦变化。图 7-21 为非相参频率捷变雷达发射频率与其概率密度之间的大致关系。

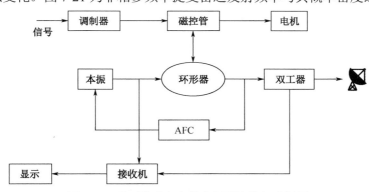

图 7-20　典型的非相参捷变频雷达的组成框图

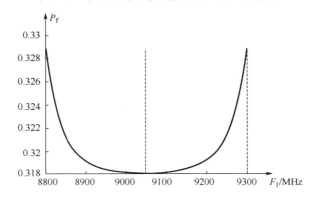

图 7-21　非相参频率捷变雷达发射频率与其概率密度之间的大致关系

② 全相参捷变频雷达的频率输出特性。

图 7-22 是全相参捷变频雷达的组成框图。全相参捷变频雷达主要是由频率源产生不同的频率点，由自动频率选择器（AFS）随机选择输出频率，因此其输出频率特性是在一定频率范围内随机变化的。发射频率的概率密度在捷变频率范围内呈均匀变化，难以对其实施瞄准式干扰，也无法像非相参捷变频雷达一样对其实施边带干扰。

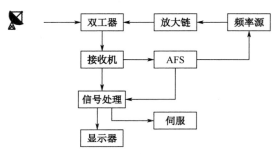

图 7-22　全相参捷变频雷达的组成框图

对全相参捷变频雷达实施干扰，必须展宽干扰带宽，实施宽带阻塞式干扰，但这样往往由于受干扰发射有效功率的限制，得到的干扰密度很低，得不到理想的干扰效果。因此，全相参捷变频雷达具有很好的抗干扰特性。

（2）雷达频率捷变抗干扰效果的度量。

雷达在采取频率捷变抗干扰技术后获取的效果可用电子对抗改善因子（EIF）来评估，它是至今唯一被美国 IEEE 所采纳的雷达抗干扰能力评估标准。其定义为：从具有电子抗干扰技术的接收机中产生给定的输出干信比，相对于没有电子抗干扰技术的相同接收机中产生相同输出干信比的比值，即

$$EIF = \frac{(J/S)_1}{(J/S)_2} \tag{7-4}$$

式（7-4）中，$(J/S)_1$ 和 $(J/S)_2$ 分别为系统加抗干扰措施前、后系统输出的干信比。

EIF 的物理意义为：在使用抗干扰措施的雷达中和不使用抗干扰措施的雷达中，产生同样的干信比所需的干扰功率的比值。它表明系统采用抗干扰措施后干信比提高的倍数。得出 EIF 的结论后，可作为分析具体雷达的作战指标（如跟踪雷达的跟踪精度、预警雷达的发现概率、探测距离等目标函数改善程度的基础指标）。

雷达在采用频率捷变措施时，对于非相参捷变频雷达，其工作频带中可能达到的工作通道数 N 为

$$N = \frac{B_{\mathrm{FA}}\tau}{2} \tag{7-5}$$

式中，B_{FA} 为雷达频带范围，τ 为雷达脉冲宽度。

如果干扰机的功率集中在雷达带宽通带内（$B_R > B_J$），那么频率捷变能够改善干信比的最大值为

$$EIF_{FA} = 10\lg N - 10\lg\left(B_R\tau/2\right) \tag{7-6}$$

如果采用调谐预选器，那么接收机带宽可做成 $\tau/2$，式（7-6）中的第 2 项为 0。

2．雷达频率分集技术

（1）概念与内涵。

雷达频率分集技术也是一种频域的主要抗干扰技术。雷达频率分集技术是指在一部雷达中装有 n（$n \geq 2$）部载频不同的发射机、接收机和信号处理机，而用同一天线辐射。采用该技术的雷达称为频率分集雷达。目前有两种频率分集形式：一种是不同载频用不同波束辐射；另一种是所有的信号用同一波束同时或间隔地辐射。频率分集雷达组成框图如图 7-23 所示。

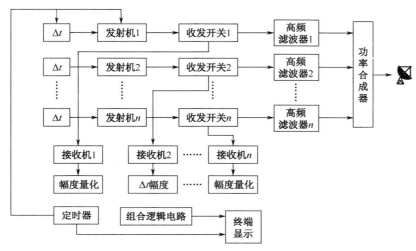

图 7-23　频率分集雷达组成框图

（2）雷达频率分集抗干扰效果的度量。

雷达频率分集（一般为搜索雷达或警戒雷达）的抗干扰效果可用其总的虚警概率和发现概率来度量。假设单个通道的虚警概率和发现概率分别为 P_{fai}、P_{di}，则雷达总的发现概率和虚警概率分别为

$$P_{d\Sigma} = 1 - \prod_{i=2}^{n}\left(1 - P_{di}\right) \qquad （7\text{-}7）$$

$$P_{fa\Sigma} = 1 - \prod_{i=2}^{n}\left(1 - P_{fai}\right) \qquad （7\text{-}8）$$

如果单个通道的虚警概率和发现概率都相等，为 P_{fa}、P_d，那么式（7-7）和式（7-8）就可简化为

$$P_{d\Sigma} = 1 - \left(1 - P_d\right)^n \qquad （7\text{-}9）$$

$$P_{fa\Sigma} = 1 - \left(1 - P_{fa}\right)^n \approx n P_{fa} \qquad （7\text{-}10）$$

可见，频率分集雷达与单通道雷达相比，其发现概率和虚警概率都得到了提高，但它不同于一般意义上的以提高雷达的虚警概率来提高其发现概率。频率分集雷达若有一路或几路受到干扰，在一定范围内仍然可以正常工作，而单频雷达没有该项功能。

3．雷达自适应频率捷变技术

（1）概念与内涵。

一般的捷变频雷达都只是在一定的频域范围内做有规则（非相参）和无规则（相参）变

化，它没有考虑到目标环境的变化。对于一个特定的环境，从目标检测的角度来看，有一个最佳的工作频率。具有自动确定最佳频率或频段的检测功能和频率捷变功能的雷达称为自适应频率捷变雷达。自适应频率捷变雷达分为根据目标变化而变化的目标自适应频率捷变雷达和根据干扰环境变化的干扰自适应频率捷变雷达，本书主要讨论后者。

从目前公开发表的文献看，雷达自适应频率捷变技术主要是在全相参频率捷变技术的基础上完善和实现的，非相参捷变频雷达由于发射信号的频率按正弦变化，实现自适应变频比较困难。实现自适应频率捷变雷达的关键就是实现雷达对目标或干扰信号最佳频率的自动跟踪。因此，干扰信号频谱分析是实现该功能的核心。

雷达接收机接收到的有源干扰信号，由于种种原因会使干扰信号的功率谱呈现不均匀性，即在某些频率点或区出现谱凹点或凹区。这个凹区产生的原因可能是干扰发射机自身的不完善，干扰发射天线的频率响应不均匀，电波传播的多路径效应，或者雷达天线旁瓣的频率特性等。

一般来说，干扰谱的凹点是会变化的，从减小干扰功率的角度来看，选择干扰功率最弱的频率或频段作为雷达工作的频率有利于提高信干比。因此，首先要对现有环境中的干扰谱进行实时分析。

图 7-24 是一个具有 16 个频率点的全相参捷变频雷达的自适应频率控制系统。该系统根据干扰频谱特性选择频率。它在重复周期（320μs）内，对 16 个频率点的信号进行能量分析，通过逐次比较处理后，识别出干扰最小的频率，然后以预定的方式发射而使干扰影响最小。

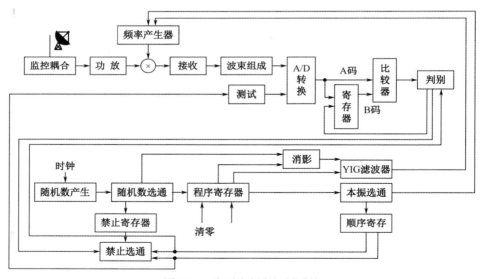

图 7-24　自适应频率控制系统

为了把 16 个干扰信号的数码逐次进行比较，将接收信号经过 A/D 转换输出到比较器作为 A 码。B 寄存器输出的信号作为 B 码。在比较之前，B 寄存器先清 0。将频率 1 的信号 A与 B 寄存器输出的信号 B 进行比较，若 A<B，将此频率存入 B 寄存器，作为下次与频率 2比较时的 B 码，这样逐次进行比较直到频率 16 为止。

B 寄存器存入的总是干扰最小的值，而大的干扰信号被滤除掉。哪种频率被接收或不被接收，这由禁止寄存器来完成。A 码进入 B 寄存器的条件是 A≤B，只有在 B 寄存器的时钟信号到来时才能进入 B 寄存器。而时钟信号是否产生是由"频率控制"开关状态决定的，如果此开关位于"禁止状态"，那么判决仍判定此频率信号不能接收，对于相反情况则可接收，即 A 码送入 B 寄存器。通过比较，得出最小信号的频率给 YIG 滤波器，送出控制电压给频率选择开关，使之产生干扰最小的频率。

（2）雷达自适应频率捷变抗干扰效果评估。

自适应频率捷变雷达是在频率捷变雷达的基础上更进一步完善和发展起来的，因此可以在频率捷变雷达抗干扰效果评估的基础上，实现对自适应频率捷变雷达抗干扰效果的度量。可用下式来评估其抗干扰效果：

$$\text{SAEIF}_{\text{FA}} = \text{SAI} \cdot \text{EIF}_{\text{FA}} \tag{7-11}$$

式中，SAEIF_{FA} 为自适应频率捷变改善因子；SAI 为自适应改善因子，其表达式为

$$\text{SAI} = \frac{G_{\text{P}}}{G_{\text{P}}(f)} \tag{7-12}$$

式中，G_{P} 为干扰信号的平均功率谱密度；$G_{\text{P}}(f)$ 为实现自适应后对准某个频率点时，该点的功率谱密度值。在一般情况下，$\text{SAI} \geqslant 1$。

7.2.3　反电子侦察伪装

无线电静默是一种有效的反电子侦察卫星的伪装方法，即在电子侦察卫星覆盖的时间范围内让辐射源关机，不发射任何信号，从而使电子侦察卫星侦察不到信息。因此，无线电静默的伪装措施可以有效地掩护电磁辐射目标。运用该方法的关键在于电子侦察卫星覆盖范围内过顶时间的确定，它是通过卫星飞行的运行参数和轨道参数等来推算的，只要卫星不被认为变轨，就可以比较准确地测算出卫星的过顶时间。因为卫星在目标上空停留的时间只有几分钟，所以这个伪装措施不大会影响雷达或通信网的正常工作。

无线电静默也有一定的局限性，它只能针对轨道参数已知的电子侦察卫星，而且在战争期间这种方法往往失灵，原因是卫星可以利用星载的燃料来实施变轨，其轨道和运行参数可能会应急改变，美国的电子侦察卫星基本都有机动变轨能力。

7.3　电子侦察卫星有源干扰技术

对电子侦察卫星实施干扰措施是一种主动反侦察手段。其干扰方式是基于"保护式干扰"的概念。所谓保护式干扰，是指己方工作时机和范围的选择均以保护己方的被保护目标来确定的。在空域上，选择在目标星对己方的被保护目标有效侦察空域范围内工作；在频域上，选择在己方的被保护目标的频域范围内工作；在时域上，根据己方的被保护目标工作的时间来确定。因此，干扰系统根据作战需要有选择地工作，频域上将需要保护的频率（或频段）包含在干扰频段内，当敌方目标星进入己方的领空（或己方的保护区域）时，根据必要的战术和技术的需要（各种战技情报支持），由控制系统发出指令引导己方干扰系统对目标电子侦察卫星实施干扰。

7.3.1　有源干扰机理

电子侦察卫星主要利用卫星平台的电子侦收设备侦收敌方的电磁辐射信号，以获取敌方

情报。虽然电子侦察卫星从获取情报角度上讲有诸多优点，但从有源干扰的角度而言，仍存在不少薄弱环节。

（1）为获取地面辐射源信息，一般来讲，它只能从地面辐射源天线旁瓣获取电磁辐射信号，而卫星平台距地面又较远（如"白云"系列，均在1000km左右）。所以，卫星侦察接收机的灵敏度都比较高，通常都优于-70dBm，这对干扰功率的要求就不会太高。

（2）卫星侦察具有侦察范围广、侦察频带宽的优点，其天线波束受空域和频域的制约必然是宽波束的，因而其旁瓣电平不会太低，这给干扰功率从其旁瓣进入提供了充分的机会。

（3）卫星侦察接收机必须能适应多种信号的接收，在接收机中，不可能像雷达那样设计相应的信号匹配滤波器。这给干扰信号的设计带来了极大方便，任何信号都能干扰它，只是干扰效果有差别而已。

（4）卫星侦察的频域是宽的，干扰信号非常容易进入卫星侦察接收机。

（5）卫星侦察接收机的信号处理软件总是针对某些雷达或通信信号而匹配设计的。所以，可以设计一些既不同于雷达又不同于通信的"特殊"信号来干扰其信号处理软件。

（6）卫星侦察的信号存储与处理能力是有限的，通常大于30万脉冲/秒。如果用高密度的信号对其实施干扰，可使其存储器饱和，处理能力过载。

（7）对于"白云"这样的组网卫星，因为其定位体制为三星时差定位，所以干扰掉一颗星，卫星组网的定位功能就丧失了。

下面对干扰机理做进一步的分析。

电子侦察卫星获取信息的手段是它的电子侦察接收机。采用有源干扰的方法是设法阻塞它的前端侦察接收系统，或者使其信号处理设备过载，或者使测量和处理结果有很大误差，最终使电子侦察卫星不能得到电子信息或得到错误信息，这样卫星不能侦察到己方辐射源的信息，达到掩护己方电子信息的目的。从技术上考虑，要阻塞电子侦察卫星的前端侦察接收系统有两个途径：一是用强噪声信号过载前端侦察接收系统的接收通道；二是用高密集的电子脉冲阻塞侦察接收系统的参数测量子系统。需要说明的是，在采用天基平台干扰系统时，会受到干扰功率的限制，由于噪声总是占有较宽的频谱，因此采用强噪声干扰星载电子侦察接收机必然受到功率的限制，其干扰效果也就达不到期望的要求；而采用脉冲干扰的方式则可以充分利用干扰功率，可以认为采用高密度脉冲干扰的伴星方式更为有效。从应用的角度考虑，干扰信号必须在时间维、空间维、频率维对准电子侦察卫星的前端侦察接收系统，因为电子侦察接收机在时间上是宽开的，只要干扰信号在时间轴是随机的脉冲流。在频率上，虽然电子侦察接收机是无源设备，无法测得其工作频带，但可以根据要保护的电子信息的频率范围设定干扰机的工作频段，这个频段一定覆盖了电子侦察卫星的工作频率，这样在频率上保证落入电子侦察接收覆盖的频带内。在空间上，对准的要求是干扰卫星的辐射天线要指向电子侦察接收机的接收天线，至少指向其天线旁瓣，这样干扰信号才能进入电子侦察接收机。

以上分析均是针对单星电子侦察系统的干扰。对多星定位系统的干扰，可采用大密度流阻塞测频/测向接收机；对主-从卫星的侦察系统采用多点源可以取得更好的效果。多星定位系统是通过收集每个子星侦察的信息，并进行匹配处理来对辐射源定位的，所以干扰其部分子星座也是能破坏其系统的工作能力的。

7.3.2　有源干扰方式

1. 噪声干扰

利用地面大功率干扰机或较低轨道星载干扰机，对以多星定位体制侦察雷达信号的电子侦察卫星实施定向阻塞式噪声干扰，可以有效降低电子侦察卫星信号截获概率。通过调节干扰机的发射频率，以频率准确的杂波覆盖己方雷达工作频率，这样既不会因干扰带宽过大而产生功率稀释，又能有效地保护己方雷达信号不被敌方电子侦察卫星探测。另外，由于噪声干扰能量往往是从电子侦察卫星上的雷达侦察机天线的旁瓣进入接收机内的，因此这种产生噪声的干扰机功率必须足够大，为了减少发射功率，便于干扰机在工程技术上的实现，可以通过辅助手段获得敌方电子侦察卫星的过顶时间和方位，用假目标辐射源主瓣向特定方向辐射强功率，而在其他方向上则不辐射或减少功率发射。为了达到较好的干扰效果，干扰机发射信号应比受保护雷达的最大旁瓣电平高出 20dB。接收到的干扰机功率可由下式确定

$$J = \frac{P_j G_j G_{sj}}{\left(4\pi R_{js}\right)^2 L_j} \lambda_j^2 \tag{7-13}$$

式中，P_j 为干扰机输出功率；G_j 为干扰机天线在接收机方向上的增益；G_{sj} 为电子侦察卫星接收机天线在干扰机方向上的增益；λ_j 为干扰机的工作波长；R_{js} 为干扰机到接收机的距离；L_j 为路径损失。

接收到的雷达信号由下式确定

$$P_r = \frac{P_r G_{rs} G_s}{\left(4\pi R_{rs}\right)^2 L_r} \lambda_r^2 \tag{7-14}$$

式中，P_r 为雷达发射机功率；G_{rs} 是雷达发射天线最大旁瓣在接收机方向上的增益；G_s 是电子侦察卫星接收机天线在雷达方向上的增益；λ_r 是雷达的工作波长；R_{js} 是雷达到接收机的距离；L_r 为路径损失。

由于地面大功率干扰机部署在雷达站的周围，距雷达站的距离相对于侦察卫星高度小得多，因此 $R_{js} \approx R_{rs}$，$L_j \approx L_r$；又因为调节干扰机的发射频率对准雷达工作频率，所以 $\lambda_j \approx \lambda_r$。故阻塞式噪声干扰最小等效全向辐射功率为

$$(EIRP)_{min} = \left(P_j G_j\right)_{min} = \frac{100 P_r G_{rs} G_s}{G_{sj}} \tag{7-15}$$

这是在雷达站周围部署一个地面有源干扰机的情况，若是在其周围部署多个干扰机，则式（7-15）变为

$$\left(P_j G_j\right)_{min} = \frac{100}{n} \frac{P_r G_{rs} G_s}{G_{sj}} \tag{7-16}$$

式中，n 为干扰机的个数，其他参数同上。

2. 电子欺骗干扰

除了采用噪声干扰，干扰电子侦察卫星还可以采用地面电子欺骗干扰方式。电子欺骗干扰时对敌方电子侦察发射与有用信号完全相同或相似且产生假信息的干扰信号，使敌方电子

侦察卫星设备真假难辨，造成错误识别与判断，使其形成虚假定位。此外，还要求假目标能尽可能接近真实辐射源的性质、用途的明显标志（如载频、脉宽、脉冲重复频率、波束扫描方式等），同时在布置上满足不可对消。就地面设施来说，主要采用布置假目标方法，如设置假电台，用模拟信号欺骗对方，以造成电子侦察的判断错误，从而使地面设施得以保护。根据目前的技术水平和元器件能力，开发保护地面设施的电子防护站是可以实现的。其地面电子防护站原理如图 7-25 所示。

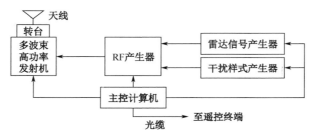

图 7-25　地面电子防护站原理图

在图 7-25 中，发射机采用宽频带功率，如 1～2GHz、2～8GHz、8～18GHz 或 6～18GHz，就能够完成波段覆盖，发射功率与天线增益之积（EIRP）高于真实雷达的副瓣辐射能量就可以满足要求，雷达信号产生器能够产生逼真的各种雷达信号，干扰样式产生器能够产生各种干扰样式以供选择，系统远程实施 PC 控制，每天将会有期望的假信号按时或不定时地瞬时大量发射，就可以起到保护和阻塞侦察卫星接收设备的作用。

在具体实施中，为了保护雷达系统，通过在雷达系统周围部署大量有源欺骗设备，并使其载频、重频及相位与雷达相关，这样可使卫星难以对雷达系统进行准确的定位。

由于电子侦察卫星是无源侦测的，因此不能测得距离。当其飞临雷达站上空，并采用单星测角定位工作方式时，只能测量地面雷达的方位角 φ 和俯仰角 ε。如果使用了有源欺骗设备，卫星不能区分真假目标，必然引起定位误差。这一误差导致一椭圆模糊区，其面积不仅与 $\Delta\varphi$ 和 $\Delta\varepsilon$ 有关，还与卫星高度、卫星与雷达站的距离有关。当卫星高度一定时，距离越远，误差越大。单星测角定位示意图如图 7-26 所示。

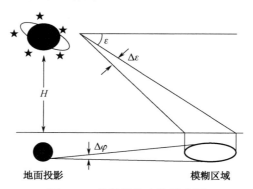

图 7-26　单星测角定位示意图

当电子侦察卫星采用单星测向交叉定位工作模式，即利用单个卫星在空间两个位置上对特定雷达信号测向线进行交叉定位时，由于使用了有源欺骗设备，使得侦察卫星存在虚假定位。对于 2 个辐射源，每个站都有 2 根测向线，即有 4 个交叉点，其中有 2 个交点是虚假定位点；若有 n 个辐射源，则有 n_2 个交叉点，其中有 $n(n-1)$ 个虚假定位。同时，定位的准确性可由均方径向误差 Δr 表示。假设卫星对雷达的测向精度在不同空间位置上相同，均为 $\Delta\theta$，则 Δr 可由下式计算。

$$\Delta r = \frac{\Delta\theta}{57.3\sin\omega}\sqrt{D_1^2 + D_2^2 + 2D_1D_2\cos\omega} \tag{7-17}$$

式中，D_1、D_2 分别为卫星在空间两个位置上测得其与雷达站的距离，ω 为两测向线之间的夹角，$\Delta\theta$ 由 $\Delta\varphi$ 和 $\Delta\varepsilon$ 共同决定。

3．伴星干扰样式

对于组网卫星，其定位体制是三星时差法定位。所以，只要干扰掉一颗卫星，组网卫星的功能基本上就瘫痪了。下面介绍基于对一颗电子侦察卫星的干扰技术分析。

（1）宽带噪声压制干扰。

因为电子侦察卫星在频域上是宽开的，所以用宽带噪声可对其实施有效干扰；但由于宽带噪声使干扰功率谱密度降低，因此在伴星方式干扰时就应引导干扰星对目标星实施近距离伴飞。例如，伴飞距离在 5km 之内，这对于卫星平台伴飞技术来说，应是没有问题的。

（2）窄带噪声扫频干扰。

为了提高干扰功率谱密度而又有较宽的干扰频带，可以实施窄带噪声扫频干扰。可以在电子侦察卫星获取数据周期内，实施多次覆盖干扰频段的窄带噪声扫频干扰，破坏其数据的正常侦收。无论是宽带噪声压制还是窄带噪声扫频干扰，都属于"连续波"类的干扰。电子侦察卫星所适应的信号形式均是脉冲信号，一旦受到连续波干扰，它就因丧失"时间同步信号"而瘫痪。若侦察接收机为瞬时测频接收机，干扰信号为连续波，则功率只要大于接收机灵敏度时，就能对其实施有效干扰。

（3）高密度饱和欺骗。

电子侦察卫星的信号存储和处理能力是有限的。例如，它能存储和处理的信号密度为 30 万脉冲/秒，设计一种信号密度大于 30 万脉冲/秒的信号对其实施饱和欺骗，这样，干扰信号已占满了侦察卫星有效载荷设备数据存储空间，使其软件处理能力达到饱和状态。此时，即使存在被侦察的有用信号，但由于干扰信号密度远大于有用信号密度，侦察设备的信号处理能力过载，也会大大减弱对有用信号的处理能力。

习　题

1．简述电子侦察卫星的弱点。
2．简述扩频通信系统按工作方式的分类。
3．简述电子侦察获取信号情报的必要条件。
4．电子侦察卫星干扰的一般方法有哪些？
5．反电子侦察的主要目的是什么？
6．扩频码的选择需要遵循什么原则？
7．简述电子侦察卫星有源干扰机理。
8．宽带阻塞式干扰为什么可以干扰捷变频雷达？
9．简述几种无源干扰手段的基本原理。

10．某机载干扰机的干扰发射功率为 500W，干扰发射天线增益为 20dB，圆极化，在距敌方雷达 100km 处的作战飞机后方以噪声调频干扰干扰敌方雷达。每架飞机的雷达反射截面积为 5m²，雷达的发射功率为 500kW，收发天线增益为 35dB，波长为 10cm。

（1）如果敌方雷达为固定频率，有效干扰所需 $K_j=5$，试求该干扰机可以有效掩护作战飞机的烧穿距离。

（2）如果敌方雷达为频率捷变，有效干扰所需 $K_j=200$，试求该干扰机可以有效掩护作战飞机的烧穿距离。

第 8 章　雷达成像侦察卫星对抗技术

随着 1978 年美国携带合成孔径雷达的先驱——"海洋卫星"的发射成功，合成孔径雷达（Synthetic Aperture Radar，SAR）技术迈出了跨入太空的第一步，从此星载 SAR 系统在军事和民用领域占据了重要的地位。合成孔径雷达以其成像的高分辨率和全天候、全天时的独特工作特点，被广泛应用于侦察、测绘、海洋监视以及伪装识别和检测等。

考虑到星载 SAR 在军事领域的显著地位，各国都在全力以赴研制自己的星载 SAR 系统。"海洋卫星"升空后，星载 SAR 便出现了百家争鸣、遍地开花的繁荣景象。到目前为止，美国发射的 SAR 卫星系统主要有 SEASAT 系列、SIR 系列、Lacrosse 系列、Medsat 系列。苏联在第一颗"钻石 T"卫星发射失败后，推出了钻石系列"ALMAZ"以及和东欧国家合作的"自然"计划用的 SAR——"横墙"系列。欧洲航空局（European Space Agency，ESA）也不甘示弱，相继发射了 ERS 系列和 Envisat 系列。加拿大、日本分别发射了 Radarsat 系列和地球资源卫星 JERS 系列。与此同时，德国、意大利、法国、以色列等国家的星载 SAR 系统的发展都取得了令人瞩目的成果。20 世纪 90 年代前半期卫星的 SAR 质量重、体积大、费用高，近几年的发展趋向于质量轻、体积小、费用低、功能较多较优的小型 SAR。目前有美国密西根大学研制的 Medsat 卫星和韩国的 SAR 卫星。

当前，西方国家为确保其信息优势，在深入研究雷达成像侦察卫星技术的同时，已经全面展开针对成像侦察卫星的干扰技术研究。目前雷达侦察卫星干扰技术研究在国内也是热门话题。

8.1　雷达成像侦察卫星干扰特点

星载 SAR 系统可以分为两大部分：一部分是天线，它安装在星外，由于发射时运载火箭整流罩的容积限制，星载 SAR 的天线常常要求可以折叠起来；另一部分是中央电子设备，它们安装在卫星舱内。星载 SAR 组成框图如图 8-1 所示。

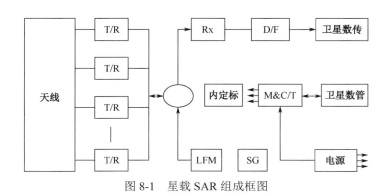

图 8-1　星载 SAR 组成框图

8.1.1　星载 SAR 的特点

星载 SAR 由于卫星离地较远，再加上卫星的电源受到较大限制，因此常常要求 SAR 天线有较大的增益。也就是说，要求有较大的天线面积，这样可以减少对发射功率的要求，也可提高接收系统的灵敏度。近年来，星载 SAR 为获取较宽的观测带（将星载 SAR 距离向波束所照射的、满足图像质量要求的照射地域宽度定义为观测带宽度），在垂直于 SAR 飞行方向的距离向，若天线波束可控，则可以有 ScanSAR 扫描工作模式。在 ScanSAR 工作模式，SAR 的观测带宽度可做到 400～500km，这时要求天线在距离向能有 2～4 个波束设置，它们相互之间要能有 5%～10% 的观测带的重叠。在 ScanSAR 工作模式，SAR 波束在这几个波位上驻留时间都不是一个合成孔径时间，这样虽然合成孔径的图像方位向分辨率下降了，但是观测带宽度加宽了。ScanSAR 工作模式在要求观测带宽度，以及中低分辨率时特别有用。为保证 ScanSAR 工作模式能实现，要求星载 SAR 有一个相控阵天线。它可以是一个由集中式功率放大器馈电给射频功率，并使用铁氧体大功率相移器的无源相控阵天线。

星载 SAR 雷达传感器的主要功能是接收星载设备发射出去的电磁波的回波，而且星载 SAR 雷达是主动式侦察方式，由于地球高层大气效应和运载火箭的运载能力，使得 SAR 卫星的轨道一般选择在 400～1000km 范围，其周期为 90min 左右，因此对重点目标的扫描时间有限，每隔 90min 左右进行一次，可利用无线电侦测、光学观测、雷达探测等手段综合监控 SAR 卫星的工作状态，利用卫星侦察的"过顶"间隙进行军事活动，当卫星侦察经过上空时，施加一定的干扰措施。

8.1.2　星载 SAR 的弱点

（1）雷达成像侦察卫星是主动侦察卫星，即星载雷达自身发射信号，这样就容易被干扰方对卫星进行侦察。

（2）雷达成像侦察卫星一般轨道比较低，其星载雷达发射功率高且天线增益大，而且其主瓣波束较窄，故其 SAR 雷达天线旁瓣的辐射强度较大，这样使得对星载雷达干扰非常有利。

（3）SAR 雷达的接收机接收到的干扰强度正比于雷达天线指向干扰机方向时的增益，从主瓣进入与从旁瓣进入相差 20dB。即使通过雷达天线旁瓣进入干扰信号，也会降低雷达的成像效果。

（4）成像雷达利用发射宽带信号来获得高的径向（距离向）分辨率，利用雷达大的实孔径天线或雷达与目标的相对运动等效的极大孔径来获得高的方位向分辨率，从而获得高分辨率的目标像。这样一来，干扰信号的频率选择范围较大，而且即使当干扰信号仅占雷达信号频段一小部分时，虽然可采用凹口滤波技术来改善信干比，以抑制干扰，但如果凹口滤波器没有跟踪好干扰中心频率，或者滤波密度和强度不当，此时仍存在干扰噪声。然而，哪怕干扰全部被滤除，也会降低成像效果。但凹口技术同时会影响部分雷达信号频谱，降低脉冲压缩率和部分脉宽。例如，发射脉宽为 32μs，接收时通过匹配滤波器后压缩为几微秒量级。如果采用凹口滤波器后，脉压率降低，也就降低了距离分辨率。

8.1.3　对 SAR 干扰的特殊性

通过之前对 SAR 成像原理和特点的分析,总结出对 SAR 实施干扰的有利因素和不利因素。

1. 对 SAR 实施干扰的有利因素

（1）SAR 雷达接收机在接收到一定数量回波前,接收天线一直发射和接收宽波束,为对其实施干扰提供了便利和可行性。

（2）SAR 是相干成像雷达,要求方位向和距离向严格相干,限制 SAR 使用某些有效的抗干扰技术,为侦察提供方便。

（3）SAR 成像技术在距离向上使用的是脉冲压缩技术,因此在一次成像时间内,为了能采用同一个滤波器对信号进行距离向滤波,必须保证线性调频信号的调频带宽和脉冲宽度不变。

（4）对于 SAR 方位向成像最重要的两个参数是多普勒中心频率和多普勒调频率,计算式为

$$f_{dc} = \frac{2V_{st}}{\lambda}\cos\alpha \tag{8-1}$$

$$f_r = \frac{2V_{st}^2}{\lambda R_0}\sin^2\alpha \tag{8-2}$$

多普勒中心频率和多普勒调频率都是波长的函数,因此要求在一次成像处理时间内要求发射信号的载波频率不能变化。

（5）雷达的天线波束指向也有其固定要求。在条带模式下工作的雷达,天线波束指向要求与飞行方向保持固定的夹角,天线波束的照射方向也不能随意改动;而对于聚束式工作的 SAR,其天线波束要求始终指向被观测区域。

2. 对 SAR 实施干扰的不利因素

SAR 成像在距离向上采用脉冲压缩技术,在方位向上采用"合成孔径"的方法,从根本上说,都是利用了匹配滤波的思想,对线性调频信号进行压缩,从而获取较高的分辨率。在匹配滤波过程中,信号获得相干叠加,而噪声进行非相干叠加,SAR 处理器对目标回波的增益远远大于对噪声的增益,而且是二维匹配滤波,因此要求有很高的干扰功率。

目前,对 SAR 的干扰主要有两种方法,即有源遮盖性干扰和欺骗干扰。有源遮盖性干扰是通过发射足够的有效干扰功率,从而降低 SAR 接收机的信噪比,使图像分辨率下降甚至无法成像,是非常有效也是目前应用最广泛的干扰方式。而欺骗干扰是通过干扰让 SAR 得到不正确的信息或假目标的。一般是通过截获雷达信号后发射频谱特性与截获信号一致的干扰信号,在干扰信号脉冲间加入噪声多普勒频率调制,使干扰信号能够进入方位向的压缩处理中,即在距离和方位上干扰噪声均能与信号匹配,从而降低 SAR 图像分辨率或产生假目标。使 SAR 失去判断真实目标的能力,是一种针对性强、效果更好的干扰方式,但是实现起来比较复杂和困难。

8.2　对雷达成像侦察卫星的侦察技术

成像雷达的出现扩展了原始的雷达概念,使它具有对运动目标（飞机、导弹等）、区域目

标（地面）等进行成像和识别的能力，并在微波遥感侦察应用方面表现出越来越大的潜力，为人们提供越来越多的有用信息。雷达成像侦察卫星技术越来越受到国际上技术先进国家的重视。作为有源系统，成像雷达不是像光学成像系统（无源的）那样利用目标对阳光的反射信息成像，而是主动向目标发射电磁波（微波范围，从分米波到毫米波），利用接收来自目标反射回来的信号进行成像。因此，成像雷达具有全天时工作的能力。另外，无论是云、雾或雨对微波都无严重的影响，因此它又可以全天候工作。

为了对雷达成像侦察卫星进行及时有效的干扰，必须研究侦察此类卫星的技术。下面主要介绍对合成孔径雷达卫星旁瓣侦察和跟踪方面的有关技术。

8.2.1　侦察和跟踪

对合成孔径雷达卫星旁瓣侦察和跟踪的目的是为地面 SAR 的干扰系统提供 SAR 卫星过顶的预警，引导地面干扰天线对准 SAR 卫星，提高干扰系统的效能。

SAR 卫星方位向高分辨率的获得是依靠卫星天线在方位向窄波束实现的，因此天线主瓣宽度非常窄。在对 SAR 卫星信号进行侦察时，如果只侦察卫星天线的主瓣信号，那么由于卫星在轨的运行速度很快，对主瓣信号的接收和跟踪时间非常短，因此很难及时有效地提供 SAR 卫星过顶预警和引导地面干扰天线对准卫星，从而降低干扰系统的性能。一般 SAR 卫星发射功率高，天线增益大，卫星运行的轨道又比较低，故其天线旁瓣的辐射强度也较大。SAR 雷达天线主瓣的波束宽度很窄，为了缩短侦察时间、提高侦察的发现概率，在许多情况下，要求从雷达天线的旁瓣进行侦察来截获雷达信号。为增加对 SAR 卫星的跟踪时间，提高地面干扰系统的效能，有必要研究对 SAR 卫星天线旁瓣的侦察和跟踪问题。

为了提高 SAR 雷达的性能，增强对地侦察能力，均采用高增益、强方向性天线；但是雷达都有一个难以克服的弱点，即雷达天线除了主瓣，还不可避免地存在着向全方位辐射的旁瓣。因此，针对雷达这个弱点，利用雷达旁瓣进行侦察和干扰是非常有利的。

在星载 SAR 雷达天线的设计中，必须考虑模糊噪声对成像的影响。方位向模糊是由以脉冲重复频率（PRF）对多普勒谱进行有限采样引起的。由于多普勒谱以 PRF 为间隔重复，因此在此频率间隔外的信号落入主瓣的谱带造成模糊，对于距离向波束存在同样的问题。在给定距离向和方位向天线方向图时，必须选择合适的 PRF 使模糊噪声相对于信号很小（-18~20dB）；反之，如果给定 PRF，必须通过加权来降低旁瓣以增加信号-模糊噪声比。

星载 SAR 雷达大多采用平面阵天线。雷达天线在方位向波束设计时，为了保持 SAR 卫星在方向性上的高分辨率，一般不对其方位向波束进行加权。这是因为天线加权会展宽主瓣的宽度，降低天线增益和雷达角分辨率。而不加权使天线在保持方位向波束尖锐性的同时，导致天线的旁瓣电平较高，但可通过选择合适的 PRF，仍能获得较高的信号-模糊噪声比，以降低高的旁瓣电平对成像的影响。在理想情况下，对天线不进行加权时，第一旁瓣的电平比主瓣电平低约-13.2 dB，这为对 SAR 卫星天线旁瓣的侦察提供了条件。

8.2.2　卫星天线旁瓣侦察方法

天线系统是星载 SAR 的重要组成部分，它包括天线和天线伸展机构两部分，而天线的组成因天线的类型而定。对于抛物面天线，它包括反射面和馈源系统；对于平面阵天线，它包括阵面和馈电网络。目前，星载 SAR 大多采用平面阵天线，因此可用平面阵天线的一些理论进行分析。为简化分析，主要考虑卫星天线波束正侧视照射、方位向波束不加权、SAR 卫星工作于 Stripmap 标准模式的情况。

1. SAR 卫星天线旁瓣的增益

大多数雷达天线包括抛物面天线、喇叭天线、阵列天线等窄波束天线，当天线口径比波长大许多倍时，方向性函数可以近似为 sinc 函数。由于一般 SAR 卫星天线方位向的长度在 10m 级，因此其波束宽度很窄，天线波束方位向方向性函数可以近似为 sinc 函数，即

$$F(\theta) \approx \left| \frac{\sin\left(\dfrac{N\pi d}{\lambda} \sin\theta \right)}{\dfrac{N\pi d}{\lambda} \sin\theta} \right| \tag{8-3}$$

式中，N 为天线阵元数，d 为阵元间距，λ 为工作波长，θ 为偏离主瓣最大值方向的角度。为了避免出现栅瓣，通常选 $d/\lambda \leqslant 1/2$。

由于 SAR 卫星天线阵口径尺寸较大，天线模型可视为均匀口面照射，因此其天线增益为

$$G(\theta) = G(0)F^2(\theta) = G(0)\left[\frac{\sin\left(\dfrac{D_{\mathrm{A}}\pi}{\lambda} \sin\theta \right)}{\dfrac{D_{\mathrm{A}}\pi}{\lambda} \sin\theta} \right]^2 = G(0)\sin c^2\left(\frac{D_{\mathrm{A}}\pi}{\lambda} \sin\theta \right) \tag{8-4}$$

对 SAR 卫星旁瓣进行实地侦察，有实际意义的是旁瓣增益最大值的数值范围及其变化趋势。由式（8-4）可知，旁瓣电平的最大值近似出现在 $\sin\left(\dfrac{N\pi d}{\lambda} \sin\theta \right) \approx 1$ 处，这样天线旁瓣增益的最大值函数可表示为

$$G(\theta) \approx G(0)\left(\frac{1}{\dfrac{\pi D_{\mathrm{A}}}{\lambda} \sin\theta} \right)^2 \tag{8-5}$$

天线半功率波束宽度 θ 与天线口径尺寸及波长的关系为

$$\theta_{3\mathrm{dB}} = K\frac{\lambda}{D_{\mathrm{A}}} \tag{8-6}$$

式中，K 为一常数，其数值范围与天线口面场分布有关，当口面场分布均匀时，K 值较小；当口面场分布不均匀时，K 值较大。大多数天线 K 值在 $0.88 \sim 1.4$ 范围内。将天线增益用天线的波束宽度来表示，则有

$$G(\theta) = G(0)\left(\frac{1}{\dfrac{\pi K}{\theta_{3\mathrm{dB}}} \sin\theta} \right)^2 = G(0)k\left(\frac{\theta_{3\mathrm{dB}}}{\sin\theta} \right)^2 \tag{8-7}$$

式中，$k = \dfrac{1}{(K\pi)^2}$，k 的数值范围为 $0.052 \sim 0.14$。

式（8-7）代表了旁瓣增益峰值电平的变化规律。对于旁瓣侦察来说，应取比式（8-7）的

峰值电平低的数值来计算，这样在侦察时，侦察设备接收到的信号基本上是连续的，而不只是几个旁瓣峰值点上的信号。所以，在旁瓣侦察中，一般取$k=0.04\sim0.1$比较合适。雷达天线增益、旁瓣增益最大值及雷达天线增益的关系如图8-2所示。

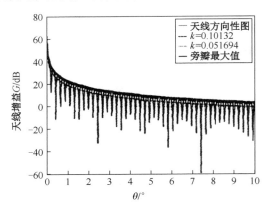

图 8-2　雷达天线增益、旁瓣增益最大值及雷达天线增益的关系

2. SAR 卫星天线旁瓣侦察方程

由式（8-7）可知，在自由空间条件下，雷达天线旁瓣在侦察设备处的功率谱密度S_s为

$$S_s = \frac{P_t G(0)}{4\pi R^2} k \left(\frac{\theta_{3dB}}{\sin\theta}\right)^2 \tag{8-8}$$

式中，P_t为 SAR 发射功率，R为卫星天线到地面侦察接收设备的距离。

由于式（8-8）不适合计算主瓣的增益，因此在计算天线增益时，应分两种情况考虑：当θ在半功率波束宽度内，即$0\leq\theta\leq\theta_{3dB}$时，应用天线增益式（8-4）来计算；当$\theta$在半功率波束宽度外，即$\theta\geq\theta_{3dB}$时，应用天线旁瓣增益式（8-7）来计算。因此，SAR 雷达天线（主瓣和旁瓣）在地面侦察设备处的功率谱密度为

$$S = \begin{cases} \dfrac{P_t G(0)}{4\pi R^2} k \left(\dfrac{\theta_{3dB}}{\sin\theta}\right)^2 & \theta \geq \theta_{3dB} \\[3mm] \dfrac{P_t G(0)}{4\pi R^2} \sin c^2 \left(\dfrac{D_A \pi}{\lambda} \sin\theta\right) & 0 \leq \theta \leq \theta_{3dB} \end{cases} \tag{8-9}$$

侦察天线所截获的雷达信号功率为信号功率谱密度乘以接收天线有效面积，即

$$P'_r = SA_c \tag{8-10}$$

因而，经过天线、馈线进入侦察接收机输出端的信号功率为

$$P_r = \gamma\phi P'_r = \gamma\phi SA_c \tag{8-11}$$

式中，γ为极化系数，ϕ为馈线传输系数。接收机接收到的信号功率为

$$P_r = \gamma\phi S \frac{G_r \lambda^2}{4\pi} \tag{8-12}$$

式中，$G_r = \dfrac{4\pi A_c}{\lambda^2}$为接收机天线增益。

假设接收机的最小可检测信号功率为P_{rmin}，为了保证终端设备可靠工作，要求接收到的信号比P_{rmin}大一定的倍数，即

$$P_r = nP_{r\min} \tag{8-13}$$

式中，n 为可靠系数，其值取决于终端设备的类型，一般 $n=5\sim10$。由于主要是对卫星旁瓣进行侦察，因此有 $\theta \geqslant \theta_{3dB}$。联合式（8-9）、式（8-12）、式（8-13），则有

$$P_{r\min} = \frac{P_t G(0) G_r \lambda^2}{(4\pi)^2 R_{\max}^2} k \left(\frac{\theta_{3dB}}{\sin\theta_{\max}} \right) \frac{\gamma\phi}{n} \tag{8-14}$$

最大侦察距离为

$$R_{\max} = \sqrt{\frac{P_t G(0) G_r}{P_{r\min}} \cdot \frac{\lambda^2}{(4\pi)^2} \cdot k \left(\frac{\theta_{3dB}}{\sin\theta_{\max}} \right)^2 \cdot \frac{\gamma\phi}{n}} \tag{8-15}$$

在计算中，把侦察方程用等效灵敏度 S_r 表示比较方便，即

$$S_r = \frac{P_{r\min}}{G_r} = \frac{P_t G(0) \lambda^2}{(4\pi)^2 R_{\max}^2} \cdot k \left(\frac{\theta_{3dB}}{\sin\theta_{\max}} \right)^2 \cdot \frac{\gamma\phi}{n} \tag{8-16}$$

只要 $P_t G(0) k \left(\dfrac{\theta_{3dB}}{\sin\theta_{\max}} \right)^2$、$\lambda$ 及 $R_{\max}$ 一定，便可求出等效灵敏度 S_r。根据 S_r 的数值，选定侦察天线增益 G_r，便可确定接收机的灵敏度，或者选定接收机灵敏度，从而确定侦察天线的参数。

8.2.3　跟踪参数分析

θ 是卫星天线旁瓣偏离主瓣中心轴线的角度，θ 的大小决定了雷达天线不同位置旁瓣的大小。为计算对卫星跟踪期间 θ 的变化，建立了场景模型，如图 8-3 所示。

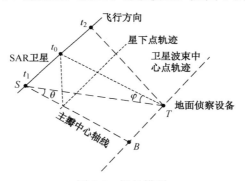

图 8-3　场景模型

根据图 8-3，在该场景模型中，设 t_0 时刻为卫星过顶时刻，侦察天线在 t_0 时刻的卫星天线波束在中心点处。t_1 时刻为侦察设备开始跟踪的时刻，t_2 时刻为侦察设备结束跟踪的时刻。其中，θ 为卫星旁瓣偏离主瓣照射的角度，φ 为地面天线的跟踪角。在 $\triangle SBT$ 中为了确定 θ，需求出每个时刻卫星的位置和卫星波束中心点在地面的位置。通过求出每个时刻卫星与波束中心点的距离 SB，卫星与中心时刻波束中心点的距离 ST 以及每个时刻波束中心与中心时刻波束中心点的距离 BT，通过解三角形方程，可得到每个时刻的 θ。

计算的关键算法包括每个时刻卫星位置的计算、卫星在地面波束中心点位置的计算。通过上述计算，可得到 θ 与卫星相对中心时刻 t_0 的时间关系为

$$\theta = f_{t_0}(t), t_1 \leqslant t \leqslant t_2 \tag{8-17}$$

根据某卫星的工作参数，假设 SAR 雷达卫星工作在 C 波段，中心频率为 5.3GHz，发射

功率为 5kW，天线尺寸为 15m×1.5m，卫星中心时刻 $t_0 = 5400$s。卫星轨道参数为：轨道平面倾角为 98.57861°，升交点赤经为 99.4416°，轨道长半轴为 7167.065×10³km，轨道偏心率为 0.0011416，近升角矩为 90°，过近地点时刻为 0s。

由于地球曲率的影响，相对地面某处侦察天线的 θ 有一个最大值，即 SAR 卫星刚刚从地平线升起时对应的 θ。图 8-4 给出了相对中心时刻约 2000s 的 θ 变化情况。

由图 8-4 可知，由于地球曲率的影响，当 SAR 卫星处于地平线上时，θ 在 60° 左右。由图 8-3 所示场景模型的几何关系可知，地面天线跟踪角 $\varphi \approx \theta$，对式（8-15）求导，可得天线跟踪角速度随时间变化，如图 8-5 所示。

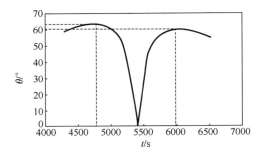

图 8-4　相对中心时刻约 2000s 的 θ 变化情况

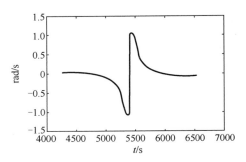

图 8-5　天线跟踪角速度随时间变化

由图 8-5 可知，天线跟踪角速度随着卫星临近中心时刻而变大，地面侦察天线对卫星的跟踪时间是有限制的。一般的地面跟踪系统，不可能在卫星一出地平线时，就能侦察到卫星的旁瓣信号，实现对卫星的跟踪。为计算的有效性，需根据实际情况选取合适的跟踪时间。设系统的跟踪时间约为 $t_2 - t_1 = 200$s。图 8-6 所示为相对中心时刻 θ 的变化情况。根据式（8-9），取 $k=0.04$，计算卫星天线在侦察天线处的功率谱密度，如图 8-7 所示。

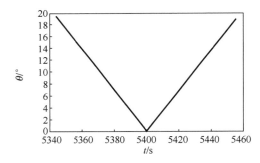

图 8-6　卫星天线在侦察天线处的功率谱密度

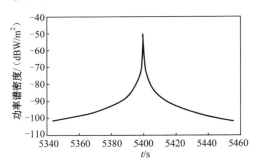

图 8-7　相对中心时刻 θ 的变化情况

由图 8-7 可知，在约 200s 的跟踪时间内，SAR 卫星天线在侦察天线处功率谱密度的变化为 $-100 \sim -50$dBW/m²。侦察天线处的功率谱密度变化范围非常大，这要求接收机动态范围要大，才能对信号进行正常的接收和处理。根据式（8-16）和图 8-7 可确定接收机的灵敏度。同时，当知道地面侦察跟踪接收机的灵敏度时，可确定跟踪系统对 SAR 卫星跟踪时间。

在侦察到卫星旁瓣信号后，还应解决对卫星辐射信号进行自动方向跟踪的问题。SAR 卫星发射的信号为脉冲信号，在天线的跟踪过程中，不可能连续接收卫星辐射的信号。为胜任对短暂信号的自动方向跟踪，一般采用振幅和差式单脉冲体制侦察定向系统。由于 SAR 卫星天线旁瓣本身的特点，在相邻的旁瓣之间存在零点，在零点附近，雷达信号非常弱，使地面系统可能接收不到卫星信号，因此利用振幅和差式单脉冲体制侦察定向系统就可胜任对这种不连续短暂信号的跟踪。

由图 8-7 可知，实现对卫星的跟踪，采用单脉冲体制侦察定向系统，完全可完成对 SAR 卫星信号进行方向截获和自动跟踪，并可用来对干扰机天线进行方位自动引导。

对 SAR 卫星旁瓣的侦察可缩短侦察时间，提高侦察的发现概率，增加对卫星信号的跟踪时间。由于星载 SAR 天线的高发射功率以及方位向波束的特点，研究对其旁瓣信号的侦察有实现的可能性。本节通过理论推导和分析计算，讨论 SAR 卫星旁瓣的增益、旁瓣侦察方程以及卫星天线在地面辐射功率谱密度的变化情况。分析结果可为 SAR 卫星地面自动跟踪侦察系统的设计提供有益参考。

8.3 雷达成像侦察卫星无源干扰技术

雷达赖以工作的物理基础是"目标回波"，无源干扰技术的作用机理就是从根本上破坏或妨碍雷达获得目标回波。无源干扰是利用无源器材产生强的杂乱回波、虚假回波或减弱目标对电波的反射以破坏雷达对目标的发现和跟踪。强的杂乱回波可以形成噪声干扰或假目标，减弱目标对电波的反射则可以降低回波信号的强度。对于 SAR 而言，干扰噪声可以增强 SAR 图像的背景杂波功率，降低 SAR 图像的可懂度，影响从 SAR 图像中对目标信息的提取；回波信号强度的削弱将减小 SAR 的有效信噪比，降低 SAR 对目标的检测识别能力。

目前对常规雷达的无源干扰技术主要包括以下几种。

（1）箔条：产生干扰回波，以遮盖目标或破坏雷达对目标的跟踪。

（2）反射器：以强的杂乱回波形成假目标或改变地形地物的雷达图像进行目标伪装。

（3）隐身技术：综合采用多种技术，尽量减小目标的反射能量，使得雷达难以发现。

（4）等离子气悬体：形成吸收雷达电波的空域，以掩护目标。

（5）假目标：大量假目标使雷达目标分配系统饱和。

（6）雷达诱饵：主要针对跟踪雷达，使雷达不能跟踪真目标。

8.3.1 箔条

箔条是最早和应用最广泛的一种无源干扰技术，在保护飞机和舰船方面具有优越的性能。箔条干扰各个反射体之间的距离通常比波长大几十倍，因而它并不改变大气的电磁特性。

箔条常用的使用方式是在一定空域中大量投掷，形成宽数千米、长数十千米的干扰走廊，以掩护战斗机群的通过。这时，在雷达分辨单元中，箔条产生的回波功率远大于目标的回波功率，对于常规雷达便不能发现和跟踪目标，但是由于合成孔径雷达利用了多普勒效应，并且箔条和施放箔条的载体速度不同，因此其干扰效果与常规雷达是不同的，具体情况在下文分析。

箔条干扰的技术指标包括箔条的有效反射面积、频率特性、极化特性、频谱特性、衰减特性、遮挡效应及散开时间、下降速度、投放速度、粘连系数、体积和质量等。由于星载 SAR 一般针对固定目标（地球表面），因此可以利用箔条对电磁波的衰减特性及遮挡效应实现一定程度的干扰效果。

当电磁波通过箔条云时，由于箔条的散射面使它受到衰减，因此当大量箔条投放到空间时，每个箔条在空间的取向是任意的，并且相互无关地做杂乱运动。N 条箔条总的有效反射面积 σ_N 可写为

$$\sigma_N = \sum_{i=1}^{N} \left(\bar{\sigma}_{\lambda/2} \right) \tag{8-18}$$

式中，$\bar{\sigma}_{\lambda/2}$ 为一条箔条的平均有效反射面积。

假设电磁波为水平极化波，如果箔条只在水平面内（二维空间）做等概率分布（短的箔条在空中基本上都是水平取向），那么箔条的平均有效反射面积为

$$\sigma_{\lambda/2} = 0.32\lambda^2 \tag{8-19}$$

如果箔条在空间任意分布（三维空间）并为等概率分布，那么箔条的平均有效反射面积为

$$\sigma_{\lambda/2} = 0.17\lambda^2 \tag{8-20}$$

在用箔条掩护目标时，要求在每个脉冲体积内至少投放一包箔条（脉冲体积是沿着天线波束方向由脉冲宽度的空间长度所截取的体积）。每包箔条的总有效反射面积 σ_N 应大于被掩护目标的有效反射面积 σ_t，考虑到箔条在投放后的相互粘连以及箔条本身的损坏，每包箔条中应有的箔条数 N 一般取

$$N = \frac{(1.3 - 1.5)\sigma_t}{\sigma_{\lambda/2}} \tag{8-21}$$

一般地，二维空间分布的箔条只能干扰水平极化的雷达，若要干扰各种极化的雷达，应使箔条在三维空间做任意分布。电磁波通过箔条云后的衰减方程为

$$P = P_0 e^{-\bar{n} \cdot 0.17\lambda^2 x} \tag{8-22}$$

用分贝表示衰减量为

$$P = P_0 10^{-0.1\beta x} \tag{8-23}$$

当雷达电波为双程衰减时，两次衰减后的电磁波功率为

$$P = P_0 10^{-0.2\beta x} \tag{8-24}$$

式中，x 为箔条云的厚度（m），β 为箔条云对电磁波的衰减系数（dB/m）。

箔条云的遮挡（Shielding）效应是指箔条云中的一些箔条被另一些箔条所遮挡，不能充分发挥反射雷达信号的效能。换句话说，当箔条相当密集时，前面的箔条就阻碍了后面的箔条对雷达照射来的电磁波能量的充分接收，从而产生了遮挡效应。

当箔条很密时，箔条云的有效反射面积可能达到最大值，即为其投影面积 A_a。当箔条密度很小时，便不存在遮挡效应，箔条云的有效反射面积为 $N\sigma_0 A_a$。

8.3.2　反射器

对于常规雷达，反射器是一种很好的无源干扰方式。在干扰中，使用多种不同类型的反射器，以产生强烈的雷达回波。虽然 SAR 在信号处理技术上采用了多普勒效应和合成孔径技术，提高了分辨率，但是反射器的使用还是会起到一定的干扰作用的。目前有多种类型的反射器，如角反射器、双锥反射器、龙伯透镜反射器、万-阿塔反射器等。

1.　角反射器

角反射器是利用 3 个相互垂直的金属平板制成的。根据各个面的形状不同，可分为三

角形、圆形、正方形 3 种角反射器。角反射器可以在较大的角度范围内，将入射的电波经过 3 次反射，按原入射方向反射回去，因而具有很大的有效反射面积。表 8-1 是角反射器的比较。

表 8-1　角反射器的比较

角反射器的类型	RCS 最大值	RCS 平均值	角度范围
正方形	$\sigma = \dfrac{12\pi l^4}{\lambda^2}$	$\langle\sigma\rangle = \dfrac{0.7 l^4}{\lambda^2}$	与对称轴约呈 23° 锥角
三角形	$\sigma = \dfrac{4\pi l^4}{3\lambda^2}$	$\langle\sigma\rangle = \dfrac{0.17 l^4}{\lambda^2}$	与对称轴约呈 40° 锥角
圆形	$\sigma = \dfrac{15.6 l^4}{\lambda^2}$	$\langle\sigma\rangle = \dfrac{0.47 l^4}{\lambda^2}$	与对称轴约呈 32° 锥角

2．龙伯透镜反射器

龙伯透镜反射器是在龙伯透镜的局部表面加上金属反射面而构成的。龙伯透镜反射器根据所加金属反射面的大小不同，有 90°、140°、180° 的反射器。龙伯透镜反射器的有效反射面积为

$$\sigma = 4\pi^3 \frac{a^4}{\lambda^2} \approx 124 \frac{a^4}{\lambda^2}, \ a \geqslant \lambda \tag{8-25}$$

式中，a 为透镜的外半径。龙伯透镜反射器的有效反射面积公式与各种角反射器的最大有效反射面积公式的比较，可以看出在相同尺寸的条件下，龙伯透镜反射器的有效反射面积最大，它比角反射器的有效反射面积约大 30 倍。实际的龙伯透镜反射器，由于介质损耗及制造的不完善等，因此其有效反射面积要比理论计算的小 1.5dB 左右。

龙伯透镜反射器的优点是体积小，有效反射面积大，在水平和垂直方向上都有宽的方向性；缺点是需要专门的材料和制造工艺，造价贵，质量大。表 8-2 是某些尺寸的龙伯反射器的有效反射面积及质量。

表 8-2　某些尺寸的龙伯透镜反射器的有效反射面积及质量

直径/英寸	理论的有效反射面积/m²			质量/磅
	λ=1.5cm	λ=3.2cm	λ=10cm	
3	1.16	0.255	0.026	0.3
6	18.6	4.08	0.418	1.5
10	134	31.5	3.23	6.6
12	297	65.3	6.69	10.9
18	1505	331	33.9	36.4
24	4758	1045	107	86
36	24085	5292	542	292
48	76121	16726	1713	685

注：1 英寸=2.54 厘米，1 磅=0.4536 千克。

8.3.3　雷达隐身

隐身技术是一项综合技术，用以极力减小飞行器的各种观测特征，对于雷达干扰主要是减小目标的有效反射面积。

在隐身技术中，减小目标的有效反射面积的方法有以下几种。

（1）选用非金属材料。

（2）采用反雷达涂层，在产生强烈反射回波的部位，用吸收涂层加以覆盖。

（3）对目标进行复数加载，以控制目标的二次辐射性能。

（4）合理设计目标的外形。

8.3.4 等离子气悬体

等离子体（Plasma；Plosma Body）是气体电离形成的第四态物质，它是由密度近似相等的自由电子和正离子组成的。由于未电离原子、分子对电子的吸附，在等离子体中也有少量负离子。在电离度低于 10^{-4} 的弱电离等离子体中，中性粒子占绝大多数。总体上等离子体是一种呈电中性，由正离子、自由电子和中性原子组成的电离气体。对于一般的中性气体，只在外界供给足够的能量，当电子的动能超过原子的电离能时，电子将会摆脱原子的束缚成为自由电子，而失去电子的原子则成为带正电的离子，这个过程称为电离。当气体中被电离的原子数足够多时，原来的中性气体就变成了等离子体，等离子体的密度是等离子体的基本参量之一。在军事上，高空核爆炸、放射性核素的射线、高超音速飞行器的激波，以及燃料中掺有铯、钾、钠等易电离成分的火箭和喷气飞机的射流及电弧放电和微波，可以形成弱电离等离子体。

等离子体是不同于空气的另一种媒质，对电磁波的传播有很大的影响。在一定条件下，等离子体能够反射电磁波；在另一条件下，又能吸收电磁波并能改变电磁波的传播方向。此外，它还能造成射频信号频谱离散和假调制。以上因素，使等离子体可能成为新型电子干扰物质。

表征等离子体性质的重要参数之一是它的电子朗缪尔频率，通常称为等离子体频率 ω_p，它的量值取决于等离子体的自由电子数密度 n_e。

$$\omega_p = \sqrt{\frac{n_e e^2}{\varepsilon_0 m_e}} \tag{8-26}$$

式中，$e = 1.602 \times 10^{-19}\,C$，为电子的电荷量；$\varepsilon_0 = 8.854 \times 10^{-12}\,F/m$，为真空的介电常数；$m_e = 9.109 \times 10^{-31}\,kg$ 为电子质量；ω_p 为朗缪尔频率，又称为截止频率，它所对应的波长 $\lambda_p = 2\pi c / \omega_p$ 称为截止波长或朗缪尔波长。λ_p 与 n_e 的关系为

$$n_e = 1.12 \times 10^{15} / \lambda_p^2 \tag{8-27}$$

等离子体是一种色散媒质，它对电磁波的折射率 γ 与电磁波的角频率 ω 有关，即

$$\gamma = \sqrt{1 - \frac{\omega_p^2}{\omega^2}} \tag{8-28}$$

如果电磁波的角频率 $\omega < \omega_p$，由式（8-28）可知，此时 γ 为虚数，电磁波在等离子体中传播的速度 $\mu = c / \gamma$ 也是虚数，这意味着角频率低于 ω_p 的电磁波不可能在等离子体中传播，或者说，电磁波不会进入等离子体。

在锐边界条件下，入射电磁波将在其振幅衰减到原值的 $1/e$（e 为自然对数的底）时的传播距离，称为反射趋肤深度，用 δ 表示为

$$\delta = \frac{\lambda_p}{2\pi} \sqrt{1 - \frac{\lambda_p^2}{\lambda^2}} \tag{8-29}$$

如果雷达波长 $\lambda=3\text{cm}$ ，而等离子体的 $\lambda_p=1\text{cm}$ （对应的 $n_e=1.12\times10^{13}\text{cm}^{-3}$），就可算出 $\delta=0.17\text{cm}$ 。波长为 3cm 的雷达波进入电子密度为 $1.12\times10^{13}\text{cm}^{-3}$ 的锐边界等离子体的深度约为 2mm，它的大部分能量（87%）在途中就被反射掉了。因此，只要有足够的电子密度，很薄的等离子体就可以反射雷达波。

在一般情况下，等离子体不具有锐边界，它的自由电子密度在边界处较小，越深入等离子体，电子密度越大。在这种情况下，电磁波可透过边界进入等离子体。但当电磁波传播到具有临界电子密度，即 $\omega=\omega_p$ 、折射率 $\gamma=0$ 的位置附近时，会被截止、反射。因此，等离子体是一种特殊的高通滤波器，当雷达频率低于等离子体频率时，雷达波被全反射，等离子体能以电磁波反射体的形式对雷达进行电子干扰。

8.3.5　反雷达成像侦察伪装

由于雷达所使用的波长比可见光、红外线都长，因此具有较远的探测距离和较强的穿透雾霾和普通伪装材料的能力，能在各种气象和能见度不良的条件下搜索和跟踪目标，这就使雷达被广泛应用于军事侦察。

雷达成像侦察虽然有很多突出的优点，但也有它的弱点。尤其是对地面目标侦察时，易受地物、地貌的影响，易受假信号的欺骗、干扰。尤其是星载雷达，距离目标很远，这样就更难以避免地受到其他非侦察物体的影响。因此，反雷达侦察的伪装可采取一些措施：利用地物、地貌，将目标配置在谷地、地褶、森林和居民地等所造成的雷达盲区内，使雷达探测不到目标；将目标配置在山丘、地物附近，这样目标与山丘、地物的雷达光标混在一起，使雷达难以分辨。

反雷达成像伪装利用其遮障面隐蔽地面目标，其基本原理是采用对电磁波的吸收和散射。用吸收原理制成的伪装网称为吸收型反雷达伪装网；用散射原理制成的伪装网称为散射型反雷达伪装网。伪装网伪装效果的好坏取决于伪装网与背景的匹配程度。散射型反雷达伪装网分类的主要依据是背景的光学特性和背景对雷达波的散射特性，散射型反雷达伪装网通常分为 3 类：林地类、荒漠类、雪地类。

对散射型反雷达伪装网遮障面的主要技术要求包括以下几点。

（1）必须具备一定的频段宽度。

（2）具有数值大小适当的透射率 D（或传输衰减）。

（3）遮障面后向散射系数 σ （也称为归一化雷达截面）尽量与背景的平均后向散射系数相匹配。

（4）遮障面尽量做到"各向同性"，以便对不同极化的颠簸响应不敏感。

（5）颜色、斑点、可见光亮度、近红外反射值，应满足光学伪装网的要求。

8.4　雷达成像侦察卫星有源干扰技术

对 SAR 的有源干扰技术主要有以下几种。

（1）噪声干扰：试图给 SAR 图像插入噪声，降低雷达图像质量，使强点目标和低散射区域的图像出现模糊。这种干扰有阻塞式干扰和瞄准式干扰两种方式，与对常规雷达的干扰类似。

（2）相位干扰：试图给 SAR 引入幅度和相位误差，降低雷达图像分辨率，并且增大目标响应的副瓣电平，降低 SAR 图像的几何性能。此外，还会引起目标的虚假移位，降低目标的定位精度。

（3）转发干扰：SAR 干扰机重新发射截获的雷达信号，在 SAR 的距离单元内生成噪声和虚假目标，通过控制延迟使虚假目标出现可变的移位。

8.4.1　对 SAR 的噪声干扰

噪声干扰是指干扰机利用直接放大射频噪声或调制于载波的调频或调幅噪声并发射，提高雷达接收机的噪声电平或使雷达接收机饱和。噪声干扰对大多数雷达都非常有效，因而对于合成孔径雷达的干扰也可以采取对其施放噪声的方法，降低回波信号的信噪比，从而影响输出图像的信噪比，使图像质量下降甚至无法成像。下面是几种典型的噪声干扰信号模型。

1. 射频噪声干扰

射频噪声干扰是指将微波噪声信号直接放大发射。微波噪声及其功率谱可表示为

$$J(t) = U_n \cos\left(\omega_j t + \varphi(t)\right) \tag{8-30}$$

$$G(f) = \begin{cases} \dfrac{\sigma^2}{\Delta f_{0.5}} & \left|f - f_j\right| \leqslant \dfrac{\Delta f_{0.5}}{2} \\ 0 & \text{其他} \end{cases} \tag{8-31}$$

其中，包络函数 U_n 服从瑞利分布；相位函数 $\varphi(t)$ 服从均匀分布，与 U_n 相互独立；载频 ω_j 为常数，且远大于 $J(t)$ 的谱宽。

射频噪声干扰的熵最大，但是它的平均功率远低于峰值功率，实践中可通过对其限幅来提高平均功率。微波器件产生的噪声功率电平很低（微瓦级），微波功率放大比较困难，所以难以得到大的干扰功率。

2. 噪声调幅信号

噪声调幅信号就是用噪声通过调幅方式调制载波信号，然后经放大发射干扰的信号，可表示为

$$J(t) = \left(U_0 + U_n(t)\right)\cos\left(\omega_j t + \varphi\right) \tag{8-32}$$

式中，调制噪声 $U_n(t)$ 为零均值，方差为 σ_n^2 的广义平稳随机过程；U_0 为载波的振幅；ω_j 为干扰信号载频；φ 为载波初相位。

噪声调幅信号的功率为

$$P_j = P_0 + P_b = \frac{U_0^2}{2}\left(1 + \frac{\sigma_n}{U_0}\right)^2 = P_0\left(1 + m_{AE}^2\right) \tag{8-33}$$

式中，P_0 为干扰信号载波功率；P_b 为旁频功率即等效噪声功率；m_{AE} 为有效调制系数。

由于雷达接收机检波器的输出正比于噪声调制信号的包络，因此起压制干扰作用的主要是旁频分量。为了提高干扰源的功率利用率，希望增大调制系数，尽可能地提高旁频功率。但是由于调幅信号的限制，当 $m_{AE} > 1$ 时，会出现过调制。可行的方法是对调制噪声进行限幅，这时有

$$P_b = (0.2 \sim 0.25)P_0 \qquad (8\text{-}34)$$

噪声调幅干扰的频谱宽度为噪声谱宽度 f_n 的 2 倍，即

$$B_j = 2f_n \qquad (8\text{-}35)$$

3．噪声调频信号

噪声调频信号就是用噪声通过调频方式调制载波信号，然后放大发射干扰信号，信号可表示为

$$J(t) = U_j \cos\left(\omega_j t + 2\pi K_{FM}\int_0^t u(\tau)\mathrm{d}\tau + \varphi\right) \qquad (8\text{-}36)$$

式中，调制噪声 $u(t)$ 为零均值，方差为 σ_n^2 的广义随机过程；U_j 为载波幅度；ω_j 为载波频率；K_{FM} 为调频指数；φ 为初始相位。

噪声调频信号的总功率等于载波功率，即

$$P_j = \int_{-\infty}^{\infty} J(f)\mathrm{d}f = \frac{U_j^2}{2} \qquad (8\text{-}37)$$

功率谱密度为

$$G(f) = \begin{cases} \dfrac{\sigma^2}{\Delta f_{0.5}} & 0 \leqslant f \leqslant \Delta f_{0.5} \\ 0 & \text{其他} \end{cases} \qquad (8\text{-}38)$$

它是噪声调频信号的有效干扰功率，它与调制噪声的功率无关。可见，调频方式的功率利用率高。当 $m_{fe} \gg 1$ 时，噪声调频信号的半功率频谱宽度为

$$\Delta f_{0.5} = 2\sqrt{2\ln 2}\,K_{FM}\sigma_n \qquad (8\text{-}39)$$

它与调制噪声带宽和频谱形状无关，而取决于调制噪声的功率 σ_n^2 和调频指数 K_{FM}。

4．噪声调幅–调频信号

噪声调幅–调频信号表达式为

$$J(t) = U_j[1 + U_n(t)]\cos\left(\omega_j t + 2\pi K_{FM}\int_0^t u(\tau)\mathrm{d}\tau + \varphi\right) \qquad (8\text{-}40)$$

8.4.2　对 SAR 的欺骗干扰

1．欺骗干扰的目的

对 SAR 实施欺骗干扰的目的是希望产生虚假目标，包括以下几种情况：

（1）点状虚假强散点干扰——产生虚假强散点位置（在时间上延时和在频率上偏移）。

（2）特定几何形状的虚假目标。

（3）虚假运动目标。

（4）虚假高度目标。

2．实施应答式欺骗干扰的条件和方式

（1）需要测量 SAR 雷达的工作特征参数（数字鉴相、瞬时测频及数字射频存储）。

（2）监视 SAR 雷达平台的飞行轨迹。

实施欺骗干扰，可以有两种干扰信号产生方式：一是由干扰机模拟 SAR 的信号，干扰机

侦察到 SAR 的工作频率、信号调频率、信号带宽和工作模式等特征参数，并根据卫星轨道参数等综合出要产生的欺骗信号的各参数，包括信号频率、带宽、调频率、多普勒频移中心频率、频移最大值、和多普勒频移调频率、信号延时、辐射功率等，由干扰机直接产生欺骗干扰信号，对 SAR 实施欺骗干扰；二是将接收到的 SAR 雷达信号经过处理，获得和假目标回波信号特征一致或相近的干扰信号，经延时放大发射出去。两种方式都要求事先在干扰机中预存储响应函数和假目标特征。

3. 产生在距离向上偏离真实目标的假目标欺骗信号

假设真实目标位于图 8-8 上的 P_0 点，它拟产生的虚假目标位置在 P_1 点，P_0 与 P_1 点在 xOy 平面上的坐标位置分别为 $(0,R_0)$ 与 $(0,R_1)$，SAR 雷达发射信号为

$$s_t(t) = \mathrm{Re}\left(A\mathrm{e}^{\mathrm{j}\omega_c t}\right) \tag{8-41}$$

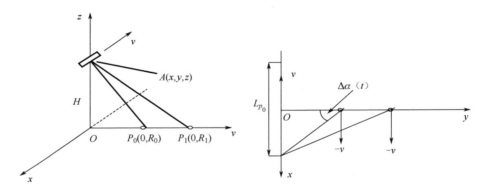

图 8-8　距离向偏离目标

从目标 P_0 点散射后进入接收机的信号为

$$s_t(t) = \mathrm{Re}\left(KA\mathrm{e}^{\mathrm{j}\omega_c(t-\tau)}\right) \tag{8-42}$$

式中，$\tau = \dfrac{2r(t)}{C}$ 为回波信号的延时；K 为一常数，其值与目标和雷达之间的距离、目标散射系数、信号传输损耗及天线方向加权函数有关。

由式（8-42）可知，天线相对于目标的运动将造成回波信号的相位随时间不断变化，从而引起回波瞬时频率的变化，即造成回波的多普勒频移。

SAR 对位于 P_0 点的回波的多普勒频移为

$$f_{P_0}(t) = \frac{-1}{2\pi}\frac{\mathrm{d}}{\mathrm{d}t}(\omega_c\tau) = -\frac{2v}{\lambda}\frac{x(t)}{R_0} \tag{8-43}$$

因为天线瞬时位置 $x(t)=v\cdot t$，其中 v 为天线移动速度，所以回波的多普勒频移也可表示为

$$f_{P_0}(t) = -\frac{2v^2}{\lambda}\frac{t}{R_0} \tag{8-44}$$

在观测起点与终点的最大多普勒频移分别为

$$f_{P_0}\left(t=-\frac{L_{P_0}}{2v}\right) = \frac{2(-v)}{\lambda}\cdot\frac{\left(-\dfrac{L_{P_0}}{2}\right)}{R_0} = \frac{vL_{P_0}}{\lambda R_0} \tag{8-45}$$

$$f_{P_0}\left(t = \frac{L_{P_0}}{2v}\right) = \frac{2(-v)}{\lambda} \cdot \frac{\left(\dfrac{L_{P_0}}{2}\right)}{R_0} = -\frac{vL_{P_0}}{\lambda R_0} \tag{8-46}$$

在观测区间，总的多普勒频移带宽为

$$\Delta f_{P_0\,\text{max}} = \frac{2vL_{P_0}}{\lambda R_0} \tag{8-47}$$

由于对 P_0 点的总的观测时间为 T_{obs}，即

$$T_{\text{obs}} = \frac{L_{P_0}}{v} \tag{8-48}$$

因此，P_0 点的 SAR 回波信号的调频率为

$$K_0 = \frac{\Delta f_{P_0\,\text{max}}}{T_{\text{obs.0}}} = \frac{2v^2}{\lambda R_0} \tag{8-49}$$

欺骗干扰机要想产生位于 P_1 位置的虚假信号，那么它产生的信号在被 SAR 接收之后，应具有在 P_1 点对应的多普勒频率。

$$f_{P_1}(t) = -\frac{2v^2}{\lambda} \frac{t}{R_1} \tag{8-50}$$

两个目标多普勒频率差为

$$\Delta f_{P_A}(t) = f_{P_0}(t) - f_{P_0}(t) \tag{8-51}$$

假设欺骗干扰机位于 A 点，它和 SAR 的距离为 R_A，与 SAR 的相对运动速度为 v_A，SAR 接收的 A 点发射信号的多普勒频移为 $f_{PA}(t)$，调频率为 K_{PA}。则干扰机转发产生的模拟 P_1 的回波信号多普勒频移应该为

$$\Delta f_{PA}(t) = f_{P_1}(t) - f_{PA}(t) \tag{8-52}$$

而位于 P_1 点的地物回波，其调频率 K_1 按上述推导应为

$$K_1 = \frac{\Delta f_{P_1\,\text{max}}}{T_{\text{obs.1}}} = \frac{2v^2}{\lambda R_1} \tag{8-53}$$

因为 $R_1 = R_0 + \Delta R$，其中 ΔR 为应答延时 Δt 对应的纵向延迟距离，取决于 Δt 的大小。应答延迟回波可出现在干扰机位置的后面或前面，即出现在成像带宽内的虚假目标位置可能在 P_0 点之前或之后，在 P_1 点对应的调频率。

$$K_1 = K_0 + \Delta K_1 = \frac{2v^2}{\lambda R_0}\left(1 - \frac{\Delta R}{R_1}\right) \tag{8-54}$$

$$\Delta K_1 = -\frac{2v^2}{\lambda R_0} \cdot \frac{\Delta R}{R_1} \tag{8-55}$$

干扰机转发产生的模拟 P_1 的回波信号多普勒调频率应为

$$\Delta K_{A1} = K_1 - K_A \tag{8-56}$$

也就是说，为了使应答干扰机能在 P_1 点产生高逼真度的虚假目标，欺骗干扰机必须产生一个多普勒频率为 Δf_A，多普勒调频率为 ΔK_A 的多普勒信号。

其中，计算干扰机发射的欺骗干扰信号从干扰机向 SAR 传输过程中产生的多普勒频移时，必须考虑到干扰信号到 SAR 的传输是单程的。如果干扰机和 SAR 雷达之间的相对位置是固定不变的，那么 $f_A(t) = 0$，调频率为 $K_A = 0$，因此 $\Delta f_{P_A}(t) = f_{P_1}(t)$，$\Delta K_{A1} = K_1$。

4. 产生在方位上偏离真实目标位置的应答式欺骗干扰

P_0 点在图 8-9 所示 xOy 坐标系中的位置仍在 $(0, R_0)$，而 P_2 点的位置则在 $(\Delta x_0, R_0)$。为了要在 $(\Delta x_0, R_0)$ 处产生虚假信号，则必须要给一个与方位上偏移 (Δx_0) 相对应的附加的多普勒频移 Δf_{P_2}，其表示为

$$\Delta f_{P_2} = f_{P_2} - f_{P_0} = -\frac{2v}{\lambda}\frac{\Delta x_0}{R_0} \tag{8-57}$$

如果调频率不变，即有

$$K_2 = K_0 \tag{8-58}$$

位于点 A 的应答干扰机产生的信号的多普勒频移为

$$\Delta f_{P_A} = f_{P_2} - f_{P_A} \tag{8-59}$$

类似的欺骗产生信号的多普勒调频率为

$$\Delta K_{A2} = K_2 - K_A \tag{8-60}$$

5. 产生在方位与距离上同时偏离目标位置的欺骗信号

在图 8-10 所示的 P_3 点，既偏离距离向，又偏离方位向，应答欺骗信号应给出的多普勒频偏 Δf_{P_3} 及调频率修正 ΔK_3 分别为

$$\Delta f_{P_3} = -\frac{2v}{\lambda}\frac{\Delta x_3}{(R_0 + \Delta R_3)} \tag{8-61}$$

$$\Delta K_3 = \frac{2v^2}{\lambda R_0} \cdot \frac{\Delta R_3}{R_0} \tag{8-62}$$

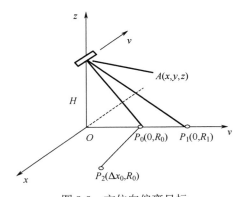 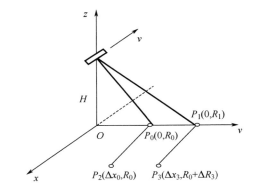

图 8-9   方位向偏离目标   图 8-10   距离向和方位向偏离目标

位于点 A 的应答干扰机产生的信号的多普勒频移为

$$\Delta f_{P_A} = f_{P_3} - f_{P_A} \tag{8-63}$$

产生的欺骗信号的多普勒调频率为

$$\Delta K_{A3} = K_3 - K_A \tag{8-64}$$

6. 欺骗干扰信号延时和幅度

因为实施干扰的伴星和 SAR 卫星之间的距离比 SAR 与目标之间及 SAR 和假目标之间的距离要小，所以产生的欺骗干扰信号要考虑延时。其延时要保证干扰信号在 SAR 发射脉冲的

间歇进入雷达接收机，同时要保证信号在 SAR 的测绘带内，即干扰机产生的信号的延时加上干扰机到 SAR 之间的传输延时等于假目标到 SAR 之间信号双程传输延时，其表示为

$$t_A = t_{PS} - t_{AS} \tag{8-65}$$

式中，t_A 为干扰机信号处理总延时；t_{PS} 为假目标到 SAR 的电波双程传输延时；t_{AS} 为干扰机到 SAR 的电波双程传输延时。

另外，欺骗干扰信号进入 SAR 接收机应该大于目标散射信号两倍以上，保证 SAR 检测到欺骗信号。

8.4.3　对 SAR 的转发式干扰

数字射频存储器 （DRFM）是现代电子干扰机的关键部件，它能高保真地存储和复制输入信号的频率以及脉宽内的调制特性，并对复制信号加上频移、时延等调制，产生高逼真度的欺骗信号，实现对威胁目标的欺骗干扰。DRFM 可形成速度-距离二维欺骗信号，能有效地对付诸如 PD 和脉压雷达等新体制雷达。在传统上，DRFM 的应用对象是针对窄带雷达的。随着技术的发展，现代雷达正向高功率、多极化方向发展，特别是为了适应目标识别的需要，其带宽越来越宽，距离分辨率也越来越高。以美国 GBR 雷达为例，其带宽高达 1GHz，距离分辨率可达 15cm。传统的 DRFM 能否有效干扰宽带高分辨成像雷达正受到越来越多的关注。

采用 DRFM 对雷达进行干扰时，一般要对信号施加时延等调制信息后再转发出去。同时 DRFM 本身需要一定的反应时间。假设 DRFM 施加的时延为 τ_1，DRFM 的反应时间为 τ_0，对于自卫式干扰，则转发的信号为

$$S_1(t) = \mathrm{rect}\,t\left(\frac{t - T_t - \tau_1 - \tau_0}{T}\right)\exp\left\{\mathrm{j}2\pi\left[f_0\left(t - T_t - \tau_1 - \tau_0\right) + \frac{1}{2}k\left(t - T_t - \tau_1 - \tau_0\right)^2\right]\right\} \tag{8-66}$$

在与参考时延为 T_L 的本振信号混频后，输出的信号为

$$S_{f1}(t) = \mathrm{rect}\,t\left(\frac{t - T_t - \tau_1 - \tau_0}{T}\right)\mathrm{rect}\,t\left(\frac{t - T_t}{T}\right)\exp\left\{\mathrm{j}2\pi\left[kt\left(T_L - T_t - \tau_1 - \tau_0\right) + \right.\right.$$
$$\left.\left. f_0\left(T_L - T_t - \tau_0 - \tau_1\right) + \frac{1}{2}k\left(\left(T_t + \tau_1 + \tau_0\right)^2 - T_L^2\right)\right]\right\} \tag{8-67}$$

从式（8-67）中可以看出，经混频后 DRFM 的转发信号转变为单频信号，其频率为 $k(T_L - T_t - \tau_1 - \tau_0)$，由于时延的影响，它比目标信号滞后。由于 Stretch 处理的搜索距离是有限的，它可能和真目标不位于同一个搜索距离内，此时 DRFM 将难以形成对目标距离向的有效干扰。

对转发信号进行频移，可在雷达真目标前后产生假目标，如果参数选择适当，甚至可使假目标与真目标重叠。对于分布式雷达真目标，如果采用 DRFM 形成一较强的假目标，使它叠加于真目标一维像上，将破坏目标真实的一维像，形成虚假的目标一维像，从而破坏基于一维像的雷达目标识别。

对 DRFM 的转发信号进行频移调制，使回波频率偏移，经混频后得到的信号为

$$S_{f1}(t) = \mathrm{rect}\,t\left(\frac{t - T_t - \tau_1 - \tau_0}{T}\right)\mathrm{rect}\,t\left(\frac{t - T_t}{T}\right)\exp\left\{\mathrm{j}2\pi\left[kt\left(T_L - T_t - \tau_1 - \tau_0\right) + f_1 t + \right.\right.$$
$$f_0\left(T_L - T_t - \tau_0 - \tau_1\right) - f_1\left(T_t + \tau_1 + \tau_0\right) +$$
$$\left.\left. \frac{1}{2}k\left(T_t + \tau_1 + \tau_0\right)^2 - T_L^2\right]\right\} \tag{8-68}$$

从式（8-68）中可以看出，进行频率调制后，混频输出的依然是单频信号，其频率为 $k(T_L - T_t - \tau_1 - \tau_0) + f_1$。对于分布式目标，由于多散射中心的存在，混频后将形成多个频点，如果能使 DRFM 转发信号形成的频率位于多个频点之间，就可形成对真目标一维像的有效干扰。

下面分析对调制频率的要求。若分布式目标距离维长度为 R_0，设目标距雷达最近的散射点的混频输出频率为 $k(T_L - T_t)$，则距雷达最远的散射点混频输出频率为 $k\left(T_L - T_t + \dfrac{2R_0}{C}\right)$，选择 f_1 时应当满足下列要求。

$$k\left(\frac{2R_0}{C} + T_L - T_t\right) \geqslant k(T_L - T_t - \tau_1 - \tau_0) + f_1 \geqslant k(T_L - T_t) \qquad (8-69)$$

解不等式（8-69），可得

$$2R_0 k / C + k(\tau_1 + \tau_0) \geqslant f_1 \geqslant k(\tau_1 + \tau_0) \qquad (8-70)$$

由式（8-68）可知，频移的大小与雷达和目标之间的距离及参考时延点的选择无关，而只与调频斜率、DRFM 的反应时间、转发时延等因素有关。只要调制频率满足式（8-70）的要求，就可形成对真目标一维像的有效破坏。

对于分布式目标而言，其一维像将占据多个距离分辨单元，具有高低起伏的结构。如果某一类型的目标占据 K 个分辨单元，各个分辨单元的散射强度分别为 a_0，a_1，$\cdots$，a_k，那么在经过 Stretch 处理后，其信号可表示为

$$S(t) = \sum_{i=1}^{K} a_i \exp(f_i t + \varphi) \qquad (8-71)$$

式中，$f_i = k(T_L - T_i)$，其中 T_i 为该单元至雷达的回波延时；φ 为相位。而从式（8-71）中可以看出，通过频移调制的假目标信号在 Stretch 处理后为一单频信号，经 FFT 后，其一维像将是一尖锋脉冲。显然，假目标的一维像与真目标的一维像存在较大差别。若能使假目标一维像具有类似真目标一维像的结构，则可达到更强的欺骗效果。如果采用时延方法形成具有多散射中心的假目标一维像，那么 DRFM 将要多次转发信号，而且对各次转发间的时延精度要求非常高，因此这不是一种理想的干扰工作方式。对转发信号采用多路频移、调幅，可形成假目标一维像，其假目标一维像产生器数学模型如图 8-11 所示。

图 8-11 中的假目标一维像产生器可看成是一数字滤波器，其系统函数为

$$h(n) = a_0 + a_1 e^{j\omega 2^n} + \cdots + a_k e^{j\omega k^n} \qquad (8-72)$$

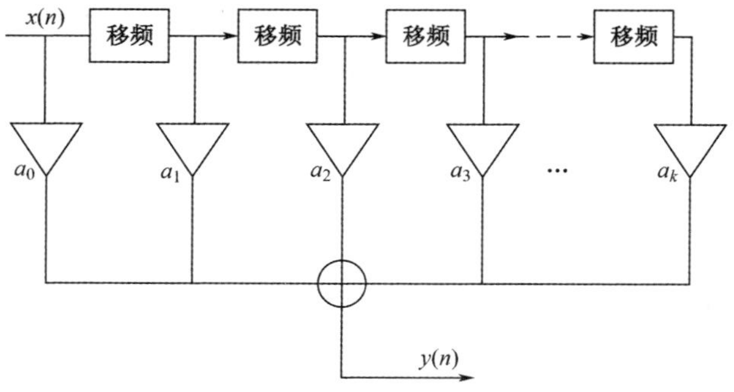

图 8-11 假目标一维像产生器数学模型

式（8-72）中的频移大小根据所仿造目标的散射点空间分布而定，加权系数依据各散射中心的散射强度而定。这样，通过精细频移和散射强度调制，可仿造出某一特定类型的目标一维像。

习　题

1. 等离子体的哪个参数可反映雷达波束在其上的传播深度？列出并解释。
2. 简述几种无源干扰手段的基本原理。
3. 简述距离向和方位向产生假目标的基本原理。
4. 简述星载 SAR 的弱点。
5. 简要说明侦察机对 SAR 的最大侦察距离计算方法。
6. 简述合成孔径雷达干扰技术的特点。
7. 对 SAR 的有源干扰技术主要有哪些？
8. 箔条干扰效果受哪些因素影响？

第9章　光学成像侦察卫星对抗技术

在现代高技术战争中，局部战场的部署、态势、目标特征等高分辨率图像信息是夺取战场信息控制权甚至决定战争胜败的关键因素。美军充分利用光学波段可以获得高空间分辨率、高光谱分辨率的特点，大力发展数字化光电成像侦察技术，曾经在海湾战争中投入了数十枚这样的卫星，其卫星的平面成像分辨率已经达到厘米量级。目前，美国的 KH-12 卫星是很先进的照相侦察卫星，可以全天时工作，分辨率达几十厘米，它获得的图像可以分辨出战场上的各种细节，由此可见光学成像卫星的重要性。

9.1　光学成像侦察卫星对抗特点

光学成像侦察卫星主要包括以红外探测为主的红外成像侦察、导弹预警、海洋监测和以高分辨率可见光侦察为主的可见光成像卫星等系统，它们的工作特点如下。

9.1.1　红外成像侦察卫星的特点

红外成像侦察卫星主要用于卫星电子侦察、搜索、跟踪，地球资源探测，大气环境监测，海洋气候监测和局部、全球气象监测和预报，以及外层空间宇宙探测等。红外遥感器被普遍用于军事预警和侦察卫星。

1. 导弹预警卫星的特点

以美国为例，其导弹红外预警卫星有国防支援计划（DSP）预警系统、天基红外系统（SBIRS）。导弹预警卫星系统的任务是通过星载红外探测器尽早探测到洲际弹道导弹、潜射弹道导弹甚至战区和战术弹道导弹的发射，并将有关信息迅速传递给地面中心，使地面防御系统能赢得尽可能长的预警时间，以组织有效的反击或采取相应的应对措施。美国早期的预警卫星可测量战略导弹起飞时尾焰产生的红外谱线，发出早期预警信号，从而使预警时间延长约 30min。随着热成像遥感技术的迅速发展，如焦面红外镶嵌器件和集成微电子设备，使早期预警卫星的工作范围能扩大到探测飞机和巡航导弹。这种仪器装置由一个在其焦面上成像的光学望远镜、安装在望远镜焦面上的许多小光敏遥感器和信号处理微电子线路镶嵌组成。弹道导弹的速度越高，红外尾焰炽热的"火球"越大，温度也越高。在海平面上射程 1000km 的导弹，尾焰长度一般在 200m 以上，而且随着导弹飞行高度的增加而增加，在真空时其红外尾焰长度可达 300m 以上。卫星采用地球同步轨道，星上装有红外望远镜、电视摄像机和核爆探测仪。红外望远镜长 3.63m，直径为 0.91m，其光轴与卫星中心轴之间有 50° 夹角。当卫星以 5～7r/min 的速度自转时，望远镜每 8～12s 对地球 1/3 的区域扫描一次。只需要在地球同步轨道上等距离放置 3 颗卫星，就能够对除两极之外的地球表面进行 24h 监视。一旦有导弹发射，卫星上的红外望远镜在 90s 内就能够探测到导弹尾焰产生的红外辐射信号，并且立即把这一信息传输给地面站。地面站通过通信卫星或光缆把情报传输给地球另一面的美军 C⁴ISR 系统，全过程仅需要 3～4min。

国防支援计划（DSP）预警系统是美 C⁴ISR 系统的组成部分。卫星采用地球同步轨道，星上装有红外望远镜、电视摄像机和核爆探测仪。DSP 预警系统有如下特点：一是连续性，可全天候、全天时连续不断地监视全球的导弹发射；二是实时性，可将所探测到的信息和数据借助光电传输手段和中继站，几乎同步地传送给位于美国科罗拉多州夏延山内的北美航空航天司令部和美国空军航天司令部预警中心，以满足作战指挥的需要；三是精确性，所计算的发射点、目标点和弹道等参数数据定位精度可达 5km；四是灵敏性，对于全球陆、海、空任一区域的导弹发射，星载探测器均可在 1min 之内捕捉并定位其尾焰的红外辐射。

天基红外系统（SBIRS）专用于检测和跟踪用动力推动飞行的弹道导弹。该系统由 5 颗在同步轨道上，2 颗在高椭圆轨道上运行的有效载荷卫星以及地面站组成。该系统包括高轨道星座和低轨道星座两部分。

高轨道红外系统（SBIRS-High）主要用来探测和跟踪助推段飞行的弹道导弹，用于持续和不间断地监视地球表面与海洋上的指定区域，侦察该区域中可能的敌方大规模杀伤性导弹武器和战略核导弹目标，对敌方进攻力量部署的转移和活动及使用大规模杀伤性武器进行导弹打击准备的早期预警。

低轨道主要用来跟踪在中段飞行的弹道导弹和末段飞行的冷再入弹头，对助推段导弹也具有一定的探测能力。他们还在 SBIRS-L 的功能中增加了新的侦察和跟踪任务，即不仅要侦察跟踪弹道导弹的固定发射阵地，还要优先侦察和跟踪地面、海洋、空中移动的"在时间上处于临界状态的目标"，即高机动性进攻武器。

天基红外系统的高轨道卫星扫描速度和灵敏度比 DSP 卫星高得多，而且它能够穿透大气层，在导弹刚一点火就能探测到其发射，因此对较小导弹发射的探测能力比 DSP 卫星强得多，可在导弹发射后 10～20s 内将预警信息传递给地面部队。

2. 空间红外成像侦察系统的典型特点

空间红外成像是获取敌情、采取自卫的重要途径，它有许多优点，如能 24h 昼夜工作、能适应不良天气、能提供定时信息、能把捕捉目标和攻击结合起来、有远距离探测和透过能力、能识别伪装、能排除电子干扰等。红外成像不仅能揭露地面、森林里的伪装，还可揭露地下、水下的军事目标，显示热源目标的运动状态和踪迹。

各军事强国现役的光学成像侦察卫星上一般都配备了红外成像系统，如美国的"高级 KH-11"卫星上配备了热红外成像仪，使其具备了夜间成像能力；俄罗斯的"宇宙 2344"卫星及法国的"太阳神 2"卫星也都具备了红外成像能力。从美国公布的空间环境遥感图像来看，"陆地卫星"等空间飞行器在军事侦察上发挥了较大作用，美国航空航天局常把接收到的红外图像信息经处理后直接送给三军和中央情报局。"陆地卫星"上携带的主要遥感器之一就是多谱段扫描仪，它的工作范围包括可见光和近红外光谱段（0.8～1.1μm）。

红外成像具有一定的识别伪装能力，在彩色红外相片上，死树呈浅蓝色或青蓝色，缺水的植物呈淡红色或白色，普通绿色油漆呈蓝色。对于"陆地卫星"图像来讲，这种红外效应对于大面积的伪装、施工前后新土和旧土都有一定的识别能力。"陆地卫星-D"上的返束光导摄像管（RBV），其地面分辨率约为 30m（"陆地卫星 4 号"的分辨率更高），它对海水具有较好的穿透能力，其图像能显示出水下地貌与地质构造轮廓，透视深度一般为 10m 左右，在特定条件下可达 40m，甚至更深。这些情报数据对于沿海或岛屿登陆作战以及舰艇航行都是很有用的。

遥感图像还具有一定的平面定位精度。例如，美国就曾利用"陆地卫星"拍摄了苏联的拜科努尔发射场，且修正了苏联故意做出的虚假报道。苏联公开声称该发射场在中亚哈萨克境内，坐标为北纬 47°18′、东经 65°30′。实际上，由"陆地卫星"图像测图发现，它的正确地理坐标应是北纬 46°、东经 63°20′。

9.1.2　可见光侦察卫星的特点

KH-11、KH-12 被认为是当今世界上技术最先进的光学照相侦察卫星，有以下几点原因。

（1）采用了大口径光学镜头的 CCD 相机，因而灵敏度和精度都很高，可清晰地对小目标成像。

（2）星上装有 GPS 接收机、雷达高度计和水平传感器等，故对目标定位十分精确。

（3）星上的太阳和月亮敏感器能实现 CCD 相机的在轨星上辐射定标，确保了地面目标辐射特性的可比性。

（4）其太阳电池板可提供 3000W 功率，为卫星提供充足的能源。

（5）卫星采用太阳同步椭圆轨道，地面重复周期为 4 天，但由于卫星是成对运行的，因此实际重复周期为 2 天。

（6）采用"跟踪与数据中继卫星"实现大容量、高速率的图像数据实时传送，因此能在全球实时侦察。

（7）载有大量燃料，使卫星变轨能力很强。

（8）CCD 相机具有微光探测能力，可在傍晚微光下工作。

KH-12 上的反射望远镜系统以巨大的放大率将地物的辐射能量引入视场，再送至每个遥感器进行光谱分离，形成的图像经放大、数字化后，传送到中继卫星或其他卫星，然后转发至贝尔沃堡地面站。KH-12 的光学系统与 KH-11 的光学系统稍有不同，即其增加了热红外谱段，故能探测伪装和埋置结构目标，对地下核爆炸或其他地下设施监测，探知导弹和航天器的发射，分辨出目标区内哪些工厂开工、哪些工厂关闭等。由于使用了更先进的技术，因此 KH-12 的分辨率比 KH-11 的要高，达 0.1m。星上装有一台潜望镜式的旋转透镜，它能把图像反射到主镜上，因而卫星在大倾角的条件下也能成像。它采取了防核效应加固手段和防激光武器攻击的保护措施，并增装了防碰撞探测器。

9.1.3　光学成像侦察卫星的弱点

（1）当前在轨光学成像侦察卫星绝大多数都采用被动成像侦察工作方式，即通过星载遥感器被动接收目标反射的太阳辐射或其自身辐射来对目标实施侦察，则遥感器接收到的辐射能的大小和光谱特性完全由外部环境决定，这使得侦察主动性降低。

（2）光学侦察受天气和昼夜更替影响很大，使得对此类侦察卫星的规避和干扰（烟幕、等离子体等干扰技术）有空可钻。

（3）改变目标散射特性（利用伪装技术）可以对光学成像侦察卫星产生很大的影响。

9.2　光学成像侦察卫星无源干扰技术

现有侦察、预警卫星的探测器大都工作于可见光和红外波段，导弹在可见光、红外波段反卫星探测从导弹发射阶段上可划分为发射前和发射后的主动段、中段；从光电反卫星探测技术上可分为降低导弹红外辐射、遮蔽、假目标欺骗等。

9.2.1　对导弹预警卫星的无源干扰

（1）导弹发射前的阵地防护技术：采用的技术主要有多光谱伪装网、烟幕、隐身涂料等。导弹发射主动段技术：主动段反卫星预警的方式主要有降低发动机红外辐射、使用小火箭假目标等。中段采用假目标，遮蔽红外辐射和降低弹头表面温度。在弹道导弹飞行中段，导弹发动机已经熄火，预警卫星的红外探测器是借助弹头在主动段气动加热造成的热辐射进行探测的，可见光探测器则利用弹头反射的太阳光进行探测。由于此时没有大气窗口的影响，卫星红外探测器的工作波段延伸至 2.4μm。中段反卫星预警措施主要包括假目标、遮蔽、降低红外辐射。

（2）电子干扰星间和星地信息传输。天基导弹预警系统在预警过程中，预警卫星与地面站及预警卫星之间都有大量的信息通过无线通信的方式进行传输，无线通信很容易受到电子干扰。如果使用电子干扰天基预警系统的信息传输过程（如进行通信干扰），阻断其星地、星间的信息链路，必然会导致整个预警系统瘫痪。

（3）弹道导弹红外隐身。减弱导弹的红外辐射强度，能缩短预警卫星的有效探测距离，从而能增加预警卫星探测、跟踪和识别导弹的难度。导弹主动段的红外隐身主要是研制弱红外辐射推进剂，尽可能地降低发动机尾气中水蒸气和二氧化碳的含量，减弱尾焰在短波红外和中波红外的辐射。导弹在中段主要辐射长波红外，因此降低导弹蒙皮表面温度，减少蒙皮红外辐射率，或者选择在夜晚发射导弹，都可以减少导弹朝周围空间的红外辐射强度。

（4）释放红外诱饵。使用红外诱饵不仅能延长天基导弹预警系统信息处理的时间和识别导弹的时间，而且能降低系统探测、跟踪和识别导弹的概率。红外诱饵不仅要模拟出导弹的红外辐射特征，还要具有与导弹相似的雷达特征、弹道特征和可见光特征。助推段的诱饵可以是同一地区伴随导弹同时升空的价格非常低廉的火箭，通过它们干扰同步轨道预警卫星对导弹助推段的探测；中段和再入段的诱饵可以是红外干扰机，也可以是特定热源，它们既可以干扰预警卫星对导弹的跟踪和识别，也可以干扰反导拦截弹对导弹的拦截。

导弹预警卫星通常有两种工作方式：一种是线阵探测器的并联扫描工作方式，这时在一定的时间内，线阵探测器对特定的空域（以立体角表示）进行扫描，在这种工作方式下，搜索的视场比较大；另一种是凝视成像跟踪，它始终指向一定方向，只要目标进入其观测视场，就可能被发现，并测量目标的某些参数。所以，从整个系统来说，具有探测发现和跟踪测量的能力。因此，对导弹预警卫星的干扰，就是降低它对目标的探测发现和跟踪测量能力。

若要降低预警系统的目标探测能力，则要降低其探测距离或降低其探测概率，由此就形成了以下几种不同的干扰方法。

（1）红外抑制：降低目标的红外辐射强度。

（2）红外有源干扰：提高探测系统的等效背景噪声。

（3）红外无源干扰：降低目标信号的透过率。

红外抑制主要是采取一些措施，改变红外辐射源辐射的红外信号特征，如降低温度、减少辐射、限制辐射角、屏蔽辐射源、改变其热特性等，以此降低目标辐射到探测系统的辐射强度。但是，红外抑制不作为伴星干扰的干扰方法，后两种方法将在伴星干扰中应用。

红外干扰用来削弱、破坏红外系统功能，其干扰方式可分为红外有源干扰和红外无源干扰。红外有源干扰是通过干扰辐射对探测系统的作用，增大背景噪声来降低作用距离，并降低探测概率。在红外有源干扰的情况下，由于强的干扰信号的引入，系统会进行自动增益控制，因此会降低目标信号的强度，这就等于提高了噪声强度，同样降低了目标探测距离和探测概率。红外有源干扰一般以尽量与被保护目标在同一个瞬时视场内向红外预警系统辐射定向红外信号的方法来实现。

红外无源干扰的常用手段是通过伴星在被保护目标和红外预警系统之间释放烟幕，其工作原理是利用红外信号通过微粒时产生的吸收和散射特性阻止红外探测器对目标红外辐射的探测，降低目标红外信号的等效透过率 τ_α。

9.2.2 红外照相侦察卫星无源干扰

照相侦察卫星是航天侦察任务的主要承担者，其侦察设备包括可见光相机、红外相机、多光谱相机、热成像技术、微波相机，以及电视摄像机和侧视雷达等。

卫星运行高度高，监视的战场空间广阔，地面或航空干扰设备难以对其形成干扰，但它的地面分辨率同时下降。卫星速度快，可实现对某一地区的定期或连续侦察和监视，取得其他手段难以得到的情报等优点，但同时引起图像畸变和信号的质量下降。

卫星光电对抗技术与地面、舰载和机载电子与光电对抗技术是类似的，既可以采用"硬摧毁"的方法，也可以采用"软杀伤"的方法。但是就技术而言，卫星光电对抗技术比其他对抗技术要复杂得多，要求要高得多，难度要大得多。有源干扰因功率限制，未达到实用阶段，无源干扰是目前乃至今后长期有效的一种手段。

对目标的光电暴露特征进行隐身主要有 3 个方面：一是降低目标光电暴露特征；二是模拟背景的光电特征；三是变形迷彩。在中、远红外波段，降低目标自身的红外辐射，使红外探测接收不到足够的能量，减少目标被发现、识别和跟踪的概率。主要针对发动机、烟囱等发热体，采用改进烟囱结构、使发动机的废气分散排气、发动机加装热屏蔽罩、在发热部位采用隔热材料覆盖等技术来控制目标辐射温度，达到与背景温度一致或温差很小，使红外探测设备失灵。模拟背景的光电特征指改变目标的热状态或热组态及可见光波段的反射特性，使目标的反射特性在可见光波段与背景相一致，同时使目标与背景的热分布状态相协调，使目标的图像（包括热图像）成为整个背景图像的一部分。可采用光学伪装网等改变目标反射特性，或者采用红外伪装网，降低目标与背景的发射对比，改变被伪装目标的热组态。总之，使目标的光电暴露特征融于背景之中。

在可见光和红外波段，通过改变目标各部分光电反射特性、红外辐射相对值和相对位置，来改变目标易被光学侦察卫星识别的特定图像特征，使敌方难以识别；综合采用伪装网、涂料（包括隔热、吸热涂料）和屏蔽、隔热材料等多种手段，把高价值的目标图像变为低价值的目标图像。

降低大气透明度，也称为改变介质光学传输特性。在距离目标的一定位置上快速大面积地施放烟幕或水幕，形成烟幕或水幕墙，利用烟幕或水雾微粒对光电能量的吸收和散射，大幅度地降低大气光谱透过率，从而使卫星侦察效能降低，甚至因难以发现目标而失效。烟幕技术已应用于现役舰艇，比较成熟，干扰效果非常显著。水幕技术干扰效果也很好，德国已有专利发表，将水幕列装于护卫舰上。所以，使用烟幕、水幕技术进行光电隐身和干扰有很大的潜力。为了对抗多光谱侦察，必须做到多光谱（全波段）隐身。例如，正在研制的多频谱隐身涂料，如果喷涂在目标上，可使之既具有极好的光学伪装性能，也具有红外和微波吸收特性，因而能明显降低可探测特征，有效对抗卫星侦察。

假目标和诱饵。在海湾战争中，伊拉克采用此类措施对美国的侦察卫星进行了有效欺骗，使得美国的侦察卫星所发现的地面目标（包括"飞毛腿"导弹发射器、飞机等在内）大部分都是假目标。不同类型的假目标都可用表面金属化技术和在内部设置红外模拟器方法达成多谱示假效果，有效欺骗光学、红外和雷达的综合侦察。同时，为了有效模拟己方纵深和后方的军队行动，在示假器材中还要有一定数量的可牵引和可自行的假目标。总之，为了逼真模拟真目标，要求假目标和诱饵的飞行特性（速度、加速度、距离）及反射或辐射特性（幅度、相位、能谱、极化、辐射光谱）与真目标一致。

9.2.3　可见光成像侦察卫星无源干扰

1. 烟幕消光

（1）烟幕概述。

烟幕从发烟剂的形态上分为固态和液态两类。常见的固态发烟剂主要有六氯乙烷-氧化锌混合物、赤磷及高岭土、滑石粉、碳酸铵等无机盐微粒。液态发烟剂主要有高沸点石油、煤焦油、含金属的高分子聚合物、含金属粉的挥发性雾油，以及三氧化硫-氯磺酸混合物等。

从施放形成方式上可分为升华型、蒸发型、爆炸型和喷洒型 4 类。升华型发烟过程是利用发烟剂中的燃烧物质燃烧反应时产生的大量热能使成为烟物质升华，在大气中冷凝成烟；蒸发型发烟过程是将发烟剂经喷嘴雾化送至加热器使其受热、蒸发、形成过饱和蒸汽，排放至大气冷凝成雾；爆炸型发烟过程是利用炸药爆炸产生的高温高压气源将发烟剂发散到大气中，进而燃烧反应成烟，或者直接形成气溶胶；喷洒型发烟过程是直接加压于发烟剂，使其通过喷嘴雾化进入大气中吸收水蒸气成雾，或者直接形成气溶胶。

从干扰波段上烟幕又可分为防可见光、短波红外常规烟幕、防热红外烟幕、防微波及毫米波烟幕，以及多频谱、宽频谱和全频谱烟幕等。微光夜视仪、电视制导武器以及大部分光电侦察设备的工作波段在 $0.38\sim0.76\mu m$ 的可见光波段，对这一波段的干扰主要利用气溶胶的散射作用。对抗可见光的烟幕剂通常有黄磷、赤磷、油雾等。有时为了达到更好的干扰效果还采用彩色烟幕，针对不同背景选用不同颜色的烟幕，能更好地降低对方光电侦察系统截获图像的对比度，达到更好的干扰效果。

烟幕具有"隐真"和"示假"双重功能，具有实时干扰敌方光电武器攻击的特点，尤其是对光电制导威胁做出快速反应，从而大大降低其命中率。因此，在光电侦察技术与光电制导武器迅猛发展和大量使用的今天，烟幕干扰材料及其相应的布设、施放和成型器材都受到各国军方的高度重视，发展迅速。

（2）烟幕干扰机理。

① 波盖耳定律。烟幕的主要作用是对入射光辐射进行衰减，这要求定量地求出入射光的原始辐射强度中有多少能以原有方向、状态和分辨率特性保持不变地通过烟幕。保存下来的光辐射部分便是烟幕的直接透射率，它可用波盖尔定律来计算。

辐射通过介质时的消光作用与入射辐射通量 Φ、衰减介质密度 $\rho(g/m^2)$ 以及所经过的路段 ds 成正比，即

$$d\Phi(v,s) = -k(v,s)\rho ds \tag{9-1}$$

式中，$\Phi(v,s)$ 为 s 处的光谱辐射通量；v 为波数，$v = 1/\lambda(cm^{-1})$；$k(v,s)$ 为光谱质量消光系数（$M^{-1}L^2$）。理论与实践表明，大气不同造成的消光效应具有线性叠加特性，即综合消光特征量可以写出各分量之和。

$$k(v,s) = \alpha_m(v,s) + \beta_m(v,s) + \alpha_P(v,s) + \beta_P(v,s) \tag{9-2}$$

式中，前两项表示分子的吸收和散射，后两项表示气溶胶粒子的吸收与散射。由式（9-1）可得辐射衰减规律为

$$\Phi(v,s) = \Phi(v,0)\exp\left[-\int_0^s k(v,s)\rho ds\right] \tag{9-3}$$

式中，$\Phi(v,0)$ 为初始光谱辐射通量。若介质具有均匀的光学性质，则式（9-3）可进一步简化为

$$\Phi(v,s) = \Phi(v,0)\exp[-k(v)s\rho] \tag{9-4}$$

式（9-4）称为波盖尔定律。对于入射的光辐射强度，波盖尔定律为

$$I(L) = I_0\exp[-u(\lambda)L] \tag{9-5}$$

式中，$I(L)$ 为入射光在烟幕中传输 L 距离后的光辐射强度；I_0 为入射光原始辐射强度；$u(\lambda)$ 为烟幕对波长为 λ 光束的消光系数。

② 散射理论。辐射在大气中传输时会在大气分子、气溶胶粒子和空气湍流不均匀处发生散射，若散射辐射的频率与入射辐射的相同，则能量无损伤，称为弹性散射。散射可以用电磁波理论和物质的电子理论分析，当粒子是各向同性时，散射光的强度是粒子尺度、粒子相对折射比和入射光波长的函数。由波盖尔定律可知，经过路程 R 的散射透射比为

$$r = \exp(-\beta R) \tag{9-6}$$

式中，β 为散射系数，它描述该点散射总数。假设散射辐射与入射辐射方向的夹角（散射角）为 θ，则单位立体角内的散射数成为角散射系数 $\beta(\theta)$，且满足

$$\beta = \int_0^{4\pi} \beta(\theta)d\omega \tag{9-7}$$

式中，$d\omega$ 为立体角。试验证明，散射系数 β 与散射粒子浓度 N 成正比。

当散射粒子半径 r 远小于辐射波长（$r \ll \lambda$）时，散射服从瑞利散射规则，即

$$\beta(\theta,\lambda) = \frac{\pi^2(n^2-1)^2}{2N\lambda^4}(1+\cos^2\theta) \tag{9-8}$$

式中，n 为散射介质折射比，总散射系数 $\beta(\lambda)$ 为

$$\beta(\lambda) = \frac{8\pi^3}{3}\frac{(n^2-1)^2}{N\lambda^4} \tag{9-9}$$

瑞利散射主要为气体分子，故称为分子散射。分子散射与 λ^4 成反比。当粒子尺度 $\alpha = 2\pi r/\lambda >$

0.1～0.3 时，瑞利式不再适用，要用米散射理论来描述。它主要用来描述球形气溶胶粒子的散射。

均匀介质构成的单个球形粒子吸收、散射和消光截面，可用米散射理论进行分析。米散射的计算可归结为确定散射效率因子 $Q_s(a,m)$、吸收效率因子 $Q_a(a,m)$ 和衰减效率因子 $Q_e(a,m)$，相应的截面与效率因子的关系为

$$\sigma_i(r,\lambda,m) = \pi r^2 Q_i(a,m) \qquad i = s, a, e \qquad (9\text{-}10)$$

各种气溶胶的尺度分布 Δv 有很大区别，此时的散射系数 β 和吸收系数 α 由下面的积分确定。

$$\beta = \pi \int_0^\infty Q_s(a,m) n(r) r^2 \mathrm{d}r \qquad (9\text{-}11)$$

$$\alpha = \pi \int_0^\infty Q_a(a,m) n(r) r^2 \mathrm{d}r \qquad (9\text{-}12)$$

米散射的散射相函数在前向和后向不对称，主要集中在前向。米散射理论对于平面电磁波照射下的各向同性均匀球形粒子散射面的精确计算具有普遍意义。由于气溶胶微粒的粒径可与激光波长相比，对于同样粒径的微粒，球形具有最简单的形状，因此按照米散射理论可以求得气溶胶微粒的消光系数 u、散射系数 u_s 和吸收系数 u_a。米散射理论提供了复杂但非常通用的解，对于吸收和非吸收球形气溶胶粒子，从分子大小的粒子到用几何光学处理的大粒子都是有效的。

③ 烟幕的消光系数。决定烟幕透射率的重要参数是烟幕的浓度及其消光系数，而消光系数是气溶胶中尺寸不同的粒子对光子吸收和散射损耗的合成。可以应用米散射理论对烟幕的消光系数进行分析。对于工作波段在大气窗口的光电侦测和光电制导武器来说，与烟幕相比，大气分子的衰减作用很小，可以忽略。由比尔定律可知，光在均匀分布的烟幕中传播，经过距离 L 后，其强度 $I(L)$ 变为

$$I(L) = I_0 \exp[-u(\lambda)L] \qquad (9\text{-}13)$$

气溶胶微粒的消光系数 $u(\lambda)$ 包含吸收系数 $u_a(\lambda)$ 和散射系数 $u_s(\lambda)$ 两部分，即

$$u(\lambda) = u_a(\lambda) + u_s(\lambda) \qquad (9\text{-}14)$$

若气溶胶微粒之间的距离足够大，使每个微粒对入射光的衰减作用不受其他微粒的影响，则可以认为上述各个系数与气溶胶微粒的粒子数密度 N 成正比。

气溶胶微粒的散射特性和消光系数，不仅与构成微粒的物质的性能（如介电常数、电导率）有关，还与微粒的形状、取向有关。实验表明，对于相同物质构成的形状不同而大小相近的微粒，其吸收系数、散射系数和消光系数是比较接近的。因此，可以通过对其中一种形状微粒的研究，来了解气溶胶微粒的吸收系数、散射系数和消光系数随各种因素的变化关系，从而为烟幕剂的研制提供理论依据。

粒子的散射、吸收及消光作用，和粒子尺寸与入射电磁辐射的波长之比有一定关系。大多数的自然气溶胶云中含有很多不同尺寸的粒子。某些烟幕材料，特别是由土壤形成的尘埃及火焰烟雾，粒子的半径范围是百分之几微米到几百微米。

气溶胶的透射率等光学特性，要受到气溶胶粒子的尺寸、数量或质量，各种波长上的折射率，粒子形状及粒子的方向等因素的影响。

若要求得烟幕材料形成的气溶胶云的总体光学性质，需对每种尺寸的粒子数目与每种尺寸的光学性质的乘积求加权平均值。通常，要使每种尺寸粒子的实测数据与分布函数中的一种相拟合。对于许多类型的气溶胶云，用对数正态分布函数来描述其粒径分布 $f(r)$ 是较为合

适的。

鉴于目前不少烟幕采用金属粒子或镀金属介质粒子，因此对于金属球的消光系数和散射系数的分析是有特别意义的。从对银球的计算可以看出，在红外波段金属粒子的消光作用主要来自其散射作用。由于随着波长的增大，金属材料折射率的实部和虚部都变大，因此其散射系数和消光系数都相应略为变小。

④烟幕对目标探测概率的影响。目标与背景辐射亮度的差别是可见光探测系统发现和识别目标的基础。描述这一差别的物理量是辐射对比度，它的定义为

$$C = \frac{|L_b - L_o|}{\max\{L_b, L_o\}} \tag{9-15}$$

式中，L_b 和 L_o 分别为背景和目标的辐射亮度，max 为取最大函数。显然，$0 \leqslant C \leqslant 1$。若 $C=0$，则无论目标与背景的辐射亮度有多大，目标的尺寸有多大，目标均不能被可见光探测系统发现。

通常目标与可见光探测器之间是有一定距离的，在这段距离内，由于存在大气的影响，探测器所接收到的辐射功率并不是目标和背景本身的辐射功率，而是所谓的视辐射功率，对比度也就为视对比度。

大气对目标和背景辐射亮度的影响表现为两个方面：一是大气对辐射的衰减，它使接收到的目标和背景的辐射亮度降低；二是太阳辐射经过大气的散射形成的一定的气幕辐射亮度，它将增大接收到的目标和背景的辐射。大气的透过率可由 Lambert 定律来表示，即

$$\tau = e^{-\alpha l} \tag{9-16}$$

式中，α 为大气的消光系数，l 为目标到探测器之间的距离。气幕的辐射亮度表示为

$$L_\alpha = L_h(1-\tau) \tag{9-17}$$

式中，L_h 为无穷厚的空气层的气幕亮度，通常认为是靠近地平线处的天空辐射亮度。

在考虑以上两个因素后，目标和背景的辐射亮度 L_o' 和 L_b' 分别为

$$L_o' = L_o(\tau) + L_h(1-\tau) \tag{9-18}$$

$$L_b' = L_b(\tau) + L_h(1-\tau) \tag{9-19}$$

从而视辐射对比度为

$$C' = \frac{|L_b' - L_o'|}{\max\{L_b', L_o'\}} = \frac{C}{1 + L_h(\tau^{-1} - 1)/\max\{L_b', L_o'\}} \tag{9-20}$$

当目标和探测器之间有烟幕存在时，必须考虑烟幕对目标和背景的视辐射亮度的影响，因而这时的视辐射对比度也有所不同。

2. 光学伪装

（1）伪装概述。

在现代高技术战争中，凡是被敌方侦察发现和识别的目标都面临被杀伤和摧毁的严重后果。因此，如何有效地隐蔽己方的战略基地、军事和重大经济目标及军事行动，欺骗迷惑敌方，成了决定战争胜负的重要因素。然而，现代侦察与制导技术的飞速发展，使很多传统意义上的伪装技术难以达到隐蔽的目的。由于光电侦测技术具有高分辨率和高精度、隐蔽性好、抗电子干扰能力强、响应速度快、可昼夜使用等优点，工作在可见光和红外波段的光电侦察和制导武器发挥着越来越突出的作用。其中，照相侦察卫星、微光夜视仪、红外热像仪等由

于工作波长短，与其他工作波长较长的侦察设备相比，具有很高的分辨力，光电制导武器如激光制导导弹或炸弹、红外成像制导导弹等具有很高的制导精度和命中率。这些武器在战争中将对敌方的军事、政治和经济目标构成严重威胁。因此，用来隐蔽自己以防敌方光电侦察与精确制导的光电伪装技术受到了各国军界的普遍关注及越来越突出的重视，并得到了飞速的发展。1991 年美国国防部针对地面目标就采取伪装措施是否能提高目标生存能力的问题进行了联合试验。在试验中，选中了 4 类 11 种目标：大的线性目标、大中型复杂目标（机窝中的飞机、坚硬的飞机掩体和一群含有许多相似建筑物的司令部建筑）、小型孤立目标（在松林的战术导弹发射架灌木丛中的地面控制拦截雷达）和小型复杂目标（安装有 C^3I 系统的平板拖车及民用发电设备），所采取的伪装措施包括伪装网、迷彩、假目标、烟幕、热抑制材料及伪装材料等，使用各型空对地精确制导武器对有和没有采取伪装措施的目标进行了 1695 次攻击。试验结果，没有采取伪装措施的目标，其幸存率为 9%～38%，而采取伪装措施的目标，其幸存概率上升为 42%～90%。由此证明，伪装措施在高技术战争条件下仍是提高地面目标生存力的重要技术手段。

（2）伪装原理。

光电伪装技术的基本原理就是利用各种技术手段，减小目标与背景在热红外、可见光和紫外波段的辐射或反射能量差别，以隐蔽目标和降低目标的暴露特征。其主要措施有迷彩伪装、遮障伪装、烟幕伪装和示假伪装。下面分别讨论这 4 种措施对于可见光和红外伪装原理及方法。对于激光，由于它的工作波段在可见光和红外之间，因此对可见光和红外的伪装同样适用于激光。

① 迷彩伪装。迷彩伪装就是用颜料或涂料来改变目标、遮障或背景的颜色，从而降低目标显著性的一种伪装措施，主要可分为融合迷彩和变形迷彩。融合迷彩是通过降低目标各部分之间或目标与背景之间的灰度、亮度和对比度，使目标的光电识别特征融于背景中，从而使目标与背景难以区分。变形迷彩是对目标的特征加以改变，使探测到的特征更像另一种性质完全不同的物体，从而欺骗敌方的光电成像系统，使之不能发现和识别目标。融合迷彩与变形迷彩都是通过降低或改变目标各部分之间以及目标与背景之间对可见光的反射和红外辐射特征的差异来实现的。

对可见光波段而言，传统的迷彩伪装就能使人眼、光学探测器和成像器材很难区分目标与背景，但还要对物体阴影进行控制。目标之所以能被侦察发现，是因为结构轮廓和阴影引起的对比所致。一般地，在阳光条件下，原有的阴影能压倒任何所用的伪装图案，从而使目标暴露。因此要设法用其他材料来遮蔽目标的阴影，并改变目标的轮廓。此外，也可以用人造光源来消除阴影，其亮度应与观察背景亮度同步变化。

虽然传统的迷彩伪装对可见光侦察与探测有较好的效果，但对红外侦察与探测就不一定起作用了。红外侦察和探测主要是通过目标与背景的红外辐射特征差异来实现的，而传统的迷彩伪装并未考虑物体的红外辐射差异。物体的红外辐射与其温度和材料发射率有着密切的关系。因此，红外波段的迷彩伪装可以主要从控制温度和材料发射率两个因素来实现。在控制温度方面，主要就是降低目标热点的温度。目标各部分之间的温度通常是不相同的，如果不考虑发射率的差别，不同温度处的红外辐射亮度是不同的，红外探测系统很容易根据目标的温度分布特征而识别目标，因此需要降低目标的热点温度。降低目标上的热点温度，同时降低了目标与背景之间的辐射对比度。在控制发射率方面，主要是涂料技术，通常采用低温高发射率和高温低发射率的方法，通过使涂料的发射率随着温度的变化而变化，来抑制热红外辐射。考虑到大气窗口的因素，也可以使涂料在大气窗口内的发射率很低，而在窗口外的发射率很高，这样就使红外辐射能量很难被探测器探测到。变形迷彩主要依靠涂层来实现，以使目标成像的形状变为另一物体的形状。

现代高技术条件下光电侦察的多波段特点，对迷彩涂层提出了伪装特性多波段兼容的要求。就涂料而言，寻求低发射率胶黏剂是研制低发射率涂料的重点努力方向。低发射率胶黏剂主要有两类：一是在可见光和红外区都很透明的胶黏剂；二是发展选择性吸收胶黏剂，即在大气窗口处是透明的，在非大气窗口处有较强的吸收。从涂料的热红外伪装性能来分析，石蜡族化合物、具有环状结构的橡胶、异丁烯橡胶、聚乙烯及氯化聚丙烯等都可用于低发射率伪装涂料的胶黏剂。

德国研制的一种多波段伪装涂料，采用半导体填料，结合着色颜料，实现可见光和近红外的低反射、热红外的高反射还有毫米波与微波的强吸收，实现了宽频谱伪装。它分内外两层：内层主要作用于毫米波和微波波段；外层作用于可见光和红外波段。未来伪装涂料的发展趋势是：涂层所提供的发射率和反射率应能与背景做到接近实时的自适应以使其处于最佳发射率；采用模拟背景热红外特征技术以改变目标的热分布状态，使之与背景的热组态相协调，最终使目标的热图像成为背景热图像的一部分。目前研究的自适应涂料主要有热致变色材料、电致变色材料和光致变色材料。它们分别是指在热作用、电场作用和入射辐射通量作用下材料的光学性质可转换的材料，这些材料通常是半导体材料。

迷彩伪装的另一个发展趋势是采用智能迷彩系统。它是一套以小斑点迷彩为基础，计算机自动进行图案设计、配色和实施的自动迷彩伪装系统。小斑点迷彩是一种多色迷彩，就是以各色小斑点相互渗透，但不均匀分布的方式组合，利用空间混色原理，形成大斑点图案。这种由不同颜色的小斑点组成的大斑点，在较远距离观察时，能产生单一颜色大斑点的感觉。在设计斑点时，除了要保证可见光的变形效果，还要注意红外涂料的运用，以起到红外区的迷彩效果。小斑点迷彩既适用于运动目标，又适用于固定目标；既能对付较近观察，又能对付较远观察。计算机迷彩图案设计是一个专业性很强的 CAD 软件系统，这个系统除了通用的辅助图形设计功能，还必须具有空间混色规律和小斑点图案优化设计的专家系统。此外，还要建立各种背景的颜色资料库、各种目标的外形尺寸（五面展开图）数据库（也可由自动摄入设备实时取得），并且要进一步将计算机设计的结果与自动控制技术结合起来，在生产时自动地标定图案和喷涂迷彩。

② 遮障伪装。20 世纪 80 年代中后期，有代表性的遮障器材是瑞典的巴拉居达热红外伪装遮障系统。它主要由热伪装网和隔热板两部分组成。目前，红外遮障已经能够做到隔热与伪装兼顾并向着包含从紫外到微波宽频谱伪装的趋势发展。美国专利介绍了一种隔热与伪装兼顾的伪装毯。它的表面伪装物是一股股不同程度和颜色的绒线，以便于更好地模拟背景的特征。在绒线里还含有对可见光、紫外、红外和微波发生作用的物质，以达到宽频谱伪装的效果。美国地面战争实验室还研制了一种地形反射遮障，它是利用镀铝聚酯薄膜制成的一种"反射镜"，放在目标的适当地方，以反射地面目标的直接前景，使目标在观察者看来似乎"消失"或融于背景之中。由于这种遮障能准确地反映出周围地形的颜色、亮度和地貌特征，因此只要目标的前景与背景相似，就可以达到良好的伪装效果。这种遮障与其他伪装器材相比，能使目标与更多背景相适应，为伪装开辟了一条新途径。

遮障伪装的发展趋势为寻求更合理的隔热层结构和相应的构造工艺，发展对现代战场及战场目标适用性较强的标准组件式伪装遮障系统，伪装遮障能模拟背景全周日变化的热特征。

遮障技术是指用一定的物质将被保护目标遮挡起来，以阻断或严重削弱目标反射的可见光和辐射的红外线，使敌方的光电探测器不能接收到目标信号或接收到的信号很微弱，从而不能发现和识别目标。

对于可见光波段的侦察探测，只要用天然的遮障物如植物等就能对付。例如，可以利用树木和高草在目标的配置地区形成植物林或植物群，使目标隐藏在树木和高草中，从而在可见光波段不能被侦察和探测到。

对于红外侦察探测，仅用天然遮障对付则起不到良好效果。例如，海湾战争中伊拉克把坦克埋在沙漠中仍然没有逃过美军的打击，就是因为坦克与沙子存在明显温差而被美军的红外仪器所探测、识别。如果要在红外波段达到遮障效果，还要对物体进行隔热。红外遮障必须有良好的隔热性，而且要与被保护目标之间有一定的间隔，以防止高温目标将热量大量地传递到遮障上使后者的温度升高而被发现。仅仅遮挡目标的红外特征是不够的，遮挡物本身的红外特征如果与背景的不同，它还是会被敌方红外探测器发现的，因此需要对遮障物本身进行迷彩伪装。人工遮障主要由伪装面和支撑骨架组成，支撑骨架通常采用质量轻的金属或塑料件做成具有特定结构外形的骨架，起到支撑、固定伪装面的作用。对光电侦察、探测、识别起作用的主要是伪装面，伪装效果取决于伪装面的颜色、形状、材料性质、表面状态及空间位置等与背景反射和辐射特性的接近程度。伪装面主要由伪装网、隔热材料和喷涂的迷彩组成。

③ 烟幕伪装。烟幕是保护地面固定目标或低速运动目标免遭敌方光电侦察和成像制导兵器攻击的一种经济而有效的手段。它是由大量细小的悬浮颗粒组成的，这些颗粒可以是液态或固态的有机物或无机物。烟幕能够干扰光电武器，是因为它能够凭借其大量的悬浮微粒对包括激光在内的可见光和红外线进行较强的吸收与散射，严重衰减了探测器所需的目标信号。而探测器要发现并识别目标，就必须接收到大于一定值的光反射或红外辐射，接收到的信号太弱，成像系统无法显示完整的目标图像，也就无法分辨目标。烟幕伪装是在时间仓促的条件下和对难以伪装的后方目标实施临时快速伪装、迅速隐蔽目标的良好手段。

烟幕具有实时干扰敌方光电武器的特点，尤其是对光电制导威胁能做出快速反应，降低其命中率。因此，在光电制导武器迅猛发展的今天，烟幕材料及其相应的布设、施放和成型技术都受到各国军方的重视，并且发展很快。

传统的烟幕只能遮蔽可见光和近红外，而对中远红外的作用效果较差。国内外一直在不断改进烟幕剂，发展全光谱烟幕。例如，美国的 XM81 多光谱烟幕弹，覆盖可见光、红外和毫米波波段，可在 2s 内形成烟幕墙并持续 20s。目前的烟幕已可以遮蔽包括紫外、可见光、红外和毫米波在内的很宽的波段。烟幕技术的发展趋势是研究具有多光谱性能（覆盖从微波直至紫外波段）的发烟材料，以扩大有效遮蔽范围，提高烟幕的遮蔽能力；选择无毒、无腐蚀、无刺激且具有防化学、防生物、防核辐射特性的烟幕剂；研制体积小、耗能省、成烟迅速和面积大的发烟器材，并与综合侦察告警装置及计算机自动控制装置组成自适应系统。

④ 示假伪装。示假就是通过设置假目标来模拟真目标的特征，欺骗敌方的光电侦察系统，吸引敌方注意力和光电精确制导武器的攻击。迷彩、遮障和烟幕都是通过隐真方式将目标隐蔽起来的，使探测器不能发现、判断和识别，致使敌方制导武器无法跟踪、瞄准和攻击。但

对于很多大型目标来说，由于目标本身较大，位置相对比较固定，暴露特征明显，要完全隐蔽比较困难，示假不失为一种好的方法。在真目标周围设置一定数量的假目标，主要为降低光电侦察、探测、识别系统对真目标的发现概率，并增加光电侦测系统的误判率，进而吸引敌方光电制导武器的攻击，大量地分散和消耗敌方精确制导武器，提高真目标的生存概率。

示假是伪装的一个重要方面。为了使假目标获得良好的伪装效果，假目标除外形、颜色、各大部件尺寸应与真目标一致之外，可见光的反射特性和红外线的辐射特性也应与真目标相近似。光电假目标的基本技术手段是在伪装器材外表涂上具有相应光学性能的涂层以吸引光电侦察，设有激光反射体和发热装置以产生等效激光回波和热红外信号。

为适应战场的需要，外军已研制和装备了大量不同类型的形体假目标。目前外军研制的各种假目标主要包括充气式、装配式和膨胀式3类。

a．充气式假目标：能模拟坦克、车辆、飞机和导弹等目标，其特点是体积小、质量轻、充/放气速度快，它的防护波段正在从可见光、近红外向中红外、雷达波段扩展。例如，美国的泡沫塑料充气假目标，造型逼真，并可配备热源和角反射器，以对付红外和雷达探测。

b．装配式假目标：具有技术简单、造价低廉、弹片击中后伪装效果不受影响等特点。目前瑞典、意大利等国家在这方面处于世界领先地位。它们制造的假目标已在1991年的海湾战争中得到应用，使多国部队无数的炸弹、导弹白白浪费，保护了伊拉克众多的真实目标。

c．膨胀式假目标：其特点是外形逼真、质量轻、便于运输、展开迅速、膨胀体积大。美国使用聚氨酯泡沫塑料制成的这类假目标，压缩后体积为原来的1/10。

为对抗红外成像的威胁，国外正加紧研制为目标设计的专用热模拟器，如美国的"吉普车热红外模拟器""热红外假目标"等多种热目标模拟器。美军装备的可膨胀泡沫塑料假目标有效波段为可见光、近红外、雷达。美国陆军的HAWK导弹排假目标共由9个模型组成：排指挥所、连续波搜索雷达、大功率探照灯、3台60kW发电机和3个导弹发射装置，形成一个假目标系统，已经能够覆盖可见光、红外和雷达波段。未来的假目标应能做到与真目标在各种暴露特征上的一致性。其发展重点为进一步改进和完善形体假目标，增加制式假目标的种类，配装模拟目标热特征的热源及角反射器、无线电回答器等装置，使其具有多波段的欺骗性能。

3．等离子体隐身

（1）等离子体隐身概述。

随着雷达、毫米波、红外、激光、多光谱和声波等现代探测与制导技术大量应用于武器系统中，武器系统的探测、跟踪、攻击能力越来越强，各种精确制导武器的迅速发展又使得武器的命中率提高了1～2个数量级，给飞机、舰艇、坦克等武器平台的生存造成了极大威胁。隐身技术作为提高武器系统生存和突防能力、提高武器装备和人员隐身能力、提高总体作战效能的有效手段，受到世界各军事大国的高度重视。1999年5月，俄罗斯科学家称，他们已将一种等离子体发生器安装在"米格"战斗机上，向世人展示了一种不同于外形隐身和材料隐身的新概念隐身术——等离子体隐身技术。至此，等离子隐身技术在电子对抗领域中发挥着越来越重要的作用，并正在逐渐从实验室走向实用化。

（2）等离子体的组成与机理。

组成离子体的基本成分是正离子、自由电子和中性原子。任何由中性粒子组成的普通气体只要加热到足够高的温度，每个粒子中电子的动能超过原子的电能时，电子将脱离原子的束缚而成为自由电子，而原子则因为失去了电子而成为离子，这个过程称为电离。当气体中有足够多的原子被电离后，这种电离的气体已不是原来的气体了，而转化成新的物态——等离子态。例如，雷电就是空气被电离而产生的瞬时等离子体在发光，地球上空约 80～400km 处的电离层也是等离子体（它是由太阳紫外线和宇宙射线电离稀薄空气中的氮、氧分子形成的），火焰和电弧中的高温部分、火箭喷射的废气和流星余迹等都是等离子体。在军事上，核爆炸、放射性同位素的射线，高超声速飞行器的激波，燃料中掺有铯、钾和钠等易电离成分的火箭及喷气式飞机的射流等，都能产生一定数量的等离子体。

等离子体在性质上与普通的气体有很大的差别：普通气体中的粒子主要进行杂乱的热运动；而在等离子区内，除热运动之外，还能产生等离子体振荡，特别是在有外磁场存在的情况下，等离子体的运动将受到磁场的影响和支配。在普通气体中，即使有的气体只被电离 0.1%，这种电离气体也有了很好的等离子体性质；如果有的气体被电离 1%，这样等离子体就成了电导率很大的理想导电体。

等离子体按其热容量的大小，可分为高温等离子体、热等离子体和低温等离子体。

① 高温等离子体是完全电离的核聚变等离子体，温度高达 108K 数量级，由核聚变反应产生。

② 热等离子体为部分电离、温度约为 104K 数量级的等离子体，可以由稳态电源、射频、微波放电在 1000Pa 以上产生。热等离子体又分为热平衡与非热平衡型。热平衡等离子体中的电子在电场中获得的能量充分传递给重粒子，电子温度与重粒子温度相等；非热平衡等离子体中的电子在电场中获得的能量不能充分传递给重粒子，电子温度高于重粒子温度。

③ 低温等离子体是电子温度很高、重粒子温度很低、总体温度接近室温的非平衡等离子体，可以由稳态电源、射频、微波放电在 1000Pa 以下产生。

根据粒子数密度，可将等离子体分为稠密等离子体和稀薄等离子体。等离子体密度是等离子体的基本参量之一，表示单位体积内所含粒子数的多少，形成等离子体的方式不同，密度差异很大。例如，恒星灼热的高温使其等离子体密度高达 $10^{28}\sim10^{31}\mathrm{m}^{-3}$；用高功率加热而得到的等离子体密度为 $10^{26}\sim10^{28}\mathrm{m}^{-3}$；地球外层空间电离层中的等离子体密度为 $10^{9}\sim10^{12}\mathrm{m}^{-3}$，属于稀薄气体。

根据产生方法不同，等离子体可分为微波、射频、稳态源等离子。

（3）等离子体的产生方法。

等离子体的产生主要有热致电离、气体放电、放射性同位素、强激光、高功率微波等方法。热致电离法产生等离子体，这是产生等离子体的一种最简单的方法，任何物质加热到足够的温度后都能产生电离，当粒子所具有的动能，在粒子间的碰撞中足以引起相碰粒子中的一个粒子产生电离时，才能得到等离子体。例如，将铯放至密闭的容器中加热而得到等离子体。实验表明，只有在碱金属存在的条件下，热致电离才能产生一定密度的等离子体，如用于磁流体发电的低温等离子体。微波产生的等离子体比直流或射频等离子体有更高的电子温度，典型值为 1～5eV，用千瓦级的微波功率就可以产生密度在 10^{16} 量级的离子体，对应于 L 波段的等离子体频率。微波等离子体可以在很宽的气压范围内工作，一般可以从大气压强到某些电子回旋谐振（ECR）微波放电的 $\Delta v\mathrm{Torr}$。通常工作气压从 10mTorr 到 1atm，而磁化的 ECR 微波放电一般工作在 10mTorr 到 $10\mu\mathrm{Torr}$ 的较低气压。用微波产生等离子体的过程是气体击穿，击穿的条件是微波电场的均方根值大于击穿电场强度。击穿电场强度是微波自由空间波长、气体电离电位、电子平均自由程和特征扩散长度的函数。当外磁场存在时，如果微波频率在电子回旋频率附近，击穿空气所需的电场强度大大降低，电子回旋频率等于电子的荷质比与外加磁场的乘积。只要有 10mTorr 的外加磁场，就可以在 L 波段获得空气电离所需的最小的电场强度值，这就降低了机载条件下高功率微波等离子体的产生条件。

（4）等离子体隐身技术的原理。

等离子体隐身技术是指产生并利用在飞机、舰船等武器装备表面形成的等离子云来实现规避电磁波探测的一种隐身技术。它可以在武器装备几乎不做任何结构和性能上改变的情况下，通过控制武器装备表面的等离子云的特征参数，如能量、电离度、振荡频率等，来满足各种特定要求，从而使敌方雷达难以探测，甚至能改变雷达反射信号的频率，使敌方雷达探测到虚假信号，以实现信息欺骗，从而达到隐身目的。

等离子体隐身技术的原理是利用电磁波与等离子体互相作用的特性来实现的，其中等离子体频率起着重要的作用。等离子体频率指等离子体电子的集体振荡频率，频率的大小代表等离子体对电中性破坏反应的快慢，它是等离子体的重要特征。电子等离子体频率 f_{pe} 为

$$f_{\text{pe}} = \left[n_e Q^2 / (\varepsilon_0 m_e) \right]^{\frac{1}{2}} \tag{9-21}$$

式中，n_e 为电子的密度，Q 为电子的电量，ε_0 为真空电子的介电常数，m_e 为电子质量。可见，等离子体的频率由等离子体密度决定。离子等离子体的频率 f_{pi} 可参照式（9-21）写为

$$f_{\text{pi}} = \left[n_e Q^2 / (\varepsilon_0 m_i) \right]^{\frac{1}{2}} \tag{9-22}$$

式中，m_i 为离子质量。由于 $m_i \gg m_e$，因此 $f_{\text{pi}} \ll f_{\text{pe}}$，这样就可以把电子等离子体频率看作是离子等离子体频率。若等离子体密度用粒子数/m³ 来表示，则离子等离子体的频率为

$$f_{\text{pe}} = 8.98 n_e^{\frac{1}{2}} \tag{9-23}$$

将式（9-23）变换，可以得到等离子体中单粒子效应和基体互相作用效应的分界线，即临界密度为

$$n_e = 1.2404 \times 10^{-2} f^2 \tag{9-24}$$

当电子密度低于临界密度时，频率为 f 的入射电磁波与等离子体电子的集体振荡频率相互作用，电磁辐射将通过等离子体传播；当密度高于上述值时，电磁波强烈地与单个粒子相互作用，并在等离子体表面被吸收或折射。分析等离子体中电磁波传播的方法是将等离子体看成介质。等离子体中的电子和离子在外场作用下下降产生运流电流，运流电流决定着等效介电常数的大小。计算表明，当不存在外磁场时，其等效相对介电常数为

$$\varepsilon_r = 1 - f_{\text{pi}}^2 / f^2 \tag{9-25}$$

即介电常数仅与等离子体频率和外加电磁场的频率有关。等离子体是一种色散媒质，它与电磁波的折射率 n 和等效相对介电常数有关，即

$$n = \varepsilon_r^{\frac{1}{2}} = \left(1 - f_{\text{pi}}^2 / f^2 \right)^{\frac{1}{2}} \tag{9-26}$$

若 $f_{\text{pi}} > f$ 时，n 为虚数，电磁波在等离子体中的传播速度 $u = c/n$ 也是虚数，表示电磁波不会进入等离子体，此时等离子体反射电磁波。计算表明，在锐边界条件下，外来电磁波进入

均匀等离子体仅约 2mm 处，其能量的 86% 都被反射掉了，因此称 f_{pi} 为截止频率。但是当 $f_{pi}<f$ 时，n 为实数，电磁波不会被等离子体截止，能够进入等离子体并在其中传播，在传播过程中，一部分能量传给等离子体中的带电粒子，被带电粒子吸收，而自身能量逐渐衰减。由于等离子体是宏观呈电中性的优良导体，因此极易用电磁的办法加以控制，只要控制得当，还可以扰乱敌方雷达，使敌方雷达系统测出错误的飞行器位置和速度数据以实现隐身。在一般情况下，等离子体不具有弱边界，它的自由电子密度在边界处较小，越深入等离子体，电子密度越大。另外，当存在磁场时，在等离子体中沿传播方向传播的电磁场极化方向会产生法拉第旋转，从而造成极化失真，这一特性，为等离子体隐身技术的应用提供了更广阔的空间。

尽管利用等离子体技术实现飞行器隐身存在安装等离子体发生器的部位无法隐身、对电源功率要求较高等问题，但与目前美国的 B-2、F-117、F-22 等飞机广泛使用的外形和材料隐身技术相比，有诸多优势：① 吸波频带宽，吸收率高，隐身性能好；② 使用简便，使用时间长、价格便宜，由于没有吸波材料和涂层，维护费用大大降低；③ 无须改变飞机的气动外形，不影响飞机的飞行性能，还可以大大降低飞机阻力。俄罗斯的风洞实验表明，利用等离子体隐身技术可以降低飞机阻力 30% 以上；④ 对飞机外形没有特殊要求，可以把不具备隐身性能的现有的飞机改装成隐身飞机。

4. 气象武器

近几年，在几次局部战争中，气象条件对高技术兵器作战运用的影响越来越明显，而且事实证明，越是敏感、越是尖端的武器系统，越容易受各种气象和环境条件的制约。例如，在 2003 年伊拉克战争之后，美军对战争中损失的飞机和其他武器装备的战损情况进行了统计，发现除被伊军摧毁的少数装备之外，绝大多数是因为天候与战场环境造成的。对那些精确制导武器和空间可见光、红外侦察系统及夜视设备来说，气候的影响往往更是致命的。由于气象环境对军事行动的影响，启发了人们去研究如何利用和模拟各种气候条件，达到遏制和削弱敌方空间侦察系统作战效能的目的。在此方面，美国空军"麦金莱气象实验室"正在开发的气象武器主要有以下 6 类。

（1）利用洪水技术。利用飞行器向敌方上空的云层中施放硝酸银颗粒，使云层中的水蒸气形成大雨，从而造成特大洪水。

（2）利用严寒技术。在距离地面 17km 的敌方阵地一侧，以某种方式在其空中爆炸装有甲烷或二氧化碳气体的装置，造成一种遮云蔽日的效果，使敌方阵地上空变得一片黑暗，温度降到极低，致使作战人员和武器系统因极度寒冷而无法作战，甚至危及战场人员的生命。

（3）利用巨热风暴技术。在沙漠地区，采用强激光加热空气，并充分利用激光在干燥条件下能量传输衰减小的特点，在空中形成龙卷风或沙漠风暴，将敌方的武器系统摧毁或卷走。

（4）利用水柱技术。在海底 30m 左右投放高威力炸弹，形成海底地震，造成海啸，掀翻水面舰艇，冲垮海岸边的阵地和武器装备。

（5）浓云技术。利用微波技术在己方阵地上空制造乌云、浓云，将自己的阵地隐蔽在其中，致使敌方飞机无法发现和寻找攻击目标，而放弃空袭行动。

（6）利用"毛毛雨"技术。利用微波技术在己方阵地上空制造毛毛雨，形成一道对红外、可见光辐射衰减极强的防护屏障，将己方阵地大范围隐蔽起来，影响敌方的空间红外、可见光侦察，同时高密度的雨帘使得微波雷达探测目标的距离受到影响。

9.3　光学成像侦察卫星有源干扰技术

光电成像侦察卫星的星载设备大多是光学和光电设备，主要是 CCD 相机（包括可见光、红外和多光谱等）。电荷耦合器件（Charge-Coupled Device，CCD）是从 20 世纪 70 年代发展起来的一种半导体器件，这种器件有以下两个特点。

（1）在半导体硅片上制造大量的光敏元，这些光敏元按照一维或二维的结构排列成线阵或面阵。当成像光线辐照在光敏元阵列上时，这些光敏元产生与照度成正比的光生电荷并存储在 MOS 电容阵列中。

（2）可以将光敏元上产生的光生电荷依次有规律地串行输出，输出的辐度与对应的光敏元上的光生电荷量成正比关系。

由于光电探测器前端的光学系统往往具有较大的光学增益，加之光电探测器本身的特点，使得光电成像传感器成为光电成像卫星系统中最容易受到干扰的器件。

9.3.1　强激光致盲原理

自 20 世纪 60 年代激光问世以来，人们开始研究利用激光作反卫星武器攻击和干扰卫星的光电传感器件。本节主要讨论其对光电传感器的干扰。

激光武器是一种定向能武器，利用定向发射的激光束直接攻击、毁伤目标或使之失效。它不是利用弹头、炸药等常规的方式摧毁目标，而是通过聚集后的激光来烧蚀目标的关键部位，从而达到破坏效果。激光武器具有攻击速度快的特点，激光产生强大的光束，具有极强的方向性，虽然经远距离传输几乎不扩散，但能将能量聚焦在距离相当远的目标上，而且通过聚焦可以达到非常高的能量密度。激光的抗干扰能力强，传输时不受外界电磁波的干扰，可在电子干扰环境中工作，目标难以利用电磁干扰手段避开激光武器的射击；同时激光具有转移火力迅速、作战效费比高等特点。

强激光对光电传感器的损伤机制主要有热模型损伤机制、缺陷模型损伤机制、电子雪崩模型损伤机制、自聚焦模型损伤机制、多光子电离模型损伤机制、强光饱和模型失效机制等理论模型。

热模型损伤机制是指在激光加热下会使半导体材料膨胀或使晶格之间平均距离增大，从而导致电子能带结构及能带宽带发生变化，半导体材料的带距随着温度的升高而减少，与带间跃迁相关的共振项中心波长将向长波方向漂移，也就是说，发生红移现象。半导体光电器件的工作波长是在标准温度密度条件下确定的共振项中心波长，如果激光加热发生了红移，那么该器件的原工作波长的光谱响应下降，从而影响甚至破坏了其工作性能，这种现象称为半导体器件的热逃逸效应。另外，材料加热使自由电子的热运动加剧、平均动能增加，引起材料的热激活和热激发效应，这也将引起材料的介电常数发生变化，从而改变半导体材料的光学特性。

缺陷模型损伤机制是指在激光加热半导体材料时，使其急剧升温，当材料中的某个局部区域的温度升高到融化温度时，如果激光能继续以较高的速率沉淀能量，那么该局部区域的材料将会熔融而造成局部缺陷损伤。当激光照射半导体材料时，将产生空间非均匀的温度场，固体材料各部分产生不同的热膨胀而引起热应力，激光照射后的材料迅速冷却和凝固，将使热应力集中的部位形成裂纹，甚至发生局部破裂而造成局部缺陷损伤。当激光照射凝聚态材料时，发生激光吸收和激光能量沉淀，如果不断地吸收激光能量，能使半导体材料将可能熔融并达到汽化温度，使半导体材料表面汽化而造成缺陷损伤。

电子雪崩模型损伤机制是指激光强度达到一定程度时，半导体材料导带中的自由电子通过逆认知过程吸收激光能量发生跃迁，而这种循环往复的倍增过程，使导带中的自由电子按指数规律迅速增加，这个过程称为电子雪崩，最终会导致该电介质材料变成不透明材料。电子雪崩过程也称为雪崩击穿，一旦发生雪崩击穿，就会彻底破坏光学器件。

自聚焦模型损伤机制是指激光在光学材料中传播时，光束自动地变得越来越细，而激光束的强度自动地变得越来越强的现象，就像通过一个聚焦透镜一样，这种"自聚焦现象"在光束强度达到足够高时，将产生光学器件的破坏效应。

多光子电离模型损伤机制是指当激光照射半导体材料时，由于激光电场的作用，处于价带上电子的轨道将要变形。当激光强度很高时，激光的电场也很强，可逆使价带电子的轨道发生非线性变形，使之变成自由电子，这种由于激光电场作用把电子从价带剥离到导带的过程称为场致电离。由于该过程中价带电子同时吸收几个光子而从价带跃迁到导带，因此也称为多光子电离，这种电离将使该材料的介电常数发生变化。

强光饱和模型失效机制是指当照射激光超过器件的最大负载值时，将发生强光饱和现象。对于不同的光电传感器，强光饱和阈值也不同。相对其他几种损伤模型机制来说，强光饱和阈值是很小的。对于光电制导武器来说，当光电导引头的传感器达到饱和深度而失效几秒钟时，就已使精确制导武器失去制导能力。

9.3.2　激光干扰 CCD 机理

对卫星而言，光电传感器主要为 $0.5 \sim 0.8\mu m$ 可见光/近红外 CCD 相机、$2.5 \sim 3.3\mu m$ 短波红外相机和 $3.5 \sim 4.5\mu m$ 中波红外相机。其光电探测器破坏阈值为辐照度 $1 \sim 10W/cm^2$ 量级。凡是光电探测器件，都存在最大负载值，当照射激光超过最大负载值时，将发生强光饱和现象。对不同的光电传感器，强光饱和阈值也不同。以 CCD 图像传感器为例，在 CCD 图像传感器的成像光学系统象平面上，远处的强光源经成像光学系统后，辐照在 CCD 图像传感器上的光斑仅占光敏面的一部分，当激光照射时，被光照射的区域达到了饱和，未被光照射的区域还有信号输出，但当光足够强时，整个探测器都处于饱和状态，对 $1.06\mu m$ 激光，强光饱和阈值仅为（100 ± 10）mW/cm^2。

1. CCD 工作原理

电荷耦合器件（Charge-Couple Devices，CCD）具有体积小、质量轻、灵敏度高、使用寿命长、低功耗、动态范围大等优点，因而受到人们的重视，并在许多领域中获得广泛应用，特别是在摄像领域。在工业、军事和科学研究等领域中，如方位测量、遥感遥测、图像制导、图像识别等方面，CCD 更呈现出高分辨率、高准确度、高可靠性等突出优点，尤其是应用于成像侦察卫星上。

当 CCD 工作时，可以用光注入或电注入的方法向势阱注入电荷，以获得自由电子或空穴，形成电荷包。在提取信号时，利用耗尽层耦合原理（加在 MOS 电容器上的电压越高，产生的势阱越深），进行电荷的转移。CCD 中的电荷转移必须按照确定的方向，为此，MOS 电容器列阵上所加的电位脉冲必须严格满足相位的时序要求，使得任何时候势阱的变化都是朝着一个方向。最后检测出输出电荷，成为视频信号。

2．CCD 干扰机理

当强光辐照 CCD 时，可使局部 PN 结退化为电阻，使得电阻降低，伏安曲线变直。当光功率密度超过 CCD 的线性区时，CCD 的输出便会出现饱和，不仅全域辐照可以造成 CCD 全域饱和，还存在一种"光饱和串音"现象。当用强光辐照 CCD 光敏区局部时，被光照射的区域达到了饱和，未被光照射的区域首先是沿电荷传输方向出现亮线，光强不断增加，则亮线不断加宽，甚至整个光敏区处于饱和。光饱和并没有对器件及其组成材料造成损伤，但干扰了 CCD 的正常工作。另外，点扩散函数（PSF）和调制传递函数（MTF）也会软化。

CCD 的少数几个像元受强光辐照破坏后，其效果将是整个器件无信号输出，而不是像场中存在几个暗点。这归因于其结构和工作方式，器件会因驱动信号的混乱无法工作。此外，其串行输出的结构又必然导致当中间某处由汽化造成断路时整个器件将无信号输出。

9.3.3　星载 CCD 激光干扰技术

由于光学成像卫星工作在 300km 左右的高空，因此用激光干扰星载 CCD 相机时，必须考虑激光干扰阈值及大气对激光传输的影响。这些影响可分为线性和非线性的。其中，大气分子和大气气溶胶的吸收与散射、大气湍流等属于线性效应，其效应的大小与激光强度无关；而受激拉曼散射、热晕等属于非线性效应，非线性效应的大小与激光强度密切相关。此外，当激光干扰星载 CCD 时，激光所达到的功率还受卫星角速度和卫星所处位置的影响。下面主要介绍激光输出功率和损伤阈值方面的问题。

1．激光输出功率要求

高能激光武器能否有效地达到干扰星载 CCD 的目的，取决于激光束在经过远距离传输后到达目标的激光功率密度是否能达到或超过干扰所需的阈值功率密度 I_{th}。定义光束质量为

$$\beta = \left(P_i / P_a\right)^{1/2} \tag{9-27}$$

式中，P_i 为理想激光束在目标处的一定半径之内的功率，P_a 为实际光束在目标处相同半径内的功率。因为基模光束的远场发散角为 $4\lambda/\pi D$（其中 D 是激光发射镜的有效口径），所以达到干扰目的所需聚焦光束的输出激光功率为

$$P \geqslant \frac{I_{th}\beta^2 S}{\eta T} = \frac{I_{th}\beta^2 \pi}{4\eta T}\left(\frac{4\lambda}{\pi D}R\right)^2 \tag{9-28}$$

式中，η 为系统的传输效率，T 为大气透过率，S 为照射在目标上的光斑面积，R 为目标距离。

2．损伤阈值分析

当激光照射 CCD 时，要使其发生不可逆的热破坏，激光功率必须超过一定的值。这个值称为损伤阈值。对损伤阈值的确切定义，不同的研究单位和不同的光电探测器均有所不同。例如，对 PbS 探测器，美国海军研究实验室将探测器响应率不可逆地减少到 10%时的辐射能量密度定义为发生损伤阈值，将响应率减少到 1%以下的辐射能量密度定义为严重损伤阈值。下面介绍 CCD 损伤阈值分析的实验，其中采用脉宽为 $60f_s$、波长为 800nm 的 f_s 激光辐照电荷耦合器件，研究了电荷耦合器件在 f_s 激光作用下的失效问题。

实验使用的是 TOSHIBA 公司生产的 TCD132D 型含 1024 像元的线阵 CCD，其中包括

CCD 的激励电路和信号处理电路，它的积分时间为 10ms。这种 CCD 由于含有脉冲发生器和激励器，因此通过简单的脉冲就可以驱动它的信号处理电路包含有箝位电路，S/H（采样/保持）电路和前置放大器。

实验使用单脉冲钛宝石激光器，输出波长为 800nm，输出口径为 35mm，最大单脉冲能量为 30mJ，激光脉宽（FWHM）为 60f_s。光路中使用的透镜焦距为 50mm，透镜直径为 40mm。到达 CCD 器件表面的光斑直径为 2.1mm，而到达表面的能量可以通过衰减片调节为便于判断 CCD 是否发生硬破坏，在 CCD 器件表面同时使用位置固定的手电光辐照。使用示波器监测 CCD 对手电光的响应信号，由这个信号来判断 CCD 是否损伤。实验装置及布局如图 9-1 所示。

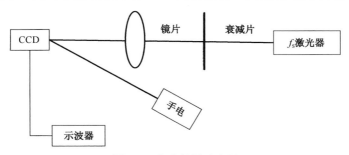

图 9-1　实验装置及布局

实验过程为：先在激光光路上加上足够的衰减片，使入射到 CCD 的激光能量足够小以防止饱和，甚至直接损伤；通过逐渐调节衰减量，逐步提高 CCD 表面的激光辐照能量。在实验过程中，手电光一直照射 CCD 表面，能量密度在 $3.54 \times 10^{-5} \sim 4.22 \times 10^{-3}$ J/cm 范围内。单个 f_s 激光脉冲只在某一时刻入射到 CCD 表面，对应的功率谱密度为 $5.9 \times 10^{8} \sim 7.03 \times 10^{10}$ W/cm。

在实验中，当能量密度增加到 4.22×10^{-3} J/cm 时，线阵 CCD 就出现了永久性信号消失现象，之后对器件进行了显微观察，并没有发现光敏单元有损伤，因此可以推断 CCD 的永久性损伤并非发生在光敏元上，同时可在传输电路上发现损伤。CCD 经过 f_s 激光作用后的形貌如图 9-2 所示。从图 9-2 中可以看出，栅极并没有出现裂纹，即并没有发生力学破坏；CCD 的内电路局部已经被激光烧坏，因此可能是发生烧蚀引起断路或烧蚀堆积物引起短路，导致了 CCD 的完全失效。根据相关资料，对比 f_s 激光损伤 CCD 的能量密度阈值与脉宽为 10ns 的 N_d，YAG 脉冲激光（1.0J/cm）低 2～3 个量级。这是因为在 f_s 激光辐照下，激光能量在极短的时间内沉积于激光辐照区域且不能及时以热扩散的形式（发生的时间尺度为纳秒量级）向周边传递，致使吸收的能量几乎都用于促使激光辐照区域的电子及晶格的温度上升；而在 ns 激光辐照下，激光的能量会有相当部分以热

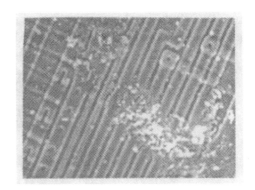

图 9-2　CCD 经过 f_s 激光作用后的形貌

的形式向四周传递，因而要达到破坏需要的温度，所需 f_s 激光的能量要比 ns 激光小。

实验结果表明，在 f_s 激光辐照下，CCD 的永久性破坏阈值为 4.22×10^{-3} J/cm。f_s 激光破坏传输电路引起 CCD 损伤的能量密度阈值比 ns 脉冲激光引起 CCD 损伤的能量密度阈值低 2～3 个量级。

习　题

1．光学成像侦察卫星的有源干扰技术和无源干扰技术分别有哪些？
2．光学成像侦察卫星干扰的特点是什么？
3．常见的光学成像侦察卫星有哪些？
4．强激光致盲是如何实现的？

第 10 章　卫星姿态敏感器对抗技术

卫星的正常工作需要卫星以稳定的姿态与之配合，稳定的卫星姿态是卫星得以持续发挥作用的前提条件。要实现任何一种姿态稳定，卫星光电姿态敏感器是第一需要的关键部件，它在卫星飞行过程中对太阳、地球或恒星进行定位，从而计算出当前卫星飞行的姿态，进而对卫星进行姿态的控制和调整。因此，对卫星光电姿态敏感器成功实施干扰，势必造成卫星姿态控制、调整的错误，使被干扰卫星不能按照预定程序工作，达到对整个卫星实施干扰的最终目的。

10.1　卫星光电姿态敏感器的工作原理及侦察技术

10.1.1　卫星光电姿态敏感器的工作原理

1. 地球敏感器

红外地球敏感器（又称为地平仪）是较早使用的一种卫星姿态敏感器，一般对卫星姿态确定的精度低于 $1°$。它主要借助于对红外辐射的敏感，获取航天器相对于地球的姿态信息，以 $14 \sim 16 \mu m$ 的 CO_2 吸收带为工作频带，稳定地感知地球轮廓和辐射强度。按照工作方式可以分为动态地平仪和静态地平仪两种。静态地平仪在功耗、质量、外形尺寸方面保持绝对优势，同时因静态地平仪没有转动部件，不存在电机的不稳定性对精度的影响，可靠性比动态地平仪高。

（1）动态扫描式地球敏感器。

动态扫描式地球敏感器对地球边界点 A、B、C、D 确定的原理基础是地球与太空的背景辐射分布的不连续性，当扫描到太空/地球边界时，其信号处理部分会产生一个正的脉冲跳变；当扫描到地球/太空边界时，敏感器的信号处理部分会产生一个负的脉冲跳变。因此，对于采用摆动扫描式地球敏感器的卫星来说，当卫星姿态无误差时，4 个探头的扫描中心 A、B、C、D 就是它们的标称穿越点，于是可得 4 点的地平点俯仰角 $\theta_1 \sim \theta_4$；当飞行器姿态发生俯仰和滚动角偏差时，瞄准轴 z_s 偏离地心，摆动扫描式地球敏感器的扫描原理如图 10-1 所示，摆动扫描式地球敏感器与地球的几何关系如图 10-2 所示。

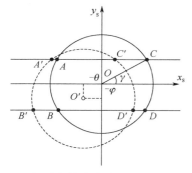

图 10-1　摆动扫描式地球敏感器的扫描原理

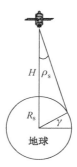

图 10-2　摆动扫描式地球敏感器与地球的几何关系

这样地球圆盘中心在 $x_s y_s$ 平面内移到 O' 点，对应姿态的俯仰角 θ_v 和滚动角 θ_r 为

$$\theta_v = \frac{1}{2}\left[(x_A - x'_A) + (x_C - x'_C)\right] = \frac{1}{2}\left[(x_B - x'_B) + (x_D - x'_D)\right] \tag{10-1}$$

$$\theta_r = \frac{1}{2}\left[(x_B - x'_B) - (x_A - x'_A)\right] = \frac{1}{2}\left[(x_C - x'_C) - (x_D - x'_D)\right] \tag{10-2}$$

（2）静态地球敏感器。

静态地球敏感器安装在卫星的对地面，由 14～16μm 的带通滤光片和两组相互对称平衡的热电堆探测器组成，其主光轴与卫星的 O_z 轴平行，静态地球敏感器扫描地球示意图如图 10-3 所示。在正常情况下，两组相互对称平衡的探测器被照亮的（由地球红外辐射引起的）探测器单元数目是相等的，两组探测器的中心点即为地平圈的中心点。但是，如果某一个或多个探测器单元在某个方向上存在偏差，那么两组探测器中被照亮的探测器单元的数目将会不同，卫星姿态控制系统必须通过旋转卫星等方式使其姿态得到纠正。根据卫星与地球的距离，可以计算出 4 个探测器的分光轴与主光轴的夹角 $\theta_1 \sim \theta_4$，以保证 4 个探测器的视场在地球圆盘的中心。静态地球敏感器测姿方法如图 10-4 所示。当卫星姿态有偏差时，4 个探头的输出将相应发生变化，此时卫星的滚动角 θ_r 和俯仰角 θ_v 计算可简化为

$$\theta_r = (\theta_2 - \theta_4)/2, \quad \theta_v = (\theta_1 - \theta_3)/2 \tag{10-3}$$

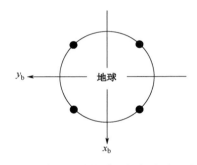

图 10-3　静态地球敏感器扫描地球示意图

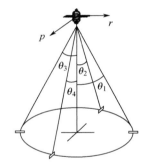

图 10-4　静态地球敏感器测姿方法

2. 太阳敏感器

太阳敏感器的姿态确定精度为 0.1°～1°。基于不同的分类原则，太阳敏感器可以划分为不同的种类。从太阳敏感器的工作模式及输出数据类型来看，太阳敏感器的发展经历了模拟式、编码式和数字式，同一工作模式下又有不同的实现方式，从而使得太阳敏感器的种类很多。鉴于数字式太阳敏感器的多种优点，目前数字式太阳敏感器的种类和品种最多。这里主要就目前使用较广泛的以及正在发展的并可能得到广泛运用的几类敏感器角度测量原理进行分析。

（1）模拟式太阳敏感器。

光电池表面 dA 面积上接收到的辐射通量为

$$\Phi = P \cdot \overline{n} \cdot \mathrm{d}A \tag{10-4}$$

式中，P 为电磁辐射能流的方向和量值，$\overline{n}$ 为 dA 的单位法向矢量。

存储在光电池中的能量正比于太阳辐射入射角的余弦，因而输出电流正比于太阳辐射角

$$I(\alpha) = I_0 \cos\alpha \tag{10-5}$$

模拟式光电池太阳敏感器测角示意图如图 10-5 所示。

（2）数字式线阵太阳敏感器（简称线阵太阳敏感器）。

线阵太阳敏感器测角的思想主要是运用光学小孔成像原理对太阳进行成像，使其形成的太阳像光斑投射在线阵太阳敏感器的光敏区内，如图 10-6 所示。通过线阵太阳敏感器外围电路判断太阳光斑的对应位置（光斑在线阵太阳敏感器上覆盖的具体像素位置），然后经过信息处理电路测算太阳入射角。

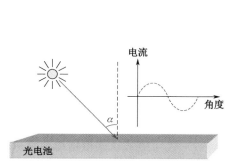

图 10-5　模拟式光电池太阳敏感器测角示意图

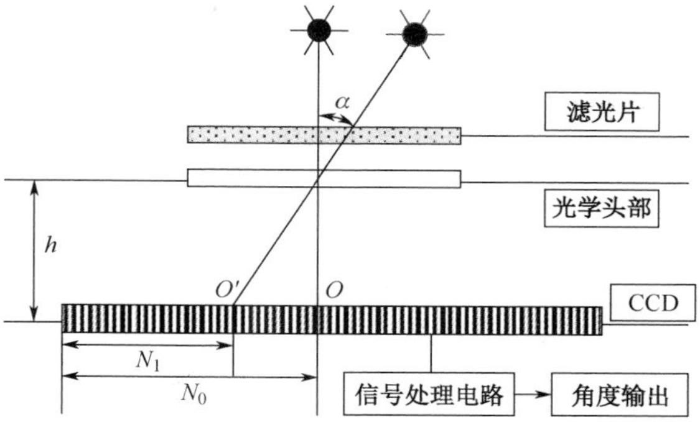

图 10-6　线阵太阳敏感器成像原理

假设 N_0 为太阳入射光线垂直入射敏感器表面时太阳光斑中心 O 所对应的像元序列号，以之为基准原点，N_1 为太阳通过光学头部斜入射时太阳光斑中心 O' 所对应的像元序列号，此时估算的太阳光线入射角 α 为

$$\alpha = \arctan \frac{K(N_0 - N_1)}{h} \qquad (10\text{-}6)$$

式中，K 为尺度转换系数（像元间隔距离）。

N_1 的计算方法目前多采用所谓的"形心法"，其思想是：假设线阵太阳敏感器上每个像素点 x_i 的输出电压大小为 $I(x_i)$，则信息处理电路的计算所得的光斑位置为

$$N_1 = \sum_{i=1}^{M}\left[I(x_i)x_i\right] / \sum_{i=1}^{M} I(x_i) \qquad (10\text{-}7)$$

（3）数字式面阵太阳敏感器（简称面阵太阳敏感器）。

面阵太阳敏感器原理图如图 10-7 所示。面阵太阳敏感器实际上也是利用小孔成像原理研制而成的，根据太阳像中心位置可求出太阳的方位角和俯仰角 (θ, φ)。面阵太阳敏感器太阳姿态角的测量如图 10-8 所示。

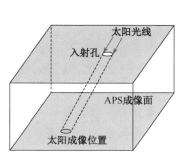

图 10-7　面阵太阳敏感器原理图

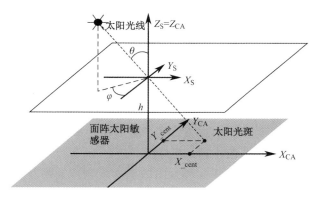

图 10-8　面阵太阳敏感器太阳姿态角的测量

$$\theta = \arctan\left(K\sqrt{X_{\text{\_cent}}^2 + Y_{\text{\_cent}}^2} \,/\, h\right), \quad \varphi = \arctan\left(\frac{X_{\text{\_cent}}}{Y_{\text{\_cent}}}\right) \tag{10-8}$$

计算 X_cent 和 Y_cent 算法的思想为：假设太阳像成在探测面上一个 $M \times N$ 大小的区域内，那么太阳像"形心"的计算可以依据下面的公式得到。

$$X\_cent = \frac{1}{I_{\text{Tot}}}\sum_{r=1}^{M}\sum_{c=1}^{N} x_i \cdot I(r,c), \quad Y\_cent = \frac{1}{I_{\text{Tot}}}\sum_{r=1}^{M}\sum_{c=1}^{N} y_i \cdot I(r,c) \tag{10-9}$$

式中，r 为当前像素点的行坐标；c 为像素点的列坐标；$I(r,c)$ 为当前像素点的电压（灰度）值；I_{Tot} 为 $M \times N$ 大小的成像面上所有像素点的电压（灰度）值的总和，即

$$I_{\text{Tot}} = \sum_{r=1}^{M}\sum_{c=1}^{N} I(r,c) \tag{10-10}$$

（4）新一代太阳敏感器。

新一代太阳敏感器正崭露头角。这些太阳敏感器采用一个成像芯片作为敏感器平面，芯片前面安装一块有多个均匀分布的圆孔或条纹的掩模。新一代太阳敏感器根据掩模形成的干涉条纹图像或敏感器平面上的矩心位置确定太阳角，新一代太阳敏感器原理如图 10-9 所示，其晶片上掩模实例如图 10-10 所示。它与传统的数字式太阳敏感器相比，具有体积小、质量轻、功耗低和精度高的特性。

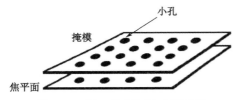
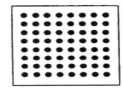

图 10-9　新一代太阳敏感器原理　　　　　图 10-10　晶片上掩模实例

其姿态角算法的基本思想与数字式面阵太阳敏感器相同，主要是把超过给定阈值的像元选出来。一旦探测到一个像元，就取一个关注区（ROI）窗口，使之与被探测像元按中心对准。关注区和一个被探测亮点的关注区的边如图 10-11 所示。计算关注区边框上像元的平均值，并从关注区所有像元中减去这个平均值。

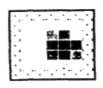

图 10-11　关注区和一个被探测亮点的关注区的边

根据关注区中减去背景干扰的像元来计算亮度和矩心 $(x_{\text{cm}}, y_{\text{cm}})$，其具体算法与数字式面阵太阳敏感器的相同，若掩模上共有 $M \times N$ 个小孔，则由于每个小孔都能够得到一组独立的矩心值，这样数字式面阵太阳敏感器所测得的精度将是采用单孔成像时精度的 $\sqrt{M \times N}$ 倍；掩模为多缝时的角度测量方法，其基本思想与多孔式相同。

3．星敏感器

星敏感器的姿态控制精度为 0.03°～0.1°。星敏感器根据其具体的工作模式可以分为星跟踪方式、星扫描方式及星图仪方式，目前使用和发展的主要是星图仪方式的星敏感器。

恒星在天球中的位置可用惯性坐标系中的方向矢量 v 表示，v 由星敏感器在天球坐标中的赤经和赤纬决定，称为参考矢量。

星敏感器理想小孔成像模型如图 10-12 所示。模型中 H 表示一个无限小的小孔。S' 为 S 在距小孔 f 处的探测平面上的投影。通过 S 且与探测平面垂直正交的直线称为系统的视轴。

根据图 10-12，在该模型中建立坐标系，将视轴平行方向作为 Z 轴，探测器成像面作为 X 轴和 Y 轴，则恒星 S 在该坐标系中的方向矢量可由其 XOY 上的位置 (x, y) 来决定，称该方向矢量 $\hat{v}$ 为测量矢量，$\hat{v}$ 与 v 的关系为

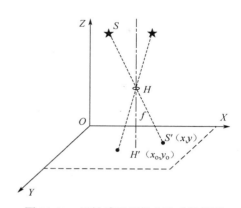

图 10-12　星敏感器理想小孔成像模型

$$\hat{v} = Cv \tag{10-11}$$

式中，C 为惯性坐标到敏感器本体坐标之间的正交变换矩阵。

理想情况下可以将星敏感器的测量模型看作小孔成像系统，这里 f 是敏感器透镜的焦距，S' 为 S 在敏感器成像面上所成的像。通过测量 $S'(x, y)$ 可以得到测量矢量 $\hat{v}$，并由这两个值根据一定的匹配算法识别恒星 S。

如果 $\hat{v}$ 与 v 均不包含错误信息，只要有一颗恒星被标识，那么姿态转换矩阵 C 也能够求解，并且对于所有恒星来说 C 具有唯一解。相反，如果 $\hat{v}$ 与 v 包含错误信息，那么 C 不能被确定。此时，如果多于一颗恒星被标识，那么 C 可以用最小平方法确定。

$$L(C) = \frac{1}{2} \sum_{i=1}^{n} a_i \left| \hat{v}_i - C v_i \right|^2 \tag{10-12}$$

式中，a_i 为一个非负值，n 为被标识的恒星的数目。最小平方法姿态评估就是找到使 $L(C)$ 最小的正交矩阵 C。

10.1.2　卫星光电姿态敏感器的侦察技术

目前对于卫星光电姿态敏感器的侦察，主要是利用情报网或国际互联网来获得卫星使用敏感器的类型及光学窗口的方向。同时，可以利用星载成像侦察设备对被干扰星进行侦察，以获取被干扰星上光电姿态敏感器的类型及光学窗口朝向等信息。目前主要的成像方式有光学成像侦察、SAR 成像侦察及微波雷达成像侦察，由于后两种方式均需要配套的侦察系统，会额外增加干扰星的载荷，因此实际运用时应首先考虑光学成像侦察方式。

成像大小影响因素如图 10-13 所示。假设侦察距离为 H，成像探测器能识别目标的最小尺寸为 $A'B'$，根据成像原理，侦察目标的最小尺寸为

图 10-13　成像大小影响因素

$$AB = \frac{H}{f} A'B'$$

$$\tag{10-13}$$

可见，焦距 f 越长，侦察距离 H 越近，能够识别的目标尺寸也越小。目前，美国的低轨光学侦察卫星——KH-12 卫星（近地点为 322km，远地点为 966km）的最小分辨率已经达到 0.1m，可见容易在近距离（≤10km）处实现 1mm 的分辨率。

光学成像侦察的分辨率可以做得很高，不过采用这种侦察方式，必须有光照射在被干扰星朝向干扰星的一面，当太阳光照射在被干扰星朝向干扰星表面时，可以直接照相观察；否则，可以利用星上的干扰源以低功率照射干扰星来进行照相侦察。由于高空中空气比较稀薄，因此天基侦察时可以不用考虑大气（主要是大气光谱选择性、光学密度的不均匀性，以及大气的散射、吸收和折射等）对光学成像的影响。

10.2　卫星光电姿态敏感器干扰的特点

卫星光电姿态敏感器干扰是一个全新的对抗领域，其特点主要有以下几点。

（1）属于卫星平台对抗范畴，与卫星的性质和工作任务无关。

由于卫星所担负的任务不同，其结构和组成也是不尽相同的，但通常可把卫星分为专用和通用两大部分。专用部分是用以完成卫星特定任务的仪器和设备；通用部分则是保证卫星正常工作所必需的基本保障部分，其中的制导、导航、控制（GNC）分系统用于确定和控制卫星的轨道与姿态以及卫星及其附件（如天线）的指向。例如，卫星上电源的太阳能帆板指向、地面与卫星间通信天线的指向、卫星的推进器和测量设备的定向等任务的完成，都是以准确的姿态测量为基础的，而卫星光电姿态敏感器是卫星上使用最广的高精度姿态控制系统。因此，从对象的构成上看，对卫星光电姿态敏感器实施干扰属于卫星平台攻击的内容，能够从根本上干扰整个卫星的正常工作，避免了卫星星载传感器干扰以及卫星传输链路干扰中必须针对某类卫星的缺点，开辟了卫星干扰的一个全新领域，使得对抗的范围更广。随着信息化战争对卫星依赖性的增加，这种不毁坏卫星工作平台本身的卫星平台攻击技术将会受到越来越多的关注和应用。

（2）抗干扰措施未考虑人为干扰因素的存在，易于实现干扰。

根据卫星光电姿态敏感器用以定位的天体的不同，可以将其划分为太阳敏感器、地球敏感器及星敏感器 3 种，它们分别对太阳、地球的 CO_2 辐射带以及恒星的光信号进行处理以获得所需要的定姿信息。当一定强度的非定姿光源进入敏感器的视场内时，敏感器就会将这些非定姿信号当作定姿信号进行处理，以致敏感器获得错误的姿态信息，因而卫星光电姿态敏感器在设计时就充分考虑了各种自然因素的干扰所造成的定姿精度下降问题，并采取了一定的抗干扰措施。对太阳敏感器一般不采取什么抗干扰措施，只是在其光学头部前安装滤光片，以保证太阳敏感器工作在其 50% 的正常光饱和度下，并使探测器工作在接收峰值、响应最稳定的光谱段；地球敏感器也采取相应的措施以保证其能够正常感知地球 CO_2 的射辐；星敏感器一般采用遮光罩以消除杂散光的干扰。以上均没有考虑到人为干扰存在的可能，因此在敏感器设计结构与定姿算法等方面存在一定的漏洞，可以通过一些技术手段实施干扰。

（3）敏感器的类型多样，安装位置及视场方向不同，干扰方式及干扰效果不尽相同。

卫星光电姿态敏感器的类型如图 10-14 所示。从图 10-14 中可以看出，卫星光电姿态敏感器的种类很多，实际上还可以详细地划分为更多类型。设计人员在设计卫星时会根据实际任务、定姿精度及卫星结构的要求，合理地选取敏感器类型并安装在适当的位置。一般来说，地球敏感器视场始终是对准地球的，太阳敏感器视场始终朝向太阳，而星敏感器视场始终是背对地球的，在对卫星光电姿态敏感器实施干扰时要求干扰源必须能够进入敏感器的视场。因而对地球敏感器可以采取地基、空基或天基干扰方式，而对太阳敏感器及星敏感器采用天基干扰（伴星式干扰）是最佳的方式。

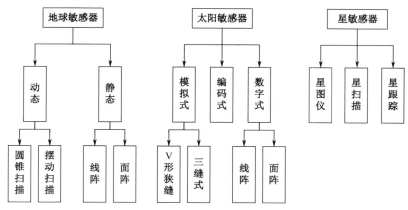

图 10-14　卫星光电姿态敏感器的类型

由于太阳、地球 CO_2 辐射带及星光辐射的强度不同，因此不同种类的敏感器的探测光阈值是不同的，其中星敏感器的探测光阈值最低（一般探测的最低星等为 6 等星），地球敏感器的探测光阈值次之，太阳敏感器的探测光阈值最高。因此，采用相同强度的干扰源实施干扰时，对不同类型的敏感器实施干扰所达到的效果也是不同的。例如，对太阳敏感器实施干扰的干扰源能量可能会造成星敏感器探测器件的饱和。同时，3 种敏感器的视场大小也是不同的。一般来说，地球敏感器的视场最小，星敏感器的视场次之，太阳敏感器的视场最大，因而干扰光能够进入不同敏感器视场内的难易程度也存在差异。在实施干扰时必须充分考虑这些因素，合理地选取干扰源参数。

10.3　卫星光电姿态敏感器干扰技术

10.3.1　卫星光电姿态敏感器干扰模型

根据前述有关卫星光电姿态敏感器的工作原理，可以得到地球敏感器、太阳敏感器及星敏感器的干扰模型。

1. 地球敏感器干扰模型

在扫描式地球敏感器的扫描星下线轨迹上，设置一个或多个低重频脉冲式干扰激光源，扫描式地球敏感器干扰示意图如图 10-15 所示。当敏感器扫描到干扰源处时，干扰脉冲进入敏感器探测器上，进入敏感器

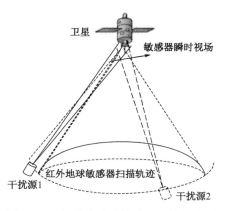

图 10-15　扫描式地球敏感器干扰示意图

的能量发生了变化，扫描式地球敏感器信号处理电路产生负脉冲（如图 10-16 所示），进而判断扫描到了地球/太空边界，于是敏感器得到了错误的穿越点 A'、B'、C'、D'。

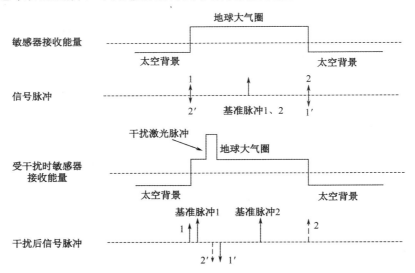

图 10-16　扫描式地球敏感器信号处理电路产生负脉冲

受扰时对应姿态的俯仰角 θ_v 和滚动角 θ_r 为

$$\theta_v = \frac{1}{2}\left[(x_A - x_A'') + (x_C - x_C'')\right] = \frac{1}{2}\left[(x_B - x_B'') + (x_D - x_D'')\right] \tag{10-14}$$

$$\theta_r = \frac{1}{2}\left[(x_B - x_B'') - (x_A - x_A'')\right] = \frac{1}{2}\left[(x_C - x_C'') - (x_D - x_D'')\right] \tag{10-15}$$

对于静态地球敏感器（如图 10-17 所示），当静态敏感器的某一个或多个探测器受扰时，其接收到的辐射量不同，若受扰后 θ_1 变为 θ_1'，则卫星俯仰角 θ_v 变为

$$\theta_v = \theta_1' - \theta_1 \tag{10-16}$$

2．模拟式太阳敏感器

由模拟式太阳敏感器的工作原理可知，其输出电流正比于太阳入射角。因此，在受到干扰源干扰时敏感器的输出光电流为

$$I = S_E \cdot E_0 \cdot S \cdot \cos\alpha + S_E' \cdot E_{int} \cdot S \cdot \cos\beta \tag{10-17}$$

$$S_E \cdot E_0 \cdot S \cdot \cos\alpha' = S_E \cdot E_0 \cdot S \cdot \cos\alpha + S_E' \cdot E_{int} \cdot S \cdot \cos\beta \tag{10-18}$$

式（10-17）和（10-18）中，E_0 为太阳垂直入射敏感器处的照度，E_{int} 为干扰源在敏感器处的照度，S_E 为敏感器对太阳的光谱响应，S' 为敏感器对干扰源的光谱响应，α 和 β 分别为太阳和干扰源的入射角。

于是，敏感器得到的太阳姿态角 α' 为

$$\alpha' = \arccos\left[\cos\alpha + \frac{S_E' \cdot E_{int} \cdot S \cdot \cos\beta}{S_E \cdot E_0}\right] \tag{10-19}$$

根据式（10-19）进行了仿真计算，得到图 10-18 所示的激光入射角和太阳入射角的不同对测量结果引起误差的情况分析图。

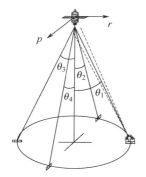

图 10-17　静态地球敏感器干扰示意图

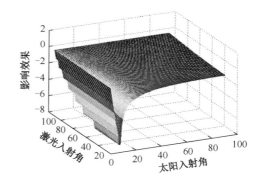

图 10-18　激光入射角与太阳入射角的
不同对测量结果引起误差的情况分析图

在图 10-18 中，设置的激光干扰距离假设为伴星方式 14km，激光发散角设置为 1mrad。

激光入射角与干扰距离不同引起测量误差的分析图如图 10-19 所示。在图 10-19 中，固定激光入射角和太阳入射角、激光功率、敏感器响应率等参数，观察激光干扰距离和激光入射角对测量结果的影响。4 张图的激光功率分别为 200W、600W、1000W 和 2000W，太阳入射角为 50°。图 10-20 所示为激光干扰距离与入射角不同的分析图。

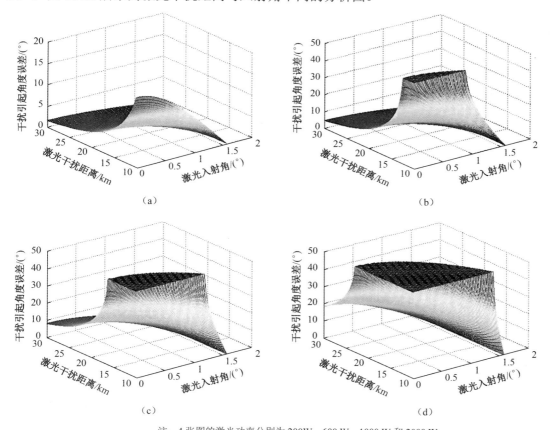

注：4 张图的激光功率分别为 200W、600 W、1000 W 和 2000 W

图 10-19　激光入射角与干扰距离不同引起测量误差的分析图

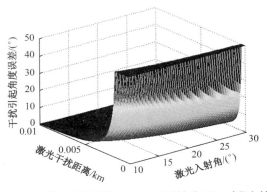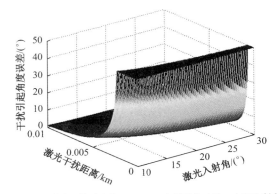

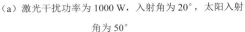

（a）激光干扰功率为 1000 W，入射角为 20°，太阳入射　　　（b）激光干扰功率为 2000 W，入射角为 10°，太阳入射角

角为 50°　　　　　　　　　　　　　　　　　　　　　为 50°

图 10-20　激光干扰距离与入射角不同的分析图

3．数字式太阳敏感器

由数字式线阵太阳敏感器的工作原理可知，其输出的姿态角是否正确与信号处理电路判定的光斑"质心"有关。因此，当干扰光源入射在敏感器视场内时，干扰光源将在 CCD 线阵上形成一个干扰光斑，光斑范围内的敏感元所输出的电流大小与入射干扰光源的强度、工作波段及入射角度等有关。这样就会造成敏感器对太阳"质心"位置判断错误，进而使得姿态输出产生误差。

数字式线阵太阳敏感器受扰原理图如图 10-21 所示。图中 N_L 为干扰源光斑中心 O_L 所对应的像元序列号，其他物理量含义与图 10-6 中相同。

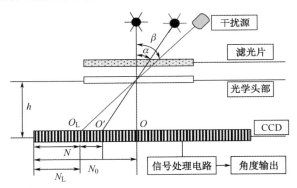

图 10-21　数字式线阵太阳敏感器受扰原理图

由于敏感器都采取一定的措施使得敏感器确保探测器工作在其光度饱和值的 50%，此时估算太阳光线入射角 α 为

$$\alpha = \arctan \frac{K}{h} \cdot \left[N_0 - \frac{\sum\limits_{i \in \text{sun}} I(x_i)x_i + \sum\limits_{j \in \text{sun}} I(x_j)x_j}{\sum\limits_{i \in \text{sun}} I(x_i) + \sum\limits_{j \in \text{sun}} I(x_j)} \right] \quad （10-20）$$

式中，K 为尺度转换系数（像元件间隔距离）；h 为敏感器光学头部距离 CCD 线阵的距离；

$\displaystyle\sum_{i\in sun}I(x_i)x_i$ 为太阳光斑区域中各像元坐标位置与其电流大小的乘积；$\displaystyle\sum_{j\in sun}I(x_j)x_j$ 为干扰源光斑

区域中各像元的坐标位置与其电流大小的乘积；$\displaystyle\sum_{i\in sun}I(x_i)+\sum_{j\in sun}I(x_j)$ 为 CCD 线阵上太阳光斑区

域和干扰源光斑区域所有像元电流大小的总和；$\dfrac{\displaystyle\sum_{i\in sun}I(x_i)x_i+\sum_{j\in sun}I(x_j)x_j}{\displaystyle\sum_{i\in sun}I(x_i)+\sum_{j\in sun}I(x_j)}$ 为干扰后 CCD 线阵

的质心位置，即伪太阳质心位置。

对于数字式面阵太阳敏感器，其姿态角的输出是否正确也与其信号处理电路得到的太阳光斑"质心"有关，而数字式面阵太阳敏感器可以看作数字式线阵太阳敏感器在另一维上的扩展，因此在 X 和 Y 方位上，数字式面阵太阳敏感器受扰后所获得入射角与数字式线阵敏感器相同。新一代太阳敏感器的工作原理与数字式面阵太阳敏感器相同，只是开孔的个数不同，因此干扰原理相似。

下面分析干扰源光斑位置和亮度对数字式线阵太阳敏感器的影响。若某线阵探测器共有2280 个有效像素，太阳垂直照射时，太阳光斑中心 O 对应的像元序列为 1140，则探测器上的坐标范围为[0, 2280]，令 $K/h=0.0004106$，则探测器的视场为±25°。为了简化分析，假设光斑所在处的所有像素的电压输出值相同。

无论天体从何角度进入视场，所形成的光斑亮度都不变且与太阳入射时的光斑亮度相同，即 $I(x_i)=I(x_j)=I$，则可以得到天体在敏感器的探测器上形成的光斑位置不同时，也就是当天体进入敏感器视场的角度不同时，天体对数字式太阳敏感器姿态角确定的影响。敏感器输出角度偏差和干扰源成像光斑位置关系如图 10-22 所示。

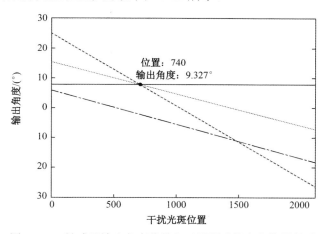

图 10-22　敏感器输出角度偏差和干扰源成像光斑位置关系

在图 10-22 中，"----"表示干扰源光斑位置在像元序列号为 740 时，数字式太阳敏感器输出的姿态角；"...."表示只有天体进入视场，天体在数字式太阳敏感器上形成的光斑位置不同时，数字式太阳敏感器输出的姿态角变化；"——"表示存在干扰时，数字式太阳敏感器最终确定并输出的姿态角；"-·-·"表示由于干扰，数字式太阳敏感器输出的姿态角与实际的太阳方位角的偏差。可见，当干扰源所形成的光斑位置与太阳光斑位置距离越大，即干扰源与太阳在敏感器视场内的角距离越大，数字式太阳敏感器的姿态角输出与太阳方位角偏差越大，对卫星姿态控制的影响越大。

若天体在敏感器的探测器上所形成的光斑位置不变，而亮度发生了变化，则可以得到干扰天体在探测器上形成的光斑亮度和太阳在探测器上形成的光斑亮度比值变化时，对数字式太阳敏感器姿态角确定的影响。输出角度偏差和干扰源与太阳光强比关系如图 10-23 所示。

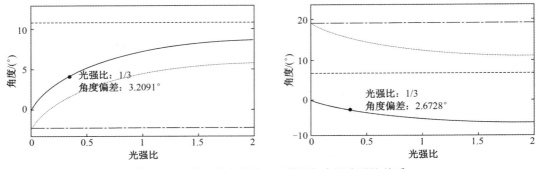

图 10-23　输出角度偏差和干扰源与太阳光强比关系

在图 10-23 中，"–·–·"表示只有太阳进入视场，数字式太阳敏感器输出的姿态角；"----"表示只有干扰源进入视场，数字式太阳敏感器输出的姿态角；"⋯⋯"表示存在干扰时，数字式太阳敏感器最终输出的姿态角；"——"表示由于干扰，数字式太阳敏感器输出的姿态角与实际太阳方位角的偏差。可以看出，数字式太阳敏感器在受干扰源干扰时输出的姿态角与实际太阳方位角的偏差，随着天体形成的光斑亮度相对于太阳形成的光斑亮度的比值增大而增大。也就是说，数字式太阳敏感器确定的姿态角偏向于亮度较亮的那个光斑。

由以上分析可知，当干扰源进入数字式太阳敏感器的视场时，必然会对敏感器姿态角的确定产生影响，并且这种影响与干扰源在探测器上形成的光斑位置和亮度相对于太阳在探测器上形成的光斑位置和亮度有关。总体来说，干扰源形成的光斑距离太阳光斑越远，亮度相对于太阳光斑越亮，对数字式太阳敏感器的姿态角影响越大。

4．星敏感器

星敏感器对遥远的星星进行成像，其探测阈值非常低，探测器上获得的目标光斑大小与目标相对敏感器的张角有关，光线成像原理如图 10-24 所示。

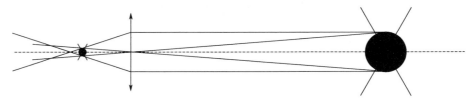

图 10-24　光线成像原理

对敏感器实施干扰时，在探测面上形成的将是一个与干扰源在敏感器上视角大小成正比的光斑，而导航星在探测器上形成的也是一个个星点，星敏感器观测的星图及处理后的星点如图 10-25 所示。因此，当干扰源相对敏感器光学系统的视角很小，形成类似于星点的光斑时，就会造成敏感器误将干扰源当作导航星中的一颗，尤其是当干扰源形成的光斑与某个特征星体相近或多个干扰源形成的干扰光斑组与星空中某几颗星组相似时，干扰源视角较小时星敏感器的导航星图如图 10-26 所示。当干扰源相对于敏感器的视角很大时，形成的光斑就有可能将干扰源临近的导航星完全湮没掉，这必然导致星敏感器不能完全地检测到必要的导航星，干扰源视角较大时星敏感器的导航星图如图 10-27 所示。由于干扰源能够进入星敏感器视场的可能性很小，并且进入星敏感器视场内的干扰光很容易导致敏感器饱和甚至毁坏，而干扰源照射在其遮光罩上的概率大，很难使敏感器饱和，因此当干扰光照射到敏感器的遮光罩上，并反射到探测器上时，将会在敏感器的探测器上产生均匀的背景噪声，使得较高星等的导航星湮没在噪声中，进而使得敏感器不能获得正确的姿态信息。遮光罩反射干扰源光束进入星敏感器视场后的导航星图如图 10-28 所示。

图 10-25　星敏感器观测的星图及处理后的星点

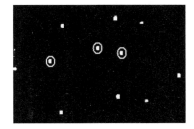

图 10-26　干扰源视角较小时星敏感器的导航星图　　图 10-27　干扰源视角较大时星敏感器的导航星图

图 10-28　遮光罩反射干扰源光束
进入星敏感器视场后的导航星图

对于星图识别型星敏感器，其姿态角的测量就是找到使 $L(C) = \dfrac{1}{2}\sum_{i=1}^{n} a_i \left| \hat{v}_i - Cv_i \right|^2$ 最小的正交方向余弦矩阵 C。显然，当测量矢量 $\hat{v}$ 产生错误时，就很难找到上述正交方向余弦矩阵 C，使得 n 颗被测星与导航星库中的星图相匹配，或者找到的正交矩阵为 $C' \neq C$，从而产生姿态测量错误。于是，星敏感器的干扰模型为

$$L(C') = \frac{1}{2}\sum_{i=1}^{n} a_i \left| \hat{v}_i - C'v_i \right|^2 \qquad (10\text{-}21)$$

10.3.2 卫星光电姿态敏感器干扰方式

当采用伴星的方式对卫星光电姿态敏感器实施有源干扰时，可采用的干扰技术有激光有源干扰、面镜反射干扰、杂散光干扰及分布式多源干扰。

1. 激光有源干扰

激光具有高亮度、强方向性的优点，采用激光有源干扰的方式时即使传输很长一段距离，其功率也不会减小很大，并且在卫星载荷不能太大的前提下，采用激光有源干扰的方式是较理想的干扰方式。激光有源干扰示意图如图 10-29 所示。

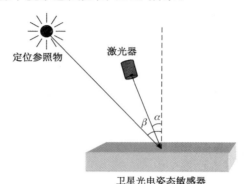

图 10-29　激光有源干扰示意图

采用功率为 P_1、发散角为 θ、输出孔径为 D 的激光，经过 R 距离以后照射在太阳敏感器上，敏感器处接收到的激光干扰源照度 E 为

$$E = \begin{cases} \dfrac{4P_l}{\pi(R^2\theta^2 + D^2)} \cdot \cos\alpha & \pi(R^2\theta^2 + D^2) \geqslant 4S \\ P_l \cdot \cos\alpha & \pi(R^2\theta^2 + D^2) < 4S \end{cases} \tag{10-22}$$

式中，α 为激光与太阳敏感器法线的夹角。

假设干扰距离在 10km 以上，激光的发散角为 1mrad（气体激光器的方向性最好，可以达到 10^{-3}rad，衍射极限为 3×10^{-4}，固体激光器一般为 10^{-2}rad 量级，半导体激光器方向性最差，一般在（$5 \sim 10$）$\times 10^{-2}$rad 量级，即使对出射的激光束进行准直，也不会超过衍射极限），假设激光器的输出孔径大小为 1cm，则激光发散光斑的面积大小至少为

$$S_L \geqslant \frac{\pi}{4} \cdot \left(R^2\theta^2 + D^2\right) \approx 2.25\pi \text{m}^2 \tag{10-23}$$

显然，太阳敏感器光学窗口的面积不会有这么大，因此采用激光干扰时敏感器表面的激光光照度 $E = \dfrac{4P_1}{\pi\left(R^2\theta^2 + D^2\right)}\cos\alpha$。由于 $D \ll R\theta$，因此激光光照度可以近似看作 $E = \dfrac{4P_1}{\pi\left(R\theta\right)^2}\cos\alpha$。

目前，敏感器上都采用一定的措施来防止敏感器受到饱和的影响，如采用滤光片来保证太阳敏感器工作在其正常光饱和度的 50%，星敏感器采用遮光罩来消除杂散光的影响，地球敏感器也采取相应的措施来保证其能够正常感知地球 CO_2 的辐射（相当于 230K 黑体辐射）。因此，要实施激光有源压制干扰，对于太阳敏感器，至少要保证入射光源在敏感器表面的照度大于太阳光照度的 2 倍，即

$$E = \frac{4P_1}{\pi \cdot (R\theta)^2} \cdot \cos\alpha \geq 2 \times 1353 \tag{10-24}$$

将 R=10km、θ=1×10⁻³rad、α=0 代入式（10-24）可得 $P_1 \geq 212$kW，因此对太阳敏感器实施压制干扰所需能量太大。而在实施欺骗干扰时，由于太阳敏感器的抗干扰阈值为太阳照度的 1/10，因此在同样的情况下，需要的激光发射功率仅为 10.6kW。

对于星敏感器，由于其视场小，考虑到遮光罩的影响，只有进入敏感器视场内的光线才能非常有效地干扰敏感器的工作。星敏感器能够感知的最小星等为 6 等星，其在大气层外的照度为 E_{Mv}=1.05×10⁻⁸lx。由于星等每低一等，亮度增加 2.54 倍，假如干扰源产生的照度达到 3 等星就满足压制干扰要求，则干扰源所达到的照度应为 1.72×10⁻⁷lx。假设波长为 λ 的激光光谱光视效能为 $K'(\lambda)$（敏感器视场内的光亮度小于 0.01cd/m²，因此 K'_m=1755lm/W），则可得

$$E \cdot K'(\lambda) = \frac{4P_1 \cdot K'(\lambda)}{\pi \cdot (R\theta)^2} \cdot \cos\alpha \geq 1.72 \times 10^{-7} \tag{10-25}$$

取光谱光视效能 $K'(\lambda)$ 为星敏感器中心工作波长值 $K'(0.62)$ = 12.99，将同样的条件代入式（10-25）可得 $P_1 \geq 1.04 \times 10^{-6}$W，可见对星敏感器视场内的激光压制干扰激光能量要求很低。如果激光照射在遮光罩上，假设遮光罩的消光比是 4.467×10⁻⁹，那么可得所需的激光能量 $P_1 \geq 227.26$W，因此对太阳敏感器进行欺骗干扰时的激光能量都会使得星敏感器饱和，达到压制干扰的效果。

对于地球敏感器，230K 黑体辐射出射度为 158.67W/m²，其最大辐射处波长为 12.6μm，因此采用 CO_2 激光器较好。若敏感器的瞬时视场为 1.5°×1.5°，卫星距地球轨道 100km，敏感器瞬时扫描区域可以看作一个扩展面光源。因此，扫描区域在敏感器上引起的照度为 $E = M\sin^2\theta = 158.57 \times \sin^2(1.5°/2) = 0.0272$W/m²。

若采用压制干扰时激光在敏感器处引起的照度达到地球辐射引起的照度的 2 倍，同时假设 100km 高空存在的空气对该波段激光的透过系数为 0.9，则所需的激光发射功率为

$$E = 0.9 \times \frac{4P_1}{\pi \cdot (R\theta)^2} \cdot \cos\alpha \geq 2 \times 0.0272 \tag{10-26}$$

将同样条件代入式（10-26）可得 P_1=4.75W。可见，对地球敏感器实施压制干扰所需的激光能量也很小。

以上分析均没有考虑敏感器光学系统的光谱响应，综合考虑这个因素，实际需要的干扰激光发射功率将更大，而且变化非常快。以地球敏感器为例，选择 12.6μm 的激光需要的能量仅为 4.75W，但是该波长激光是不存在的。考虑到采用激光干扰时应尽可能地对各种敏感器都有效，而太阳敏感器设计时的最佳工作波长在 750nm 处，星敏感器的工作中心波长在 620nm 处，工作波段为 500～850nm。因此，选择的干扰激光器的波长应在 600～800nm 范围内，而地球敏感器的工作波段在 14～16μm 范围内，此时地球敏感器对该波段的响应率非常低，设其对 600～800nm 波段光源的平均响应率仅为 10⁻³，则此时需要的激光功率就必须达到 4.75kW，可见敏感器光学系统的光谱响应对干扰激光器的功率有着重要的影响。因此，在实施干扰时，应该合理选取干扰源波长。另外，这里的星等划分指的是人眼的目视星等 M_V，而仪器测量的应该是仪器星等 M_I，两者之间的光谱响应特性存在差异，所以对于目视星等相同而光谱类型不同的恒星，探测器的输出会有不同，遗憾的是目前尚未完成 M_V 与 M_I 的转换。因此，实际干扰星敏感器时所需能量会产生一定的差异。不过，即使探测器所需能量比人眼

强 10^6 倍，只要干扰光能进入敏感器视场，所需的能量就仍处于瓦量级。

2．太阳反射干扰

太阳反射干扰法是指以伴星方式，在干扰星上安装一个一定面积的反射镜，使其在被干扰星的视场范围内、不同于太阳的方位上产生另一个光源。对于太阳敏感器而言，此时干扰光源的光谱分布与太阳光谱分布相似，光学系统前的滤光片很难滤除干扰光，其光信号完全能够被干扰星的太阳敏感器接收，并且太阳敏感器会将其光信号作为有用信号进行处理，并用以作为判断太阳方位信息的依据，从而导致敏感器捕捉到错误的太阳方位信息。

由于干扰星及被干扰星之间的距离相对于它们与太阳的距离非常小，可近似认为太阳到两颗卫星的距离相等，因此太阳在干扰星的平面（反射）镜处产生的辐射照度与太阳在被干扰星敏感器处的辐射照度相同，都为 E_0，假设镜面面积为 $A = \pi r^2$，其中心和太阳连线与镜面法线的夹角为 α，反射率为 ρ，则镜面接收太阳辐射通量 $\Phi_1 = E_0 \pi r^2 \cdot \cos \alpha$。面镜干扰示意图如图 10-30 所示。图 10-30 中平面镜反射的光束发散角为 θ。

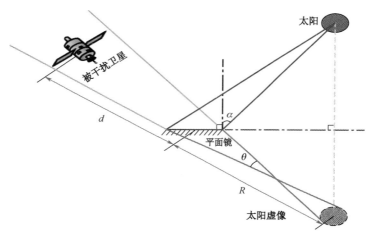

图 10-30　面镜干扰示意图

根据几何关系可得反射光束在被干扰星处生成的光斑面积为 $\pi(\theta d / 2 + r \cos \alpha)^2$，因此探测器接收到反射光束辐射通量 Φ' 为

$$\Phi' = \rho \Phi_1 \cdot \frac{S \cos \beta}{\pi(\theta d / 2 + r \cos \alpha)^2} \tag{10-27}$$

式中，β 为反射光束在探测器表面的入射角，则敏感器处的辐射照度为

$$E = \rho \Phi_1 \frac{\cos \beta}{\pi(\theta d / 2 + r \cos \alpha)^2} = \rho E_0 \pi r^2 \frac{\cos \alpha \cos \beta}{\pi(\theta d / 2 + r \cos \alpha)^2} \tag{10-28}$$

同样地，考虑敏感器的抗干扰措施，当对太阳敏感器实施压制干扰时，假设反射光发散角恰好就是太阳光束发散角（32′），并假设反射光束在探测器表面的入射角、镜面中心和太阳连线与镜面法线的夹角均为 15°，镜面反射率为 0.9，则压制干扰时应满足

$$\rho E_0 r^2 \frac{\cos \alpha \cos \beta}{\pi(\theta d / 2 + r \cos \alpha)^2} \geqslant 2E_0 \tag{10-29}$$

可得 $r < 0$，因而不可能采用镜面反射的方法对太阳敏感器进行压制干扰。同样计算可得欺骗干扰时镜子的最小半径为 24.09m。

当镜面反射光能够进入星敏感器视场，对星敏感器实施压制干扰时，有

$$E \cdot K'(\lambda) = \rho E_0 \pi r^2 \cos\alpha \cdot \frac{\cos\beta}{\pi(\theta d / 2 + r\cos\alpha)^2} \cdot K'(\lambda) \geqslant 1.72 \times 10^{-7} \qquad (10\text{-}30)$$

在同样条件下可得到镜子的半径 $r \geqslant 1.6 \times 10^{-4}$ m。当反射光照射到遮光罩上，在同样消光比下，计算得到镜子的半径是一负值，显然这是不可能实现的。若仅是对星敏感器采用欺骗干扰，则只要在成像面上形成 1.05×10^{-8} lx 照度就能够满足要求，此时镜子的半径更小，因而如果镜子的反射光能够直接进入敏感器的视场，就会使得星敏感器饱和，从而达到干扰作用，否则用镜面反射的方式很难对敏感器实施有效的干扰。

对于地球敏感器，采用压制干扰时有

$$\rho E_0 \pi r^2 \cos\alpha \cdot \frac{\cos\beta}{\pi(\theta d / 2 + r\cos\alpha)^2} \geqslant 2 \times 0.0272 \qquad (10\text{-}31)$$

假设此段距离大气对反射光的透过率为 0.99，地球敏感器对太阳光响应为 10^{-3}，则镜子的半径 $r \geqslant 12.99$ m，可见所需镜子的半径并不是太大。

以上分析同样没有考虑光学系统的光谱响应，综合考虑光学系统的光谱响应后所需镜子的面积将会增大。可见，采用镜面反射干扰时仅在反射光进入星敏感器视场时才容易达到干扰的目的，因而实际应用中无论是采用压制干扰还是欺骗干扰，都应优先选择激光有源干扰的方式。

3．杂散光干扰

杂散光的概念笼统地说就是光学系统中除了成像光线，扩散于像面上的其他非成像光线。它包括来自系统外部的辐射源（太阳光、地气光等）和内部辐射源（如光学元件、结构件等），以及散射表面的非成像光能量。其危害是降低像面对比度和调制传递函数，使整个像面的层次减少，清晰度变坏，严重时会形成杂光斑点。

这里所说的杂散光是指区别于激光有源干扰以及反射镜干扰这些方向性很强的光束，它是通过扩束技术或将干扰源反射到漫反射材料上，从而弥漫到整个半空间（2π 立体角）乃至全空间（4π 立体角）而形成的光束。

研究表明，地球反射光基本上对所有的太阳敏感器都会产生影响，地球敏感器也经常受到月球反射光的影响。在不考虑光学系统光谱透过率的影响时，对于太阳敏感器，其最小阈值为 135.3 W/m^2，假设干扰星和被干扰星之间的距离为 10km，而杂散光仅充满半个空间，则杂散光产生处的出射功率为 $P = 135.2 \times 2\pi \times (10 \times 1000)^2 \approx 8.5 \times 10^{10}$ W，而目前技术还不能在卫星中安装如此大功率的激光器。对地球敏感器和星敏感器进行同理分析可以得到，杂散光产生处的出射功率分别为 1.76MW 和 8.3MW。在考虑光学系统的光谱透过率后，所需的功率将会变得更大。可见，由于光束弥散在整个半空间乃至全空间，这样会造成传输的光束能量急剧下降，因此杂散光干扰的方法仅对于灵敏度相对很高的星敏感器有很好的干扰效果，而对于太阳敏感器和地球敏感器，这种方法的干扰效果不明显。

4．分布式干扰

利用激光有源干扰等单项干扰方式能够在一定程度上形成对敏感器的有效干扰。但是在有些情况下，由于干扰光源的入射方向超出敏感器的视场角，因此干扰光无法进入视场并对敏感器形成干扰。所以，利用在空间位置上的多个干扰源对敏感器实施干扰，可以增加干扰

光源进入敏感器视场的概率，从而变相地拓宽了敏感器的被干扰视场。并且，当多个干扰源的方位角相差很小且同时干扰敏感器时，能够达到干扰叠加的效果，这样可以解决单项干扰时干扰源能量不足的问题，从而更有效地对敏感器实施干扰。干扰源可以按照一定规律分布，也可以采用随机分布。分布式有源干扰原理图如图 10-31 所示。

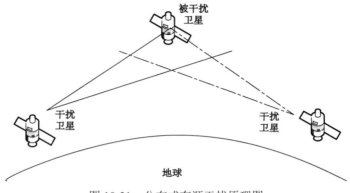

图 10-31　分布式有源干扰原理图

习　题

1. 简述卫星姿态敏感器干扰的特点。
2. 简述卫星光电姿态敏感器干扰模型。
3. 为什么太阳敏感器和星敏感器只能采用天基干扰？请阐述。
4. 简述卫星姿态敏感器的干扰方法及其基本原理。
5. 卫星姿态敏感器干扰的作用是什么？
6. 简述卫星姿态敏感器的工作原理与特点。
7. 按获取姿态信息的方法，卫星姿态敏感器分为哪几类？
8. 卫星光电姿态敏感器侦察的主要手段是什么？

第 11 章　航天电子防御技术

电子防御，是为保护己方电子信息设备和系统、武器平台、重要目标等正常发挥效能而采取的作用于电磁空间的技术战术措施及行动的统称。它主要包括反电子侦察、反电子干扰、抗电子摧毁、抗精确制导武器打击和组织战场电磁兼容等。

11.1　航天电子防御概述

11.1.1　航天电子防御的地位与作用

随着空间技术和军事电子信息技术的飞速发展与广泛应用，针对空间电子信息系统、设备的侦察与攻击技术日益成熟。一些新的攻击手段不断出现，威力越来越大，使得空间电子信息系统面临着越来越严重的威胁，航天电子防御在军事斗争和国防建设中的地位与作用变得越来越重要。

（1）空间是正在形成的新战场，航天电子防御是未来作战的重要内容。

空间技术的军用价值在海湾战争和科索沃战争中得到了充分体现。在这两次战争中，北约和美国分别动用了 50 余颗和 70 余颗卫星，完成了情报侦察、指挥通信、导弹预警、导航定位、精确打击、气象保障和地形测绘等任务。正是在空间系统的有力支援下，海湾战争中的多国部队、科索沃战争中的北约军队均以极小的代价迅速取得了战争的胜利。这两次战争的实践表明，战争空间已由传统的陆、海、空三维战场扩展到外层空间，形成了第四维战场——空间战场。不过，从目前世界范围内空间技术的发展现状和趋势上看，空间战场的对抗主要体现在空间信息系统的对抗上。因此，在未来的战争中，围绕空间信息系统的攻击与防护行动将越来越激烈，航天电子防御将成为未来空间战场的重要内容。

（2）航天电子防御是确保己方空间电子信息系统安全，进而夺取和保持空间优势的重要手段。

随着空间电子信息系统地位的迅速提高，世界各国对空间电子信息系统越来越重视，竞相研制针对空间系统的攻击技术和装置。各种针对空间电子信息系统、设备的攻击手段不断出现，空间电子信息系统面临着越来越严重的威胁。主要表现在以下 3 个方面。

①在未来的一段时期内，针对空间电子信息系统的侦察与定位技术越来越成熟。

②针对中低轨道卫星的攻击与摧毁手段不断出现，目前可用于实战部署的主要有高能激光器和反卫星导弹，正在研制的还有离子束武器、微波武器、星载攻击装置和动能攻击装置等。美国在 20 世纪 90 年代尝试发射了代号为"苍蝇拍"的反卫星武器，攻击侦察卫星的电子系统。1997 年 10 月 17 日美国陆军空间和导弹防御司令部进行了陆基激光武器攻击卫星的试验，用输出功率达 2MW 的高能激光武器成功地击中了美国空军 1996 年发射的一颗侦察卫星。俄罗斯也曾经使用高能激光武器攻击飞经远东军事基地的美国侦察卫星，并获得成功。此外，美军还于 1997 年进行了动能反卫星武器样机的悬停试验。这些试验表明，针对中低

轨道卫星的攻击手段已可用于实战部署，并不断发展成熟，对轨道较低的卫星构成了严重威胁。

③针对卫星通信系统、电子侦察卫星的干扰技术不断发展成熟。这些不断发展完善的攻击技术与措施，对空间信息系统威胁极大。海湾战争及科索沃战争的实践表明，外层空间优势的争夺是决定战争胜负的重要因素之一，航天电子防御作为未来航天电子对抗的重要组成部分，成为夺取和保持空间优势，最终取得战争优势的重要手段。

（3）航天电子防御是确保作战体系稳定的有力措施。

随着空间电子信息系统的不断发展，其功能越来越强大。它们分布在不同高度的电子侦察卫星、光学侦察卫星、雷达成像侦察卫星、海洋监视卫星等各类侦察卫星中，可近实时地对目标区域进行高分辨率、高灵敏度的侦察与监视。

现代的通信卫星可以提供近实时的全球范围内的大容量信息传输服务，是现代军队指挥控制高效顺畅的有力保障；全球导航定位卫星可以提供高精度的导航定位及授时服务，是进行远程精确打击及作战控制的有效保证。这些不同类型、不同功能的空间电子信息系统，是现代军队的重要组成部分，也是现代军队保证作战体系稳定的有力措施。可以说，现代化的军队如果离开了众多的各种平台的电子信息系统、设备，尤其是空间电子信息系统、设备，就不称其为现代化的军队，科索沃战争就说明了这一点。在空袭作战发起之前与整个空袭作战期间，北约共动用了 50 多颗卫星，与分布在其他平台的侦察设备相结合，对南联盟境内各类高价值目标及科索沃地区南联盟军队部署情况进行了全面细致的侦察，为空袭作战提供了有力的情报支援；在整个空袭作战期间，北约各国之间、海空军之间协调一致，配合默契，充分发挥了美军全球指挥控制通信系统的作战效能。航空航天司令部有距科索沃数百乃至数千千米的地中海和亚得里亚海海域的海军舰艇及航母；有距战场 11000km，从美国本土怀特曼空军基地起飞远程奔袭的 B-2 隐形轰炸机；有从英国费尔福德空军基地起飞的 B-52 轰炸机以及从意大利起飞的 F-117、F-16 等各型飞机。可以想象，如果没有通信卫星和导航定位卫星的支持，没有功能强大的一体化 C^{4}ISR 是难以进行协调指挥作战的。但是，仅从一体化 C^{4}ISR 系统的通信、数据链路、卫星通信来说，如果没有很强的电子防御能力在这样大的范围实施稳定有效的支援，一体化 C^{4}ISR 系统的作战效能也是不可能正常发挥的。

（4）航天电子防御是国防建设的重要组成部分。

在未来信息化条件下的局部战争中，军队的作战行动对电子信息系统、设备的依赖程度将日趋增大。随着空间电子信息系统的不断发展和完善，空间竞争日趋激烈，空间电子信息在国防建设中的地位越来越重要，对国家安全战略的影响越来越大。为保证空间电子信息系统的安全，必须高度重视航天电子防御问题。要不断加强对世界强国空间电子信息系统及攻击技术的研究，紧密跟踪世界军事电子技术发展前沿，从技术战术上做好防御敌方航天电子进攻与摧毁行动的准备。航天电子防御作为保障空间电子信息系统正常发挥作用的重要手段，在军事斗争中的地位和作用非常突出，尤其对国家安全战略的影响更为深刻。因此，必须站在国家安全的高度，从打赢信息化条件下局部战争的需要出发，认识到航天电子防御是国防建设的重要组成部分，加强航天电子防御建设。

11.1.2　航天电子防御的主要任务

航天电子防御的基本任务是保证己方空间电子信息设备、系统的安全和电子信息设备、系统效能的正常发挥，确保及时、可靠地获取、传递、处理和使用信息。目前，主要包含下列内容：一是组织反航天电子侦察、反电子干扰行动，确保空间电子信息系统的稳定运行和工作效能正常发挥及己方战略部署企图的隐蔽；二是综合运用各种手段，抗击敌方对空间电子信息系统的攻击和摧毁，确保己方空间电子信息系统的安全。其具体任务如下。

（1）反敌方航天电子侦察，隐蔽己方战略部署及企图，防止己方电子设备、系统的电磁辐射信号被敌方侦获。

航天电子侦察是指使用外层空间各类平台所搭载的侦察设备，包括卫星、空间飞机、空间站、轨道飞机等进行的侦察行动。目前，航天电子侦察平台主要是各类侦察卫星，包括电子侦察卫星、光学照相侦察卫星、合成孔径雷达侦察卫星等，这些不同类型的侦察卫星，对现代战争中攻击目标的确定、攻击过程的实施以及攻击效果的评估与确认都有着重要的作用。

反敌方航天电子侦察就是防止己方电子设备、系统的电磁信号被敌方截获，或者即使截获也难以从中获得情报而采取措施。反电子侦察不仅是反电子干扰和反摧毁的重要环节，而且对于保障部队行动的保密性和突然性也是一个关键环节，应在平时反侦察的基础上，周密组织实施。通常，反敌方电子侦察的重点是己方地面和空中重要电子设备、系统，防止其战术技术参数、数量及部署等情报的泄露。同时，反敌方航天电子侦察还有一项重要内容，就是要通过各种手段尽量降低敌方航天电子侦察的效果，隐蔽己方的战略部署及企图。

（2）反敌方电子干扰，确保己方主要空间电子设备、系统正常发挥效能。

反敌方电子干扰是指消除或削弱敌方电子干扰对己方空间电子设备、系统的有害影响，保障己方空间电子设备、系统发挥正常效能的措施。随着航天技术和电子对抗技术的迅速发展，外层空间的电磁环境将变得越来越复杂，电子设备、系统数量将不断增加，电磁信号越来越密集。为争夺空间信息优势，在未来作战中，敌方将利用部署在外层空间或地球表面的电子干扰设备，对己方空间电子信息系统、设备施放强烈的电子干扰，以破坏己方空间电子信息系统的使用效能。在这种情况下，反电子干扰作战的效果直接影响到航天电子对抗的成败，并进而影响到空间优势的得失。因此，采取反干扰措施已成为空间电子设备、系统在未来复杂电磁环境中正常工作的必要条件，反敌方电子干扰成为航天电子防御的重要内容。

（3）空间抗摧毁，保护己方空间电子设备、系统免遭敌方定向能武器和其他手段硬摧毁。

空间抗摧毁就是综合运用各种手段，抗击敌方对己方空间电子设备、系统的打击和摧毁，确保己方空间电子信息系统和设备的安全。随着空间技术的进一步发展，人类围绕空间优势的争夺将越来越剧烈。美军认为，摧毁对方的电子设备和系统是电子对抗最彻底的手段。在未来争夺空间优势的斗争中，敌对双方将会使用各种手段，攻击、破坏甚至摧毁敌方的空间电子设备、系统，以最大限度地削弱和破坏敌方空间电子设备的使用效能。因此，空间抗摧毁，保护己方空间电子设备免遭敌方摧毁，是航天电子防御的一项重要任务。

11.1.3　卫星防御技术

目前，军用卫星可能的威胁主要有以下几个方面：能够干扰卫星系统通信链路的射频干扰；能够暂时或永久性削弱或摧毁卫星子系统，进而达到干扰卫星整星任务性能的激光系统；能够削弱或摧毁卫星或地面系统电子装置的电磁脉冲武器；能够摧毁卫星平台或削弱其完成任务能力的动能反卫星武器。

针对这些威胁，卫星防御技术主要有以下几个方面。

1. 卫星抗干扰技术

针对卫星系统面临的射频干扰，可采用天线抗干扰、扩频抗干扰、星上处理和扩展频段等技术进行防护。

（1）天线抗干扰技术。

天线抗干扰技术是卫星通信中最常用的抗干扰措施，主要包括自适应调零和多波束天线等技术。自适应调零技术能够针对正在变化着的信号环境自动调整天线波束的零点位置，使之对准干扰信号来向，并通过降低天线波束旁瓣电平实现对干扰信号的有效抑制，同时保证天线主瓣波束（指向有用信号方向）输出始终处于最佳状态。多波束天线可根据战场形势的变化控制星上发射天线指向，使其波束覆盖范围随用户运动做相应变化，还可恰当选择卫星天线波束形状来提高通信系统的抗干扰能力。当某一波束受到干扰时，关闭这一波束，而其他波束不受影响，这样既阻止了干扰，也不影响卫星接收地面信号。

（2）扩频抗干扰技术。

扩频抗干扰技术是卫星通信中最基本的抗干扰技术，包括直接序列扩频和跳频两种基本技术及其组合。采用直接序列扩频，接收端解扩后有用信号变成了窄带信号，而原来频带较窄的干扰却被展宽为宽带信号，以至于大部分能量被窄带滤波器滤除，从而有效地提高信噪比。直接序列扩频抗干扰技术由于提出较早，理论较成熟且易于实现，因此在卫星通信抗干扰初级系统中广泛采用。

跳频采用多个载波频率并在这些频率间随机跳变，由于载频切换需要时间，因此工作在突发传输状态，所以具有很强的抗干扰能力。对于扩频带宽较宽的情况，跳频比直接序列扩频更为实用。直接序列扩频/跳频混合扩频技术在直接序列扩频的基础上增加了载波频率跳变的功能，综合了直接序列扩频和跳频两种扩频方式的优点，因而能更有效地抗干扰。

（3）星上处理技术。

星上处理可以使上、下行链路之间去耦，使上行干扰不再对下行链路产生作用，同时设法避免转发器被推向饱和。

（4）扩展频段、发展光通信。

扩展卫星工作频段是当今各国采用的又一抗干扰手段。例如，美国的"国防通信卫星系统"最初工作在 SHF（超高频）频段，频率约为 8GHz。20 世纪 90 年代，"国防卫星通信系统"为了适应移动通信的需要，增加了用于提高抗干扰性的 UHF（特高频）频段。

当卫星采用光通信时，与电波之间不存在干扰问题，而且光通信能实现 1 Gbit/s 以上的大容量卫星通信。

2. 卫星激光防护技术

卫星激光防护技术是卫星生存技术中的一个重要组成部分，其相关技术的研究是针对反卫星激光武器的研制而进行的。自激光武器开始在战争中使用以来，各国相继展开了激光防护技术的研究。目前，主要防护技术有激光防护膜、遮光罩和"眼睑"装置等。例如，美国陆军纳蒂克研究中心研制了一种组合式层状结构防护镜，它利用多层介质膜对特定波长的激光进行反射衰减，以达到激光防护效果，据报道可防护 532nm、694nm 和 1064nm 3 种波长的激光。西屋电气公司研制成功氧化钒防激光涂层，用来保护卫星上的红外探测器免受激光武器的破坏。当强激光照射到卫星上镀有氧化钒膜的红外敏感窗时，具有光开关特性的薄膜立即防止激光通过，保护光电传感器。据称，这种薄膜由二氧化钒和三氧化二钒组成，厚度达

1μm，可正常工作 25 年。

3．卫星加固技术

卫星加固技术是为了防止高空核爆炸、高能定向能武器，对卫星及星上电子设备造成高压击穿、器件烧毁、电磁加热、浪涌冲击和瞬时干扰等破坏而采取的有关措施。目前，只有第一代"军事星"采用了抗核加固措施。"军事星"计划是 20 世纪 80 年代初冷战时期美国针对苏联制定的一项庞大研制计划，旨在建立一个在核战中和核战后均能生存、三军通用、抗干扰能力强、具有可靠性和高保密性的军用通信卫星系统。

4．卫星轨道机动技术

卫星运行轨道相对固定，易于被敌方空间目标监视系统捕获、定位和跟踪。卫星利用轨道机动技术不定期地改变运行轨道，则可以有效降低被敌方空间目标监视系统捕获、定位和跟踪的概率，以保障卫星的正常工作。同时，在卫星威胁预警系统的支持下，具有变轨机动能力的卫星可以避开常规直接上升反卫星武器、潜在直接上升反卫星核武器、共轨拦截器、太空雷以及电子进攻对 C4 和数据链的攻击，或者降低这些攻击的效果。

为解决推进剂不足的问题，美国正计划发展利用自主空间运输和机器人（ASTRO）从补给星中取出燃料，通过自主交会接近目标卫星，然后由 ASTRO 上的机械臂捕获目标卫星，并将其拉近；当 ASTRO 与目标卫星间的距离不足 10cm 时，由 ASTRO 上的对接机构固定住目标卫星上的目标部位，完成"软对接"；然后在 ASTRO 与目标卫星之间建立传输数据的链路，实现两者的燃料口对接，形成密封的管路，对目标卫星进行在轨加注。

5．卫星在轨修复技术

卫星在轨修复是指利用航天飞行器对空间轨道上发生故障但可以维修的卫星进行修复，使其恢复正常工作。战时，一旦己方的重要卫星系统遭到攻击受损，在轨修复技术是快速恢复空间系统效能的首选方案。其军事价值在于，对那些受损的高价值航天器进行抢修，可在无须冒风险的前提下，提升空间系统的生存力。

6．卫星隐形技术

隐形技术又称为"低可探测技术"，即运用各种技术手段，降低武器装备的信号特征，使敌方难以发现、识别、跟踪和攻击。通常的侦察卫星会暴露行踪，并且会被对方预测出轨道，而隐形卫星在太空中不会被雷达或其他空间目标探测系统发现，可以悄无声息地进行对地通信、侦察或导航。

7．卫星威胁预警技术

卫星上携带光学或雷达探测器，用于对敌方反卫星手段和反卫星武器进行识别、探测与报告，对己方卫星系统受到的威胁进行预警，并进一步评估和定位，确认其威胁的类型及危险程度，然后决定采取哪些措施进行防御。卫星威胁预警技术是对卫星进行主动防御的前提。美军早在 1986 年就开始研究卫星系统的威胁预警技术，即"星载攻击报告系统"。1999 年，美国空军航天司令部倡议实施"卫星威胁预警与攻击告警"计划，其目标是探测、识别对卫星的射频和激光干扰及大功率微波与激光攻击，描述威胁特征和攻击类型，评估卫星系统受影响程度，警示卫星及地面站注意并做出反应。2003 年美军防御性空间对抗方面的重点是研制空军的"快速攻击识别、探测与报告系统"（RAIDRS）。该系统能够使美军在卫星受到袭击时，对情况有一个全面的了解，同时，使地面站能够更好地操作和解读从卫星上下载的数据，并由此做出正确的应对决策。

8．提高军用卫星的重组能力

在对抗条件下，为了保证军用卫星系统不间断地安全工作，一些重要的军用卫星应具有重组能力。重组的关键是要具有快速、灵活和可靠的发射能力，对现有卫星系统进行迅速补充和支援。重组也可以在轨存储、卫星位置重配和补充发射。对于地面应用系统来说，最好也具有重组能力。

11.2　星载激光告警技术

为了争夺制天权，美国、俄罗斯等军事强国在积极发展军用卫星技术的同时，大力发展反卫星武器，相继成功进行了陆基激光反卫星试验，已具备了不同程度的激光反卫星能力。随着激光武器技术的迅速发展，卫星可能受到的激光威胁已日趋严重，发展星载激光告警技术已显得日益迫切。

11.2.1　星载激光告警系统的组成与作用

星载激光告警系统包括光学接收、光电传感器、信号判别处理、地面通信等。光学接收部分由一系列光学镜片组成，用于接收激光信号，限定探测空间。光电传感器采用常温碲镉汞器件（探测波长为 $1\sim11\mu m$），可以保证有效告警并降低系统的体积、质量。信号判别处理部分完成信号识别、信号接口处理等功能。地面通信系统为卫星有效载荷的共用系统，激光告警系统具备与其通信的接口。

激光告警系统的反应时间为毫秒量级。激光反卫星武器的照射时间一般为 $1\sim100s$，而对星载光电传感器致盲需照射 $1\sim10s$，对卫星上的太阳能电池板等造成永久性损伤需照射几百秒，因此告警反应时间能满足激光防护系统的要求。

星载激光告警的作用是：当卫星受到激光攻击时及时给出告警威胁信号，以使卫星防护系统有足够的时间采取必要的防护与对抗措施，保护卫星免受破坏；同时将卫星受到激光威胁的信息传送到地面接收站，判断威胁程度及威胁来源，以采用必要的军事或外交手段与其对抗。

星载激光告警系统安装在卫星易于受到反卫星激光攻击的部位，其探测方向指向地面。由于激光反卫星武器受设备质量和能量补给等条件制约，因此目前还是无法实现以天基平台装载，但作为一种潜在的对卫星攻击平台，天基反卫星技术正在迅速发展。因此，星载激光告警系统的探测范围不仅是地面，还要考虑天基目标。

由于反卫星激光武器均为强激光攻击，辐射强度约为 $1\sim10W/cm^2$，因此其可探测性不会成为问题，而且需要采取一定的能量衰减措施，防止探测器件产生饱和现象。美国 1997 年 10 月 17 日前后进行了激光反卫星试验，试验结果证实未对卫星传感器造成损伤，但出人意料的是低功率激光能使光电传感器饱和，所以在星载光电传感器上采取对抗保护措施非常必要。如果使用光学开关型激光滤光镜来保护探测器，还可在探测器上安装一个快速光栅。

星载激光告警只需判断激光威胁的有无，不需要分辨激光来袭的方位，可采用固定视场、凝视型探测体制。由于激光告警部署在空间，因此要考虑宇宙射线对告警系统的损害。由于激光告警器长时间警戒整个空间，因此宇宙射线也是造成虚警的重要因素。为了降低虚警率，告警器必须采用多元相关探测技术。

下面以美国"卫星受威胁与攻击告警"系统为例，介绍星载激光告警系统的情况。

11.2.2　"卫星受威胁与攻击告警"（STW/AR）系统研究计划

1. STW/AR 的用途

由美国空军航天司令部发起，空军研究实验室与利顿公司、洛斯阿拉莫斯和圣地亚国家实验室等单位联合，开展研制"卫星受威胁与攻击告警"（STW/AR）系统的高度保密计划。STW/AR 计划利用星载传感器探测、识别对卫星的射频和激光干扰，侦察其特征，向卫星地面站告警并做出反应。地面站的专家可以立即识别出攻击的类型，并估算其受影响的程度。

这项计划包括：体积小、质量小、功耗低并可以集成进小型接收器的新型激光传感器；研制信号处理器及算法；进行在轨性能演示。

对 STW/AR 系统的要求是：确保低的虚警率；飞行器放电导致的宽频带射频辐射不会造成虚警；能够对电磁干扰引起的虚假信号进行校正。

STW/AR 计划是为满足美国空军保护美国空间系统的需要而制订的。该计划主要提供操作原理，规定潜在系统原理，并研究相关的技术计划。其第一个目的是研究探测、识别、定位、描述和记录空间各种威胁的技术；第二个目的是研制小型、低功率的射频传感器和激光传感器。这些目的将通过在空军研究实验室的空间试验来实现。采用先进的射频传感器与激光传感器来降低主卫星的功率和质量是研究的主要目的。STW/AR 技术计划包括测试这些新技术和新技术性能的多次空间试验。

2. STW/AR 的系统设计

STW/AR 系统包括光电传感器、数据收集处理硬件和处理软件，以及通信硬件和相关的支持系统。STW/AR 系统的具体组成要根据主空间飞行器所需的分系统部署情况而定。其最普通的部署方式是沿载荷部署，但还有搭接载荷、加进载荷、微型悬浮卫星和自主飞行的微型卫星几种方式。以组合选项方式部署的 STW/AR 传感器比单独选项方式部署的 STW/AR 传感器提供更为可靠的告警网络。

（1）搭接载荷。

STW/AR 传感器作为一个附加载荷部署在空间飞行器上。STW/AR 有自己独立的电源和通信分系统。当传感器告警时，卫星用户可接收到有关威胁或攻击的信息，警报由 STW/AR 传感器直接传送到地面，而不受主卫星工作状态的影响。STW/AR 通信连接也不会对主空间飞行器的工作产生干扰。

（2）加进载荷。

在这种方式中，STW/AR 传感器是载荷的主要部分。电源和通信由主空间飞行器提供。其优点是 STW/AR 传感器简化了，质量和功率需求达到最小化；缺点是卫星必须支持与主要任务无关的载荷。

（3）悬浮模式运行的微型卫星。

STW/AR 传感器可部署成一种独立的微型卫星。当主卫星进入飞行轨道时，发射 STW/AR 微型卫星。多个微型卫星部署在主卫星周围，为主卫星提供告警网络。探测方式是采用近距离探测——STW/AR 微型卫星在被保护的主卫星周围,由于它离主卫星较近,任何辐射到主卫星上的激光能量都会被 STW/AR 卫星探测到。

(4)自主飞行的微型卫星。

在这种方式中,将 STW/AR 微型卫星部署到它们自己的轨道中,并且不与任何特殊的主卫星相联系。若要部署成警戒线用的卫星网络,则必须大量部署 STW/AR 微型卫星,这样直接照在主卫星上的激光束衍射能量才能被 STW/AR 卫星探测到。地面处理系统可根据一个或几个 STW/AR 卫星的报告决定事件的起因。这种方式的优点是可形成一个全球网络来探测任何空间飞行物受到的威胁,这样就允许 STW/AR 作为一种全球设施来使用,就像全球定位卫星系统一样,部署和维护这种系统的费用可由许多国家来承担;其缺点是需要大量的卫星,尤其是由于激光束发散角小,因此要给激光攻击提供警戒线。

3. STW/AR 的激光传感器设计

Sandia 国家实验室的 STW/AR 项目重点是研制与评估下一代激光传感器。由于地面激光器能对各种星载传感器产生威胁,因此研制的传感器能为各种主卫星提供 STW/AR 性能。计划重点不仅放在传感器性能上,而且放在最小化、质量小和低能耗方面。Sandia 国家实验室已经研制出星载激光传感器,但是它太大不能满足实战需求。现在需要重约 5 磅(1 磅=0.4536kg)的激光传感器,耗电功率应为 10W 左右。

传感器的任务是探测、定位和描述指向所保护目标的威胁。一方面,激光传感器必须能探测到低于损害的能级;另一方面,传感器应该能在引起损伤的激光辐射中得到有效保护。此外,可以通过安装一个快速光栅来保护激光传感器。

短脉冲损害级别以每平方厘米焦耳数表示。实验数据表明,一台普通探测器的损害级别为 $1000W/cm^2$(连续波激光照射)和 $1J/cm^2$(短脉冲激光照射)。为了保证使用要求,探测器应能满足相关波段的探测要求。选用冷却的探测器能大大改善红外探测器的性能,但会增加能量和质量的消耗。在选用未冷却的探测器阵列时,由于探测器探测能力和在可见光波段对探测灵敏度的需求,因此应采用双波段探测体制。

采用的 Sandia 激光传感器将使用一个千赫兹的集成传感器,一个探测器能探测脉冲和连续波激光信号,而双探测器将能覆盖从红外到可见光波段。当探测到连续波信号时,通常采用斩光轮来人工调制输入信号。原来的 Sandia 设计是采用一个斩光探测器和一个未斩光的探测器探测连续波与脉冲激光。为了使质量最小,新研制的传感器只采用一个斩光探测器。可是,由于在一段时间内传感器接收不到输入脉冲,因此无法用一个斩光系统探测连续波和脉冲激光信号,还必须应用机电装置来连续探测连续波和脉冲激光信号。

由于来自阳光反射和红外辐射的地球背景光使探测器的探测级别难以达到最低,因此需要采用光电背景抑制技术。可考虑用一维阵列和二维阵列获得更多的有效信息,但是需要质量和能量补偿来支持大量的图像处理系统。目前的传感器设计采用两个线性阵列或 3 个线性阵列来探测与定位连续波源和脉冲源。

11.3 卫星加固技术

目前,卫星受到的定向能武器的威胁主要是高功率微波武器和高能激光武器。针对这两种威胁的卫星加固技术研究也是卫星防御研究的重要方向。本节将分别就高功率微波武器和高能激光武器的加固技术进行介绍。

11.3.1　高功率微波加固技术

高功率微波武器具有波束宽，作用距离远，受气候影响小，无须精确跟踪、瞄准目标，使得对抗措施更加困难和复杂化的特点，是反卫星武器的"撒手锏"之一。目前，在轨运行的卫星中大多数都没有采取加固措施。面对高功率微波武器的巨大威胁，研究卫星加固技术具有现实性和紧迫性。关于微波武器的原理，第 10 章已有详细的介绍，为加深对加固技术的理解，这里再做简要叙述。

1.　高功率微波武器毁伤效应

根据第 10 章的原理介绍。高功率微波（HPM）武器毁伤电子设备主要指电气组件的烧毁，其次是使电子系统的性能受到影响。对电子设备的毁伤效应，从物理机制上主要有以下两种。

（1）电效应：HPM 作用下，金属表面或金属导线产生感应电压或电流并对电子元器件产生的效应，如造成电路器件状态翻转、器件性能下降和半导体器件的击穿等。

（2）热效应：HPM 作用下，介质内部热能的聚集/加热导致升温引起的效应，该效应可以烧毁器件或导致半导体结出现热二次击穿等。

卫星作为综合天基系统，任何关键点受到损失，对整体系统性能的影响都是不可估量的。HPM 主要通过前门耦合通道和后门耦合通道进入电子设备，毁伤电子设备。其中，窄带脉冲对无屏蔽或有屏蔽但有缝隙的电子设备破坏性很强，宽带脉冲对有长电缆的设备的干扰和破坏性很大。

卫星系统的前门通道主要是指根据系统需要设置的天线（接收/发送天线）或传感器（包括光学和光电传感器），连接到后继传输线或波导等确定的传输通路。这种带内外的能量耦合可通过数值方法进行分析和计算，主要包括：基于麦克斯韦偏微分方程，如时域有限差分法和有限元法；基于积分方程，如矩量法和边界元法等。

后门耦合通道是指电磁能量非有意接收器，是指那些无意留下的电磁接收通道，如系统导电表面的不连续处（如裂口、孔洞、缝隙、电缆与电缆通道等）。电磁能量通过上面的通道以辐射和传导方式进入系统。具体的后门耦合通道包括馈线接口转换部位、电源线、控制线、电子方舱的门窗缝隙泄漏、电子方舱的贯通管线以及电子平台的线缆和缝隙泄漏。

2.　卫星微波加固措施

卫星的基本构造包括结构体、热控系统、喷进系统、姿态控制系统和电力系统通信指令系统等。其中，主要系统和关键电子组件置于卫星电子方舱中，实现各种功能。按照卫星系统结构体和微波破坏电子设备的途径，进行前门耦合和后门耦合较为方便。因此，下面将分别对前门和后门加固技术进行介绍。

（1）卫星天线加固技术。

① 天线耦合。假设某卫星天线为抛物面形，其天线方程描述为

$$x^2 + y^2 = 4F(F + z) \tag{11-1}$$

式中，F 为抛物面的焦距。这里选取抛物面焦距为 650mm、直径为 1m。抛物面形卫星天线如图 11-1 所示。用矩量法建立电磁模型，分析入射电磁波在馈面上收集电磁能量的功率密

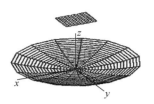

图 11-1　抛物面形卫星天线

度。单位场强电磁波正入射到曲面，计算得到在 0.26m×0.2m 馈面上电场强度和功率密度，如表 11-1 所示。

当单位电磁波入射时，在 200～400MHz 频率范围内，馈面收集能量的功率密度最大。电磁波由 0.26m×0.2m 口径的馈源喇叭口（馈源喇叭口由一个金属信号反射器和传输波导组成），进入传输波导到环流器，进行波束限幅，最后到达接收分系统。对于其他常见卫星天线，如导体面上单极天线、微带天线和天线阵列等对 HPM 耦合的仿真，运用矩量法处理也较为方便，这里不再赘述。

表 11-1　不同频率的单位电磁波作用下卫星馈面的电场强度和功率密度

频率/MHz	1～50	100	150	200	250	300	350	400	450
电场强度/（V/m）	0.12	0.40	0.91	1.01	1.09	1.225	1.04	1.17	0.82
功率密度/（W/m²）	0.04	0.43	2.21	2.68	3.12	3.92	2.87	3.63	1.8

② 加固措施。电磁波通过卫星接收系统的前端通道，通过波导传输给后端接收分系统。因此，合理设计传输波导和滤波器，可滤除谐杂波，消除带外干扰。星载高功率波导滤波器结构简单，加工方便，最小缝隙较大，承受功率较高，可广泛应用到卫星有效载荷系统中。在电子系统端实现级联限幅，利用无源 TR 管、铁氧体限幅器或二次电子倍增管限幅器作为大功率限幅器，将数十千瓦的功率限幅到数瓦水平，然后由二极管限幅器进一步限幅到数十毫瓦。目前实用化的大功率限幅器可承受 200kW 峰值功率，响应时间为 2ns 左右，隔离度为 70dB，回复时间达 4ns，插值损耗小于 1dB。随着 HPM 的发射功率越来越大，将会超过限幅器的功率容限，因此需要开展新型大功率限幅器件的研制，如等离子体限幅器和钙钛矿型限幅器等。

（2）卫星光学窗口加固技术。

① 光学窗口耦合。

传统的 HPM 加固措施对于透明光学窗口无能为力，已有的电磁屏蔽材料，如金属等良导体和复合材料，也均不透明或在光波段和红外波段透过率极差。光学窗口内部的电子设备属于光电探测器件和敏感半导体器件，作为卫星平台核心器件，具有极高的灵敏度。相对于其他光电系统，极易干扰、饱和甚至摧毁，必须采取防护措施。对于探测器窗口的电磁耦合仿真计算，可以通过有限时域差分（FDTD）建模计算。这里建立一个 30cm×30cm×30cm 立方体电子方舱模型，方舱顶部中心位置有一个下底内径 13cm、外径 14cm、上底内径 17cm、外径 18cm、长度 10cm 的圆台形光学窗口，光学窗口模型如图 11-2 所示。入射波为高斯调制脉冲，入射仰角为 0°，方向角为 0°，水平极化，调制频率为 0.9GHz，3dB 带宽为 50kV/m。

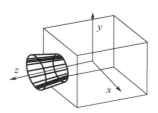

图 11-2　光学窗口模型

② 通过计算，电子方舱内不同位置的瞬态时域波形，在 z 方向不同位置处的瞬态时域波形如图 11-3 所示。电磁脉冲易通过窗口进入方舱内，腔内谐振使得耦合场波形复杂，窗口附近的场强由于叠加效应高于入射脉冲场强，且中心场强低于周围场强，设计时可将敏感器件至于舱体中心位置。

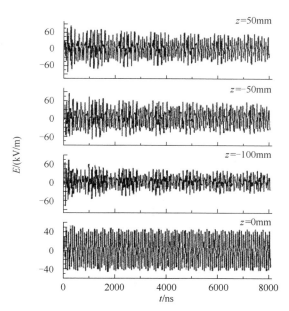

图 11-3　在 z 方向不同位置处的瞬态时域波形

③ 光学窗口加固。由于无法采用常用屏蔽手段对光学窗口进行防护，因此需要采用新方法和新设计实现这一目标。较为有效的方法是对光学窗口镀多层金属膜，实现微波的高反射率和光学范围的高透过率。相关资料介绍了一种膜系结构，膜层材料为 TiO2/Ag/TiO2/Ag/TiO2/Ag/TiO2/Ag/TiO2，膜层厚度为 32nm、17nm、64nm、17nm、64nm、17nm、64nm、17nm、32nm，能够达到可见光范围内超过 80%的平均透过率和 40dB 的屏蔽效能。屏蔽效能（SE）定义为

$$SE = 20\lg \frac{空间某点在没有屏蔽时的能量场强度}{屏蔽后该点的能量场强度} \tag{11-2}$$

但 HPM 对金属薄膜的破坏效应，还有待继续深入研究，以进一步提高镀膜对抗 HPM 的实用性。

（3）后门耦合防护技术。

后门耦合是电磁耦合另一条主要途径，机柜和电子方舱的防护需要充分考虑电磁兼容性设计和抗 HPM 辐射设计，各个部分采用合理的搭接结构，搭接处采用性能优良的导电面漆，尽可能减小缝隙，或者将直缝隙改为曲线缝隙。用一种名为"法拉第筒"的金属密闭容器将卫星中易损坏的电子器件屏蔽起来，防止电磁脉冲对器件的直接损害；用金属（通常为 Al）在敏感器件周围设立屏障（厚度一般为 0.1～1mm），可减少电子流的影响。线缆的电磁耦合是非常严重的，因此尽可能采用光缆互连方式并用光学部件代替电缆和电系统。当方舱（如上所述）有狭缝或开口时，若其形状和位置如图 11-4 所示，对在微波辐照下缝隙和开口对舱内部场强分布的影响做分析，则不同位置的时域瞬态波形，如图 11-5 所示。由此得到结论：

HPM 最大场强峰值为入射波的耦合场强，波峰后面的波由腔体壁的反射波叠加生成，具有谐振时间长、幅值大等特点；孔缝附近中心点的耦合场强峰值由于增强效应大于入射脉冲的电场峰值；靠近底端金属板的场强衰减显著，且位置靠近中心位置场强具有增大的趋势（孔缝对称分布）。针对具体方舱模型和卫星结构体，进行空间电磁场分析指导结构设计，可有效减少后门耦合对电子系统的威胁。

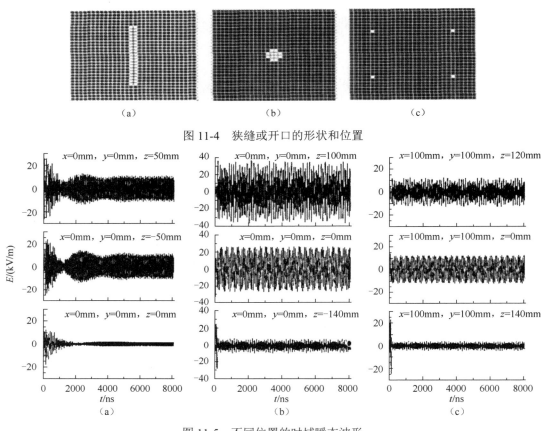

（a）　　　　　　　　　　　（b）　　　　　　　　　　　（c）

图 11-4　狭缝或开口的形状和位置

图 11-5　不同位置的时域瞬态波形

同时，设备之间的等电位设计对 HPM 损坏非常重要。在可能的情况下，使用金属和金属直接连接的方式，避免过多使用导电橡胶、导电脂等。搭接条充分考虑过载能力，能承受较大的高频大电流。

此外，还可在卫星上安装星载传感器，当传感器检测到热辐射后，卫星系统自动关闭处理器、切断电路，直到辐射环境恢复到自然辐射环境后，卫星再重新启动工作。为使强辐射带尽快恢复到正常的自然辐射强度，美国国防部高级研究计划局已经开展了利用低频无线电波将 HPM 产生粒子快速地"清除"出轨道的研究。地球辐射带的辐射水平取决于周围低频（1Hz～20kHz）和超高频电磁波的振幅，HPM 使得高能粒子过多，低频电磁脉冲可以将其尽快地清除出磁气圈。

11.3.2　星载激光防护技术

卫星的激光防护是卫星生存技术中的一个重要组成部分。卫星的激光防护技术研究是针对反卫星武器等空间武器系统的研制而进行的。

1. 卫星光电探测器的激光防护技术

光电探测器是卫星的"眼睛"，当激光武器攻击卫星时，最易杀伤的部件就是光电探测器。如果辐射激光的波长处于图像器件的窗口波段，入射的激光被聚焦到焦平面上的探测器元件表面，使探测器表面的辐射激光能量密度极大地增加，就可能造成探测器失效，严重影响卫星的正常工作。假设窗口直径为 D、光学系统的焦距为 f、入射光波长为 λ，则照射到探测器表面的衍射极限光斑直径为

$$d = (\lambda / D)f \tag{11-3}$$

即辐照能量密度放大倍数为

$$\beta = D^4 / (\lambda^2 f^2) \tag{11-4}$$

若 $D=30cm$，$f=3cm$，$\lambda=1.0\mu m$，则 β 为 10^{10} 量级。这样，毫瓦级窗口波长的激光器输出就可使 1000km 外卫星探测器表面上的辐照激光能量密度达到瓦级。激光对光电探测器的杀伤主要有两种：一是软杀伤，是指激光辐照引起光电材料或器件的功能性退化或暂时失效，软杀伤后器件仍有信号输出，但信噪比会大大降低；二是硬杀伤，即加热引起的熔融、汽化烧蚀以及热分解碳化和热应力损伤，硬杀伤是永久性破坏，被破坏器件无信号输出。探测器各种性能的改变，实际上都可归因于激光辐照探测器，造成探测器组成材料的性能改变或金属电极、焊接部位的破坏。

卫星光电探测器是最易损、最需要保护的部位。其激光防护可分为波长防护型和光强防护型。因为波长防护型在实际使用中存在一定的局限性，所以光强防护型是今后发展的趋势。

利用线性光学或传统光学原理实现激光防护主要使用滤光片材料，这种滤光片可以是吸收型（吸收一种或多种特定波长的入射激光的大部分能量），或者是多层镀膜得到的反射型（利用光的干涉原理，以反射特定波长的激光），也可以是衍射型（通过控制全息图干涉条纹间距，以反射特定波长的激光）。这类防护都是波长防护型。它的激光防护的特点是，只对光波波长敏感，对光波强度不敏感，平等地吸收或反射同一波长的强光和弱光，在阻止某一波长强激光破坏的同时，阻止了该波长弱光的接收。因此，这种波长防护型的激光防护在卫星的应用中存在着很大的局限性。

光强防护型的激光防护可以弥补上述不足。用非线性原理或热致变色原理等均可实现对强激光的防护。根据非线性光学原理，只有强光与物质相互作用才能产生非线性效应，而弱光不能产生非线性光学效应。非线性光学材料可以阻止强光的破坏，同时允许弱光透过。而且如果材料对入射光的色散小，在原理上可实现对宽波段连续可调谐激光的防护。这是激光防护技术发展的一个方向。

性能优良的非线性光学材料是用非线性光学原理实现激光防护的关键。对非线性光学材料的要求有 3 个：一是非线性光学系数，特别是三阶非线性光学系数要大，以便构成全光激光防护薄膜；二是非线性响应时间要快，以便防护调 Q 和锁模激光；三是抗激光损伤阈值要高；四是物理化学性能稳定，能在较恶劣环境下可靠工作。

目前，采用非线性光学原理实现激光防护的方案很多，主要是利用三阶非线性光学效应。其中比较成熟的有利用 C_{60} 的光强非线性做成的光限制器。图 11-6 和图 11-7 分别示出了 C_{60} 分子结构和它的光限制特性。

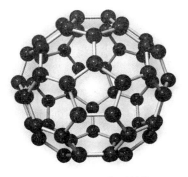

图 11-6　C_{60} 分子结构

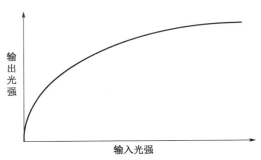

图 11-7　C_{60} 的光限制特性

当 C_{60} 薄膜材料受到弱光照射时，输出光强与输入光强成正比，即有线性关系；而当受到强光照射时，输出光强出现饱和，输出光强几乎不随输入光强变化，即有非线性关系。C_{60} 的这种光强非线性特性已被用来做成光限制器。采用这种光限制器原理可以实现光电传感器的激光防护。除此之外，由于激光与材料的相互作用首先是热效应，因此利用一些材料的热致相变机理可以实现强激光的防护。其中，特别引人注意的是氧化钒热致相变薄膜材料。当氧化钒因激光束照射而受热时，材料将发生半导体-金属的相变过程。伴随这个过程，其光、电特性将发生较大的变化。特别是红外特性，将从高透射转变为高反射。利用 VO_2 和 V_2O_3 薄膜的光学性能随温度的变化而显示出大的改变这一特性可以阻挡红外光和电磁辐射的攻击，从而实现激光防护。VO_2 的转变温度接近室温（68℃），因此受到极大关注。V_2O_3 的转变温度为-123℃左右，适合低温应用。这两种化合物的转变性能接近单晶材料的性能。图 11-8 给出了 VO_2 薄膜在高温、低温下的光谱透射特性。

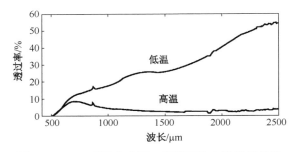

图 11-8　VO_2 薄膜在高温、低温下的光谱透射特性

考虑到卫星的使用要求，目前氧化钒热致相变材料和 C_{60} 非线性光学材料是实现卫星激光防护的理想材料，特别是两种材料的复合体。C_{60} 光学材料可弥补氧化钒薄膜材料反应速度慢的缺点；而氧化钒材料又弥补了 C_{60} 光学材料耐不住热冲击的缺点，两者联合可较好地实现卫星遥感光学仪器的激光防护。

2．卫星结构材料的防护技术

激光对结构材料的杀伤过程主要是热杀伤，它将沉积的激光能量转化为热能，使卫星舱体或要害部件的温度升高到熔点而烧蚀或达到结构的失效温度。卫星结构材料的防护属于激光硬损伤的范畴，从低轨道卫星结构易损性的角度来说，研究以下几种结构材料的激光防护具有重要意义：以铝、不锈钢为代表的金属结构材料；有机硅温控涂层等聚合物材料；热辐射器反射镜玻璃、太阳能电池保护玻璃及窗口玻璃为代表的玻璃材料。

结构材料的激光防护大致可采用以下几种方法。

（1）采用多层反射金属保护卫星，即给卫星对地面加"保护伞"，使卫星免于直接受激光加热，可以有效地抵抗地基激光武器的热损伤。

（2）选用高激光损伤阈值的材料。例如，金刚石材料等。

（3）改善材料的表面状态。材料的激光损伤阈值与材料的表面状态有很大关系。

（4）采用表面薄膜技术为结构材料提供激光防护。例如，卫星外壳可以是特殊的阳极氧化的铝板，即在抛光的铝衬底上形成一层透明的氧化铝薄膜，这种壳体的太阳辐射吸收系数为 0.16，IR 发射系数为 0.76，壳体内表面的 IR 发射系数为 0.27，其激光损伤能量密度阈值比原来加温控涂层高约 10 倍，损伤时间也长约 10 倍。

（5）提高材料的激光损伤阈值。这里特别介绍的是近年来国外发展了一种新技术——激光后处理技术，它能使某些光学材料的激光损伤阈值提高 2～3 倍。所谓激光后处理，是指把光学薄膜或光学材料通过低于激光损伤阈值的激光照射来提高材料的激光损伤阈值。激光后处理的激光照射方式有两种：一是用同一强度的多次照射（$S:1$）；另一种是光强随时间逐渐上升的激光多次照射（$R:1$）。目前这项技术尚不十分成熟，有待进一步完善，但它对提高光学材料的激光损伤阈值是十分显著的。

11.4　卫星隐身技术

由于各国卫星探测与监视技术的不断发展与进步，卫星又具有轨道相对固定的弱点，因此发展卫星隐身技术、降低卫星的可探测概率就具有了相当的现实意义。在这方面美国已经走在了世界的前列。目前，美国正在积极研制具备隐形能力的侦察卫星。这项计划已经秘密实施了十几年，主要由美国著名的军工企业洛克希德·马丁公司负责研发，目前已经进入最后的阶段。按照计划，美国有望在未来几年内将第三代隐形侦察卫星投入使用。

针对目前卫星监视系统主要具有光学监视和雷达监视两种手段的现状，这里将着重介绍基于这两种监视手段的卫星光学隐身技术和雷达隐身技术。

11.4.1　卫星光学隐身技术

1. 卫星的热辐射特性

卫星的红外辐射由两部分构成：自身辐射和反射环境的辐射。自身辐射由卫星自身表面的发射率和卫星表面温度决定；反射环境的辐射由卫星表面的反射率和环境辐射决定。由于太空是真空，卫星与环境的换热大多以辐射的形式进行。处于轨道上的卫星所接收的环境辐射有太阳直接加热、地球及其大气对太阳的反射加热、地球的红外辐射加热、空间背景加热。对这些热源进行定性分析可以发现，宇宙空间的辐射相当于绝对温度为 4K 的黑体，其辐射加热可以忽略不计，太阳和地球是主要的辐射源。

（1）太阳辐射。

太阳对地球的辐照度常用太阳常数来表示，从资料上看，太阳辐射在近日点（1 月 3 日）到达大气层外的辐照度约为 1399W/m²，在远日点（7 月 4 日）的辐照度约为 1309W/m²，一般工程上计算是通常都用太阳常数 1353 W/m² 来计算太阳的辐照度。地球以椭圆轨道绕太阳

运动，太阳常数在使用时需经日地距离修正，修正太阳常数 E'_{sun} 为

$$E'_{\text{sun}} = E_{\text{sun}} \left[1 + 0.034 \left(360 t_{\text{m}} / 365 \right) \right] \tag{11-5}$$

式中，$E_{\text{sun}} = 1353 \text{ W/m}^2$，为太阳常数；$t_{\text{m}}$ 为距离 1 月 1 日的天数。

（2）地球辐射。

地球可视为半径 6370km 的球体，地球大气层的厚度近似为 80km。地球辐射为地球及其大气系统的整体辐射。通过分析气象卫星所获得的数据得出，地球辐射的辐射出射度 M_{earth} 约为 237W/m²，其光谱分布近似于 280K 黑体的光谱分布。

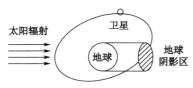

图 11-9　卫星接收太阳辐射示意图

（3）卫星的热特征。

根据卫星在轨道上所接收的太阳辐射不同，卫星的热平衡问题可以分为两种情况：处于日照区和处于地球阴影区。卫星接收太阳辐射示意图如图 11-9 所示。为简化分析，假设卫星为球形，当卫星运行在日照区时，其接收的太阳辐射能量 Q_{sun} 为

$$Q_{\text{sun}} = \pi r_s^2 \alpha_s E_{\text{sun}} \tag{11-6}$$

式中，r_s 为卫星的半径，α_s 为卫星的吸收率。

卫星接收地球的辐射能量 Q_{earth} 为

$$Q_{\text{earth}} = \pi r_s^2 \alpha_s E_{\text{earth}} \tag{11-7}$$

式中，E_{eaxth} 为地球在卫星处形成的辐照度。

假设卫星与地面的距离为 h，此时地球可看作一圆形面源，由辐射量之间的关系可知

$$E_{\text{eaxth}} = M_{\text{eath}} \cdot F_{\text{e-s}} \tag{11-8}$$

式中，$F_{\text{e-s}}$ 为地球与卫星之间的角系数。球形点源与球之间的角系数为

$$F_{\text{e-s}} = \frac{1}{2} \left(1 - \sqrt{1 - \left(\frac{r_{\text{e}}}{r_{\text{e}} + h} \right)^2} \right) \tag{11-9}$$

式中，r_{e} 为地球半径。

对比 Q_{sun} 和 Q_{earth} 有

$$\frac{Q_{\text{earth}}}{Q_{\text{sun}}} = \frac{E_{\text{earth}}}{E_{\text{sun}}} = \frac{M_{\text{earth}} \cdot F_{\text{e-s}}}{E_{\text{sun}}} = \frac{1}{2} \left[1 - \sqrt{1 - \left(\frac{r_{\text{e}}}{r_{\text{e}} + h} \right)^2} \right] \frac{M_{\text{earth}}}{E_{\text{sun}}} \tag{11-10}$$

若卫星运行在低地球轨道，设 $h=100$km，则式（11-10）约为 0.088，若卫星运行在地球同步轨道，$h=36000$，则式（11-10）的值约为 0.001。式（11-10）说明，太阳是影响卫星温度的主要热源，卫星在较高轨道上运行时，地球及其他因素的影响基本上可以忽略不计。当卫星运行在日照区时，假设卫星处于热平衡状态，卫星外形为球形薄壁壳体，无内热源，卫星表面温度一致。此时，卫星接收的能量应与卫星发射的能量平衡。卫星对外发射的能量为

$$Q_s = 4\pi r_s^2 \varepsilon_s \sigma T_s^4 \tag{11-11}$$

式中，ε_s 为卫星表面发射率；$\sigma = 5.67032 \times 10^{-8} \text{W} \cdot \text{m}^2 \cdot \text{K}^{-4}$，为斯特藩-玻尔兹曼常数；$T_s$ 为卫星表面温度。当卫星表面温度平衡时，式（11-6）与式（11-11）相等，可得到卫星表面温度为

$$T_s = \left(\frac{\alpha_s E_{\text{sun}}}{4\varepsilon_s \sigma} \right)^{\frac{1}{4}} \tag{11-12}$$

假设球体为薄壁铝抛光表面，其 $\alpha_s = 0.18$，$\varepsilon_s = 0.06$（这里使用的等效发射率和吸收率），可得到卫星的温度约为 366K，根据维恩位移定律，其辐射的峰值波长约为 7.92μm。当卫星运行到地球阴影区时，其平均温度下降，此时的热平衡方程为

$$\varepsilon_s \sigma T_s^4 = -c\delta\rho \frac{\mathrm{d}T_s}{\mathrm{d}\tau} \tag{11-13}$$

式中，δ 为球体薄壁厚度，ρ 为薄壁密度。

对式（11-13）进行积分，可得

$$\left(\frac{1}{T_{s2}^2} - \frac{1}{T_{s1}^2} \right) = 3\frac{\varepsilon_s \sigma \tau_{\text{sh}}}{c\delta\rho} \tag{11-14}$$

式中，T_{s2}、T_{s1} 分别为卫星进出地球阴影区前、后时的温度，c 为球体薄壁的比热，ρ 为球体薄壁的密度，δ 为球体薄壁厚度，τ_{sh} 为卫星在阴影区的时间。取 $c=836\text{J/ (kg·℃)}$，$\rho=2700\text{kg/m}^3$，$\delta = 1\times 10^{-3}\text{m}$，$\tau_{\text{sh}}=1.2\text{h}$，可以计算得出 $T_{s2}=292\text{K}$，此时的峰值波长约为 9.92μm。通过计算发现，与等效黑体辐射温度约为 4K 的宇宙背景相比，卫星辐射温度非常高，使得卫星在太空中很容易被光学仪器探测和跟踪，并可进一步推算出其轨道。从卫星表面温度变化范围情况来看，卫星自身的辐射主要处于中、远红外波段。

（4）卫星的可见光特征。

根据卫星的温度，由维恩位移定律可知，卫星的辐射在可见光波段非常微弱，可以忽略不计，卫星的可见光特征主要是卫星反射的太阳光。为了降低卫星的温度，卫星表面对太阳辐射的吸收率应非常低，这就要求卫星表面具有高反射率且尽量光滑，以使卫星把接收的太阳光反射掉，对于光学观测仪器而言，强烈反射太阳光的卫星形成了一个亮点。这样在地球上，甚至使用普通的光学望远镜就可以观测到卫星。

2．光学隐身技术

从原理上说，光学隐身就是要使目标的光学辐射特征融于背景中，使探测仪器不能从背景中发现目标。与宇宙背景相比，卫星无论是可见光特征还是红外特征都远远大于背景，从控制卫星表面发射率和反射率出发，难以实现隐身，这就形成了这样一种矛盾：为降低可见光特征，需要减少卫星对太阳光的反射，从而使卫星的温度上升，将卫星的红外辐射增大。可见光与红外隐身难以兼顾。卫星的隐身可从以下几个方面来考虑。

（1）卫星表面的红外发射率控制。

目前对卫星的观测主要通过光学观测站来进行，当卫星的红外辐射通过地球大气传输到地面上时，大气会对红外辐射造成衰减。在不同波长上，大气造成的衰减程度不一样，红外辐射透过率比较高的波段，称为大气窗口，传输到地面上的红外辐射实际上是处于大气窗口的红外辐射。图 11-10 是利用 MODTRAN 模型图计算的、从地球观察 100km 高度太空时红外波段的大气透过率。

从图 11-10 中可以看出，红外波段具有多个大气窗口，在大气窗口外，红外辐射的透过率几乎为零。这样我们在对卫星进行隐身设计时，可以对卫星表面选择合适的材料，这些材料应该在大气窗口具有非常低的发射率，而在非大气窗口具有高的发射率。在非大气窗口的

高发射率材料还有助于加强卫星的辐射散热，降低卫星温度。

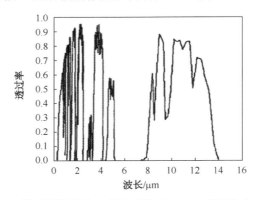

图 11-10　利用 MODTRAN 模型图计算的、从地球观察 100km 高度太空时红外波段的大气透过率

（2）可见光反射控制。

对于卫星反射的太阳光，可通过对卫星的设计，使得卫星反射太阳光的方向避开地球，特别是潜在对手的光学观测站。若卫星是球形的，则太阳光必有一部分光束反射到地球方向，这样卫星表面应尽量采取多面体结构，在轨道上运行时进行姿态调整，避免反射的太阳光向地球传播。为卫星提供能量的太阳能电池板也需进行一定的隐身设计。卫星的外表面应尽量避免漫反射，而采用镜面反射方式。

（3）外形设计。

把卫星的外形设计得像太空垃圾，围绕地球轨道转动的物体为数不少，设计得像太空垃圾可减少敌方对己方卫星的关注，从而实现对己方卫星的保护。

11.4.2　卫星雷达隐身技术

在目前卫星监视测量技术中，雷达探测跟踪占有很大比重。因此，研究卫星的雷达隐身技术也就成为卫星防御的一项重要内容。卫星雷达隐身技术主要是采用对卫星外形、结构的优化设计及采用吸波材料等技术，大大降低卫星的雷达截面积，从而降低被敌方探测跟踪的概率，在隐蔽状态完成各种使命。

所谓雷达截面积，是指目标对入射电磁波的散射能力。降低卫星雷达截面积就是采取措施降低卫星对入射电磁波的后向散射。要使卫星在全空域的散射都降低到显著的水平上很困难，可采取措施使目标在特定方向（如朝向地球方向）的散射能力大大降低。降低雷达截面积的主要技术有卫星外形、结构的优化设计以及采用吸波材料和等离子体技术。

1. 卫星外形、结构优化设计技术

卫星在运行或侦察过程中受到地面方向跟踪测轨雷达系统的探测是主要的危险。卫星由于其较为庞大的太阳能电池阵列，使其具有较大的雷达反射截面。因此，对卫星外形、结构进行优化设计。例如，将其外形设计成平面组合，控制平面的角度，可以将雷达的入射波发射到其他方向，从而降低目标在朝向地面方向的散射能力，就可以大大降低卫星在这一方向上的雷达截面积，实现卫星的雷达隐身。

此外，结构优化设计的另一个内容就是采取措施减少强散射部位及接合部位对雷达波的散射。例如，优化卫星外壳边缘设计、优化卫星天线设计、避免使用太阳能电池阵等。

2. 采用吸波材料（RAM）技术和等离子体技术

吸波材料用来吸收照射到目标上和由目标散射的雷达波。RAM 技术作为雷达隐身措施的重要技术之一，按其功能可分为结构型和涂覆型。结构型 RAM 通常是将吸收剂分散在特种纤维增强的结构材料中所形成的结构复合材料；而涂覆型 RAM 是将吸收剂与黏结剂混合后涂覆于目标表面形成的吸波涂层。因涂覆型 RAM 涂覆方便灵活、可调节、吸收性能好等优点，大部分隐身武器系统上都使用了涂覆型 RAM。

随着隐身技术研究的不断深化拓展，现在 RAM 需要从其吸波性能、带宽特性、质量、环境适应性等方面进行改进，新的 RAM、新的吸波机理的研制与开发日益受到重视，纳米材料、手性材料、导电高聚物材料、多晶铁纤维吸收剂、智能型隐身材料、多频谱 RAM 等新型 RAM 的研究已在世界范围内展开，并已初见成效。涂覆型 RAM 和结构型 RAM 两者结合使用可加大武器系统的隐身效果，拓宽吸波频带。通过将用来吸收高频波的涂覆型 RAM 涂于用来吸收低频波的结构型 RAM 的表面使得吸波频带得以拓展。

对于等离子体隐身技术，目前已有实验证明，等离子体对雷达波具有十分显著的吸收、耗散效果，受到极大关注。美国、俄罗斯早在 20 世纪 60 年代就已开始注意到飞行器周围激波产生的等离子体所起的作用，并通过风洞试验做过一些探索性研究。利用等离子气体层包围卫星的表面，当雷达波碰到这层特殊气体时，由于等离子体层对雷达波有特殊的吸收和折射特性，使反射回雷达接收机的能量很少。例如，应用等离体技术可使一个 13cm 的微波反射器的雷达平均截面积在 4～14GHz 频率范围内平均减小 20dB，即雷达获取的回波能量减少到原来的 1%。

3. 其他隐身技术

除上述两种隐身技术之外，目前还经常采取其他一些隐身技术。

（1）无线电静默。

在运动、飞行过程中尽可能关闭通信、雷达系统，特别是在飞越敌方侦察系统上空时，保持无线电静默，采用自主导航及姿态控制，以避免产生电磁泄漏而成为敌方无源探测设备的捕获目标。

（2）阻抗加载技术。

依据雷达波在目标表面产生的电流分布，在目标表面优化设计开槽开孔，对表面电流进行加载，改变表面电流分布，产生附加辐射场，对消原散射场，达到降低总辐射场，从而降低雷达截面积的目的。

习　题

1. 航天电子防御的地位与作用有哪些？
2. 航天电子防御技术的主要任务是什么？
3. 卫星防御技术包括哪些内容？
4. 星载激光告警技术系统的作用是什么？
5. 结构材料的激光防护大致可采用哪几种方法？
6. 卫星隐身技术包括哪些内容？

第 12 章　　航天电子对抗发展展望

航天电子对抗发展的总趋势是：一是航天电子侦察将向多功能、综合一体化、高效精确方向发展；二是航天电子攻击向手段多样化、软硬并重、软硬并用方向发展；三是航天电子防御将趋于电子防护与反摧毁防护并重，以及个体化与系统化并重；四是天基电子侦察监视、天基反卫星、天基干扰将成为航天电子对抗发展的重点领域。具体发展情况如下。

第一，电子侦察卫星向多星组网、综合侦察、高低互补、体制多元、大小共存方向发展。

（1）多星组网：兼顾战略和战术侦察的需求，就是基于星间链路，多颗卫星组网协同工作，既可保证重点、热点地区的普查和详查，又可对全球电子目标全时域、高频度地侦察和监视，从支持战略任务向战术应用转变。多星组网可以提高时间分辨率，保持对目标的连续长时间侦察和监视。

（2）综合侦察：满足复杂电磁信号环境的需求，就是电子侦察卫星集雷达、通信、测控、导航、数据链等多种侦察和监视任务于一体，并搭载其他类型的侦察载荷，兼具光电侦察能力，满足高技术战场瞬息万变的需要，使战场指挥员能全天候、实时地了解战场的最新情况，及时做出正确决策。

（3）高低互补：实现连续监视和详查精测。高轨道卫星主要用于长时间连续监视，低轨道卫星则主要用于对目标的详查和精确定位。卫星的部署应包括低轨道、中高轨道以及同步轨道等多种轨道卫星的侦察，并实现依靠高轨道卫星连续监视，引导低轨道卫星进一步详查的协同作战模式。

（4）体制多元：满足不同类型侦察任务的需求。低轨道卫星单星定位多采用基于基线干涉仪单脉冲测角定位，满足多类信号定位需求，精度高，适应性强；海洋监视卫星采用多星时差、频差定位，精度高，监视时间长；高轨道卫星用于信号连续监测，采用电扫单脉冲测角定位。

（5）大小共存：满足长期执勤和应急发射需求。大型卫星功能强大，但研制周期长、更新换代慢；小型卫星功能单一化，研制周期短、更新换代快、造价低、能快速发射等，适合战时应急。

第二，电子侦察卫星载荷技术向宽频段、宽带宽、高灵敏度、高效实时方向发展。

在天线技术方面，发展超大型天线、超宽带天线、多波束馈源、宽带宽波束赋形、大口径天线展开等技术，符合口径大、质量小、收拢体积小和表面精度高等要求，满足宽频段、宽瞬时带宽接收的需要。

在宽带数字接收机技术方面，发展宽带数字接收、宽带大视角数字多波束形成等技术，满足宽频段、高灵敏度、大动态范围、高截获概率、适应信号能力强等要求。

在高效实时信号处理技术方面，发展精确测向定位、微弱信号分选、复杂信号处理等技术，增强星上数据处理能力。

第三，注重大力发展地基航天电子干扰技术等软杀伤手段。

美军"地基卫星通信对抗系统"（CCS）利用无线电干扰敌方卫星上行链路，阻断敌方卫星通信。目前美国空军计划发展"第二代卫星通信对抗系统"，以弥补现有系统的不足，包括提高频率范围以及实施更多同步干扰的能力。

美军从 2003 年开始研制地基监视和侦察对抗系统，用于阻止敌方使用成像卫星获取打击目标、毁伤评估等情报信息。

第四，发展完善卫星威胁预警技术，判别攻击类型，探测攻击源。

快速攻击识别报告技术：由地基、天基传感器、信息处理系统、报告体系组成全球攻击探测报告网络体系，提供攻击的性质与来源的近实时动态信息，进行攻击告警和威胁识别，并快速评估攻击对空间电子信息系统的影响，为主动防护或采取反制措施提供依据。快速攻击识别报告技术分为 Block10 和 Block20 两个阶段实施。Block10 包括陆基硬件与软件，可以让军方监视商业卫星通信链路的完整性，同时可探测干扰源，以确认干扰是无意行为还是来自袭击。Block20 具有监视所有空间资产和其他保密系统的能力。

第五，积极研究新型天基平台防护技术，提高生存概率及恢复或重建速度，增加攻击技术难度。

美国空军正在研究"即插即用"卫星，可以实现在几天或几周内制造并发射，而不是几个月或几年。"即插即用"卫星涉及外形和内涵上的规范，要求卫星平台的零部件必须有统一规格，可以相互兼容，直接取来部件即可轻松组装成卫星。不仅发射周期大大缩短，而且造价更加便宜，性能更加可靠。

美国空军资助开发"护卫队"计划，其目的是发展综合的空间攻防能力，主要功能有对大型卫星进行局部空间监视，以探测可能受到的攻击行为；逼近检查和监视大型卫星；暗中攻击，使大型卫星永久或暂时失效；通过微型卫星主动保护大型卫星免受攻击。

分离模块航天器技术：将卫星按功能分解为可重新组合的分离模块，基于无线数据连接，重构成功能完整的虚拟卫星。2007 年美国国防部高级计划研究局启动一项名为"F6"（未来的、快速的、灵活的、自由飞行的模块化航天器）项目，该项目的目标是以信息交换为纽带，构成未来的、快速的、灵活的、自由飞行的模块化航天器。其实质是建立一种面向未来的、灵活的、高效的航天器体系结构，将传统的卫星按功能分解为可重新组合的分离模块。各模块可独立发射，在轨运行时通过无线数据连接和无线能量传输，构成一个功能完整的虚拟卫星，使该系统具备系统重构和功能再定义的能力。F6 的技术特征可归纳为功能分解、结构分离、无线连接、编队飞行。

习　题

1. 简述航天电子对抗发展的总趋势。
2. 未来航天电子对抗有哪些发展方向？

第 13 章　卫星监测与识别

随着全球太空资源开发热潮的进一步高涨，未来太空形势变得更加严峻，对空间目标尤其是卫星的监视、识别技术起着基础性、关键性作用。空间目标监视系统的任务是对重要空间目标进行精确探测和跟踪，确定可能对航天系统构成威胁的航天器的任务、尺寸、形状和轨道参数等重要的目标特性，并对目标特性数据进行归类和分发。空间目标监视与识别具有重要的军事价值，它是空间攻防与信息对抗系统中的首要环节，是国家空间安全体系的必要组成部分，是形成国家战略威慑能力与战时有效打击能力的基本保障，对于保证国家安全与保障国家利益都具有重要作用和重大意义。本章将主要介绍卫星监测与识别的基本原理和卫星信号的探测技术。

13.1　卫星监测的作用与原理

为了达到卫星对抗的目的，首要是发现敌方的军用卫星，并加以识别和跟踪。因此，就离不开卫星监测与识别系统。监测，即监视和测量，它与监视相比，着重强调在监视的基础上进行测量。人类向空间发射了人造地球卫星，就必然需要对卫星进行控制、测量和管理，因而需要不间断地对这些目标进行监测，由此而形成的专用手段，称为卫星测控。卫星测控是针对自己发射的可以自主控制的卫星，卫星与地面是合作的。而这里所涉及的卫星监测与识别则和卫星测控不同，它主要针对那些不甚明了的非合作目标卫星。其监测与识别的过程包括探测、跟踪、测量、分析、识别几个方面，其中最主要的是探测、测量和识别。

卫星监测是空间监测的内容之一，空间监测除了有对卫星的监测，还包括对航天站、航天运载工具及空间失效载荷、碎片等空间垃圾的监测，其中最重要的就是监视那些对本国安全构成威胁的重要军用卫星。

在争夺"制天权"的过程中，卫星监测情报是引导己方反卫星武器拦截敌方卫星及评估杀伤效果的重要支持条件。对将来可能出现的、具有更大威胁的卫星武器平台的攻击预警，也将依靠卫星监测来完成。卫星监测在平时还担负着保障本国航天活动安全、对敌意攻击和非敌意的空间碎片碰撞进行预警，以及对其他国家航天器意外陨落并重返大气层事故、空间环境监测、航天发射测控支援等重要作用。对卫星等空间目标的监测早在人类的第一颗人造卫星上天时就开始了。初期主要是利用远程警戒雷达、天文光学望远镜及无线电信号监听系统等现成手段进行，随后才逐步装备起专用的设备系统，如多站连续波雷达、远程精密跟踪雷达、空间监测相控阵雷达、高分辨率 CCD 相机、红外监视系统、跟踪经纬仪、光电结合的深空望远镜、激光测距仪、激光雷达、无线电侦察系统等。空间目标监测设备一般都应具备对不明目标的主动探测能力和较高的发现概率，除了能通过跟踪、测量获得精度很高的观测数据，还应能获得较多的其他物理探测信息，甚至是目标的图像信息，以便对目标轨道进行确定和分类识别。

一个实用的卫星监测系统在组成上往往根据监测对象和监测手段的不同分成一些专用的

监测网与监测站，整个系统由一个指挥控制中心管理，负责整个监测系统的各种信息的汇总和处理。监测网有以下几种。

1．近地目标监测网

近地目标监测网由若干部雷达构成，而其中大多数雷达同时是导弹预警系统的地基监视雷达。也就是说，有相当一部分设备是担负双重任务的。

近地目标监测网所监测的空间目标，在数量上几乎要占到监测总数的 3/4，其中包括数量占有很大比例的各种军事侦察卫星。种类繁多的遥感类对地观测卫星也多数分布在近地轨道上。由于近地卫星在轨道上的运动速度快，地面的可监测时间短，因此在技术上要求近地目标监测网在监测站（设备）数量配置上应尽可能多，并且在地理分布上也应更为广泛，以获得更好的监测效果。

2．深空目标监测网

受雷达作用距离的限制，深空目标监测网的设备基本上只能依靠大型的光学/光电望远镜系统。这类系统具有作用距离远、测量精度高、系统的造价和运行维持费用相对雷达要低。但是光学系统在观测时受气候、可见期条件制约，尚无法实现全天时、全天候工作。由于深空目标轨道高度很高，对地面的覆盖范围很大，目标相对监测站呈静止状态或移动非常缓慢，因此深空网不需要设很多站。

3．信号侦测网

信号侦测网由多个信号侦测站组成。信号侦测是无线电技术情报部门的一种技术侦察手段。信号侦测也是最早用来监测空间目标的一种方法，具有设备系统相对简单且作用距离基本不受限制等优点。信号侦测最具优势的是可以从空间目标的下行信号中直接获取许多重要信息，这是其他任何一种技术手段所不能取代的。信号侦测的局限性在于它是一种完全被动的监测方法，随着传输保密和信源加密的不断加强，其信号的侦收、截获和分析与处理难度日渐加大。尽管如此，它所具有的独特优势仍使其在卫星监测中占有一席之地。

监测站根据卫星运动特点和星下点覆盖区域，按一定的间隔距离进行设置，监测站的数量越多，分布范围越大，控制空间目标的能力越强，监测站的主要分布范围集中在北半球的中纬度地区，当然，这与全球陆地分布状况不无关系。

监测站的日常任务是不断地搜索、探测进入空间的新目标，并在发现目标后对其跟踪与测量，获取目标的观测数据。此外，监测站还承担对所有已在空间的目标进行日常的监视和测量任务。监测处理中心的任务是对各监测站传回的大量跟踪与测量数据进行处理，及时发现新进入空间的目标，同时对已列入登录管理的原有目标的变化情况进行监视，并对所有监管目标进行轨道改进以保持目标的轨道精度不会因时间推移而逐步下降。对于新入轨的空间目标除需要及时列入编目管理之外，还必须不断地通过观测优化其轨道确定的精度并对其进行识别和评估。

13.2　卫星信号的探测

卫星监测的实质就是探测目标的电磁信号，包括目标发射、辐射和反射的所有在技术上可能被探测到的电磁波（含光波）。由于电磁波的形式、特性和波段的不同，形成了许多不同类型的技术手段和技术设备。探测的目的是发现并监视其活动，通过对卫星的监测，获取其活动情况、意图及技术信息情报，为国家安全和战略防御服务，以及对抗提供参考数据。

卫星监测的基本原理是建立在对卫星发射、辐射和反射的电磁波的有效检测上，对检测到的电磁波信号通过技术转换变成可测信号。例如，使用无线电接收设备将电磁波转换成电信号、音频信号或其他直接可视的显示信号，无线电接收系统就是检测转换空间电磁波的技术手段。雷达系统、光学/光电望远镜系统都是这种检测并进行能量转换的具体设备。

卫星信号探测的基本目的就是把卫星自主产生的和被动反射的各种不可视的电磁波转换成可检测的形式。发现可检测信号的存在也就发现了空间目标，通过对可检测信号的监视和测量还可以获得目标在一段时间里的运动状态，记录与时间相关的运动状态就达到了对目标测量的目的。卫星的轨道确定就是直接依赖这些测量记录而产生的。在转换的电磁波信号中，还包含许多目标本身特征的其他信息，通过一定的技术手段加以提取，就能获得对目标进行识别的依据。对卫星的探测、发现、确定其轨道和运动规律，以及对其性质的判定和识别，都是建立在对卫星各种电磁波信号的探测、认知能力上，各种监测技术手段的发展同样建立在这个基础上。整个电磁波的频谱中可被用于对目标监测的主要谱段是无线电波、微波、红外线、可见光等部分。

卫星信号探测有以下几种方式。

（1）发射信号的侦测。

卫星的发射电磁波主要是向地面测控站下发的遥测数据及探测数据信号。由于多数频段的无线电波在穿过大气层时会被吸收而引起很大的损耗，因此卫星在下行频率的选择上只能利用一些特定的频率"窗口"。这些窗口频率分布在 L、S、C、X、Ka、Ku 等频段上。

侦测卫星下行无线电信号的设备，从原理上讲，与一般的无线电信号接收设备并没有太大区别，但也有一些比较明显的特点。首先，这些设备应具有较宽的接收频段和接收带宽，以及多种信号的解调和记录功能，以适应多种不同目标的接收，即所谓的通用性特点；其次，这类设备应具备比较高的接收灵敏度及频域、空域自动搜索功能，以适应侦察发现目标的要求；最后，接收点的选择应尽可能地靠近被监测卫星所属国的地面测控站，以获得尽可能大的目标共视区。因此，信号侦测网一般都由多个站组成。

（2）反射信号的监测。

卫星的反射电磁波主要有两类：一类是反射太阳辐射能量形成的电磁信号，频段可以从红外直到紫外波段；另一类是反射地面探测雷达和激光探测设备所发射的电磁波信号，频段主要在无线电和可见光频段。对前一类反射电磁信号的探测主要依靠光学系统。随着电子探测器技术的发展，望远镜可以探测的频谱被大大地扩展，它可以包括从红外到紫外直至射线部分。这种采用电子探测器作辐射电磁能转换的望远镜统称为光电望远镜系统。由于地球大气中的各种粒子对电磁波能量的吸收和反射，只有某些波段能够使电磁波能量传到地面，因此和无线电信号一样也存在一些探测窗口。

卫星的后一类反射电磁波是地面雷达系统主动发射的。雷达是一种主动探测手段，它发射的探测波碰到目标后形成反射电磁波（也称为雷达回波），经检测后可以自主地完成探测，而不受其他条件制约。这与探测目标反射太阳所辐射的电磁信号有所不同。雷达的工作频段主要在超高频（厘米波）以下。值得注意的是，雷达为了提高探测分辨率，一些毫米波（1～

10mm）的空间监测雷达也开始投入实际应用。另一个值得关注的是激光雷达的应用，激光是一种频率极高的单色光，它采用雷达的模式把波束射向被探测目标，然后利用光学望远镜作为天线来接收回波能量，再用光电探测器作为能量接收转换器件完成探测。毫米波和激光探测技术的发展与应用将可能实现多谱段传感器数据融合，实现微波/毫米波/可见光/红外一体化探测系统的发展和应用。

（3）辐射信号的探测。

卫星的红外辐射主要是星体的电子系统工作时所产生的热能形成的，地面系统探测这一部分辐射频谱除探测意义上的作用之外，还有两个特殊的用途，即延长目标光学可见期和判断卫星的工作状态。首先，当卫星进入地球阴影区而不能反射太阳的辐射电磁波时，光学/光电系统就要进入观测间歇期，从而失去对目标的监视发现能力。其次，能够探测到卫星红外辐射这个事件的本身就表明目标处于正常工作状态，这对目标识别是一个重要的信息。

卫星辐射电磁波主要在红外谱段，探测的波段主要是近红外波段的 $2.7\mu m$ 和 $4.3\mu m$，所以采用两个波段主要是为了降低虚警率。

13.3　卫星轨道的确定

13.3.1　轨道确定的概念

卫星的轨道确定即确定卫星在一个选定的参考坐标系中的运动参数，如在地心惯性坐标系中表示卫星的三维位置和 3 个速度分量，然后转换成 6 个轨道根数。

通过探测过程获得卫星运动的信息，就具备了确定卫星轨道的基本条件。当卫星处在一种没有人为外力作用的条件下，遵循万有引力作用进行惯性飞行，而且地面探测设备获取的卫星相对于观测站的视运动测量参数包含卫星整个运行轨道的全部信息时，就可以确定卫星的运行轨道参数。

对卫星运动轨道的确定不同于对其他机动飞行目标的运动轨迹的测定。卫星的轨道被确定之后，它的任一时刻的运动状态在理论上都是可以计算并进行预测的。卫星飞行轨迹的唯一性和可预测性是它的基本特征。卫星轨道运行依靠一组参数来描述，卫星轨道的确定是卫星监测的一个基本任务。

在没有其他外力影响的条件下，卫星的飞行将始终沿着一条二次曲线运动，所能看到的目标的视飞行轨迹虽然只是整个轨道中的一部分，但是它已经包含了描述整个轨道所需要的全部信息。轨道确定就是通过观测点（可以在地面，也可以在空间）的测量设备对卫星的这一段视轨迹进行测量，然后经过计算获得整个轨道的参数。这种以少量观测数据计算整个轨道参数的过程称为轨道确定。

卫星的轨道确定可分为两类：非自主确定和自主确定。

（1）非自主确定：由地面站设备（如雷达）对卫星进行跟踪测轨，且在地面测控中心进行数据处理，最后获得轨道位置信息。由于这种轨道确定方法依赖于地面站，因此有很大的局限性。若要连续跟踪卫星，则需相当数量的地面站。若要求地面站100%时间覆盖卫星，则需有地面站的数目为

$$N = \frac{14400}{\text{轨道高度(km)}} + 2 \tag{13-1}$$

这些地面站都要求理想分布，这势必要求有些地面站需设在国外或公海上。由此可知，用增加地面站的办法来连续跟踪低轨道卫星既不经济，也不现实。

（2）自主确定（通称自主导航）：若卫星的运动参数（位置和速度）用星上测轨仪器（或称为导航仪器）确定，且该仪器的工作不取决于位于地球或其他天体的导航和通信，则这种轨道确定称为自主导航。

13.3.2　测量参考系统

测量卫星的运动和测量其他运动物体一样，首先必须建立测量参考系统，它包括坐标系统、时间系统、设备装置和统一时间设备。

1．坐标系统

空间目标的轨道数是以空间三维坐标系统来描述的，这种坐标系的原点位于地心，并与天球中心重合，因此它可以很方便地与各种天球坐标系进行转换。绝大多数观测站都是建立在地球表面的，它的位置随地球自转而运动，其坐标也采用一种类似的地心坐标系来描述，使用地心经度 λ、地心纬度 φ 和地心向径 R 来确定。对空间目标的视运动轨迹的测量所建立的各种地面坐标系统中，使用最多的是地平坐标系，其次是赤道坐标系。

建立坐标系首先必须定义一个参考平面，并确定坐标原点及度量的起算参考点。空间目标瞬时位置虽然是以监测站的地面坐标系统的测量值来表示的，但它可以通过观测站地心坐标与空间坐标系建立联系，并进行换算。

2．时间系统

时间系统的建立首先要确定一个物质运动过程作为参考标准，与人们生活关系十分密切的年、月、日和时、分、秒就是一种广义的时间计量系统，它是通过地球绕太阳公转和地球本身的自转的周期运动来建立的。现代天文学的研究已经发现，用作时间标准的参照物本身就具有不均匀性及长期减慢的趋势，不能适应精密测量的要求。

空间目标测量中使用的时间系统以原子时秒为单位，并在时刻上尽量接近世界时的一种计量系统。

3．设备装置

建立测量坐标与采用的设备类型有密切的关联，无线电测量设备基本上都采用地平坐标，设备采用相应的地平方式装置。地平方式会产生系统差，且在卫星过天顶时会产生跟踪盲区，需要依靠一定的技术来解决，但其测量值比较直观，结构相对简单。

光学/光电设备的测量除采用地平方式装置之外，比较多的是采用赤道装置，该装置测量精度很高。赤道装置有许多不同的形式，但结构原理是一样的。

4．统一时间设备

空间目标监视和测量系统必须建立统一的时间标准，才能使所记录的测量数据和事件具有使用意义，在由多站组成的监测网中，各站之间严格的时间同步更是不可缺少的基本条件。

能够提供标准时间信号和频率信号的电子设备称为时统系统（简称"时统"）。时间统一系统由时统中心和若干时统分中心组成，其设备包括无线电接收机、原子频率标准（原子钟）、标准信号发生器及放大分配设备等组成。无线电接收机用于接收天文台播发的标准时间和标准频率信号来保持各时间系统与标准时间的同步。美国的"导航星"全球定位系统（GPS）由于能够提供高精度的时间、频率标准，因此在功能上也能代替天文台所播发的信号。原子钟的作用是用来产生准确而稳定的基准信号，经处理后形成各种频率的标准信号、采样信号、控制信号及时间码信号，再由通信线路送到各使用设备。因为用户设备与时统中心的距离不同，所以时统信号到达各设备的时间延迟有差异，为了保证精确的时间同步必须事先进行严格的校正。

13.4　卫星的识别

"识别"是一个含义比较广泛的术语，它包含分辨、分类、判别、辨认和认识等多层意思。在实际应用上，识别又可分为"合作目标"识别和"非合作目标"识别两类。卫星监测主要是针对"非合作目标"，其识别能力直接关系到系统的作战应用效能。

卫星识别主要包括 3 个方面的工作：一是通过探测手段获取卫星的实时状态信息；二是事先获取被识别对象的各种特征参数，并在此基础上建立参考样本；三是将以上二者进行比较辨认而得到识别结果。所以，能否实现正确识别取决于参考样本是否准确和所获取的关于卫星的状态信息是否准确。在实际应用中，由于检测手段不可能达到完全精确，而且物体与物体之间原本就可能存在相似性，因此不可避免地会造成识别的模糊问题。

识别样本建立从技术上说，首先是一个不断优化已有设备检测精度和不断创造新的检测手段的问题；其次是从各种检测数据中提取和发现目标所具有的个性化特征。可以说，当目标具有某种唯一性特征时，该目标就会很容易地被指认出来。但事实上，这种情况是极罕见的。目标存在相似性的一面就必然会有特殊性的一面，或者说在过程中某一时刻存在共性，那么也必然会在另一时刻表现出个性。建立识别样本是一个长期的、具有很强的积累性特点的认识过程。

识别样本从形式上可以是关于目标的一个或几个参数，也可以是一组相关联的数据或是对一个过程的数学描述，甚至是一种关于事件规律的仿真过程或总结。建立样本库的信息来源除了从直接的技术测量中获取，还可以通过数学运算的方法从理论上求取，在实践中往往人的经验在某些时候就是一个非常有效的（尽管有时是模糊的）识别样本。可以肯定地说，识别技术和手段的发展最终会逐步向模仿人的思维方面发展，从而实现识别的自动化和智能化。所谓识别，是指在大量样本基础上所进行的对比、判决及鉴别工作，识别过程可以通过特定的数学模型来进行，但是分析人员的作用仍然是不可替代的。

卫星的识别主要有以下 3 种形式。

1. 目标分辨识别

从大量的探测信号中提取出被探测目标的过程称为目标分辨。例如，从恒星背景中识别出卫星，从侦测信号的频谱中区分出卫星信号，从探测回波中指认跟踪对象等都属于目标分辨。由于卫星是一种具有很强的运动规律的物体，因此可供作为识别样本的信息和参数很多，其中能表征运动特点的信息，如多普勒频移、运动轨迹与视向速度等都是获取识别样本的基础。

2．目标分类识别

从许多已被发现并监视的卫星中，按目标的国别、性质、用途、工作状态及威胁程度等要求进行区分和归类称为分类识别。对卫星来说，分类识别一般要求识别到国际编号，它是卫星编目的基础。可供分类识别建立识别样本的信息包括卫星运行轨道参数、发射时刻和地点、卫星的信号特征参数、反射及辐射电磁波的测量参数及卫星的图像信息等。对卫星的分类识别需要在多种识别样本的基础上进行综合分析、判别，其识别模型应具有多条件判决和推理的功能。

3．目标辨认识别

对卫星个体之间可供相互区分的特征进行辨别称为辨认识别，也称为特征识别。在同类卫星的个体间进行识别时，往往最容易出现识别模糊的问题。例如，特征相似的同型号卫星的辨认，这需要借助于更加精细的、具有个体特征的识别样本并依靠多种数据源的融合技术来进行，在很多情况下还必须借助于其他情报手段及信息的旁证。

事实上，对卫星的识别是一个综合的连续过程，它依赖识别样本的丰富完善，判别模型的准确有效，同样离不开其他情报信息的支持和人的作用。从样本的不同提取技术到目标参数的各种判断过程所进行的种种划分，更重要的意义在于建立概念和表述的需要。

13.5　天基空间目标精密跟踪和监视技术

传统的卫星监测系统是以地基监测设备为主体，采用主、被动手段相结合的工作方式。这种卫星监测系统存在很大缺陷，已不能满足空间作战对时效性和精确性的要求。预警系统虽然采用了天基、地基相结合的体制，但目标自由飞行段的监测仍然未能有效解决，对多目标的识别和精确定位仍存在许多问题。卫星监测的发展主要受制于两个因素：一是地基的有效覆盖范围，无法达到对空域、时域的无缝覆盖，建立更多的监测站又受到政治和地理方面的因素制约，很难实现；二是在现有监测手段中，雷达虽然具有主动探测能力，但作用距离受到制约。光电手段作用距离虽然很远，但不能达到全天时和全天候的要求。从技术发展的趋势来看，以天基监测平台作为全球监测系统的主体，将能有效地弥补现有体制诸多的局限性。所以，美国、加拿大等国家都开展了建立天基空间目标监视系统的计划。

13.5.1　天基空间目标监视系统的发展现状

美国早在 1996 年就发射了"空间中段监视"试验卫星（MSX），其目的是对星载探测器进行试验，试验内容除对导弹中段进行监测和跟踪之外，还涉及太空目标监测、天空背景光探测和地球背景环境的探测试验研究。MSX 卫星上携带的天基可见光探测器（SBV），可以探测低空和深空 7～15 等星亮度的空间目标（卫星和碎片），能够同时探测低轨道和地球静止轨道的卫星（图 13-1）。由于其优异的探测性能，一直以来在美国天基监视网中发挥着主要探测器的作用。美国正在研制的"天基空间侦察系统"卫星星座（SBSS），是为提高对空间目标监视、跟踪和识别能力，以及增强对空间态势的实时感知能力而研制的支持空间型武器装备（图 13-2）。SBSS 是一个使用光电敏感器的卫星星座，它将成为太空侦察网的基石，极大地增强长期地基太空监视系统网络。按原计划，SBSS 系统的研制经费为 5.9 亿美元，2007 年发射，2010 年投入使用，目前拟议中的 SBSS 系统由 4～8 颗卫星组成，高度为 1100km，设计寿命为 5 年，能够实现每天对空间目标监视一次并更新大多数卫星的位置数据。据称，SBSS 系统将使美国对地球静止轨道（GEO）卫星的跟踪能力提高 50%，最终可能完全取代地基监视空间系统。

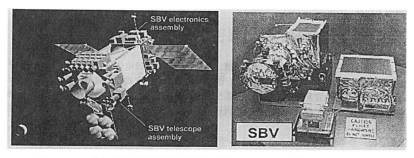

图 13-1 "空间中段监视"试验卫星（MSX）及其可见光探测器

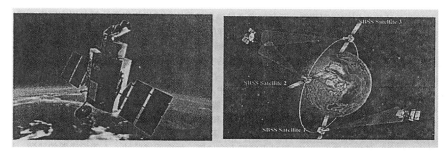

图 13-2 "天基空间侦察系统"卫星 SBSS 及其星座

美国空军还进行了"实验卫星系统"（XSS）系列试验。XSS-10 是系列卫星中的第一颗，已于 2003 年成功发射。该星能对位于低轨道上的卫星近距拍照，演示了半自主运行和近距空间目标监视能力。美国空军于 2004 年发射 XSS-11，主要试验对目标的监视能力，并用于演示先进的轨道机动和位置保持能力。目前，美国在天基空间目标监视领域的重点系统基本信息归纳如表 13-1 所示。

表 13-1 美国天基空间监视系统基本信息

	SBSS	MSX	ODSI
轨道高度	近地轨道，约 1100km	太阳同步轨道	地球同步轨道
星座及数量	卫星 4～8 颗	1 颗	3 颗构成星座
监视载荷	多种光电载荷	紫外成像仪与光谱成像仪；天基可见光相机；空间红外成像望远镜	光学望远镜系统
监视视场	较宽的视场	兼有宽、窄视场	宽视场
工作波段		覆盖紫外到超长波红外	
实时性	实时跟踪	天基可见光相机用于实时目标跟踪	实时跟踪
卫星质量/kg	待定	2700	待定
功耗/W	待定	2500	待定
设计寿命/年	5	4～5	待定
首发时间	2007 年	1996 年 4 月 24 日	2007 年暂停发展

	SBSS	MSX	ODSI
最新进展	首颗"探路者"卫星2007年1月通过关键设计评审，转入工程制造阶段	仅有天基可见光相机仍在工作	2004年完成采办战略研究，2005年提出概念研究合同，2006年进行系统需求检查
目标	GEO卫星的跟踪能力提高50%，空间目标编目信息更新周期缩短到2天	监测途中飞行过程导弹；空间目标监测；天空背景光和陆地背景光探测；太空粒子和气体污染测量	提高国防部空间监视能力；跟踪和监测高轨道上的物体，提供空间目标的详细特征；进行空间目标识别
负责单位	空军空间与导弹系统中心	导弹防御局	空军空间与导弹系统中心

　　加拿大也启动了空间监视计划，其目的是增加空间目标监视网的传感器，通过发展近地空间监视（NESS）系统来实现对近地球小行星的搜索和跟踪，以及对地球轨道卫星的跟踪。NESS系统的任务是在加拿大空间局和加拿大国防部的支持下，由Dynacon和一个小行星科学家小组共同开发的，它是在小卫星平台上装载小型成像望远镜，此成像望远镜是基于为MOST恒星光测任务而设计的，可获得的目标亮度为11～14，它获得的目标精度能够与北美防空联合司令部（NORAD）规定的目标精度相适应，对于距离40000km的目标定位精度为1km。

　　衡量一个国家的空间能力目前主要有三大指标：空间监视和预警能力、空间部署能力、空间攻防能力。美国曾在《2020航天远景规划》中提出，监视空间的主要任务是对重要空间目标进行精确的探测和跟踪，实时探测可能对美国航天系统构成威胁的航天器的任务、尺寸、形状、轨道参数等重要目标特征，对目标特征数据进行归类和分发。

　　美国航空航天局（NASA）还提出研制"下一代空间望远镜"（NGST），并采用直径为8m的反射镜，比"哈勃"空间望远镜大4倍，而成本大约只有"哈勃"空间望远镜的1/4，且质量也只有"哈勃"空间望远镜的1/4。由此可见，为了适应未来军事斗争获取信息优势的需要，美国正大力扩展其空间目标监视能力。

13.5.2　天基空间目标精密跟踪和监视系统的关键技术

　　空间精密跟踪成像系统是在运动的载体上搭载高分辨率光学成像探测设备，整个系统除了要求满足航天环境使用的基本要求，还必须与卫星载体能够很好地耦合，系统主要关键技术如下。

1. 天基空间目标监视的作用距离分析

　　典型地基空间目标探测与跟踪系统主要由相控阵雷达（包括无线电系统）和光电探测器组成，探测距离超过36000km，对同一空间目标重复监视的时间间隔为5天。而天基空间目标监视系统不受地理环境及大气条件的影响，扩大探测范围，探测距离也大大增加，对于空间目标监视系统中的可见光探测相机而言，最重要的指标包括所能探测的目标在不同距离上对应的星等数，作用距离、空间目标反射率、辐射率特性是空间目标探测能力分析计算的重要基础。

　　在空间目标监视系统中，探测的对象为空间非合作目标，目标本身不发光，只能利用其反射太阳光的特性进行探测，且目标的距离远、尺寸小，在探测器靶面上成点像，太空背景复杂，目标与背景对比较小。在利用可见光相机探测目标时，首先要求目标像点在像面的辐照度必须满足探测器最低辐照度要求；其次要求目标与背景有一定的对比度，并且电信号必须满足一定的信噪比。根据目标探测、捕获的 Johnson 准则如图 13-3 所示。目标成像为 2 个像元时能够探测目标，为 3～5 个像元时能够对目标进行粗分类，为 5～10 个像元时能够识别出目标，15 个以上像元时能够辨别确认目标，所以在跟踪系统设计时，必须根据对重点目标的探测需要，设计合适的光学系统，以达到最佳探测效果。

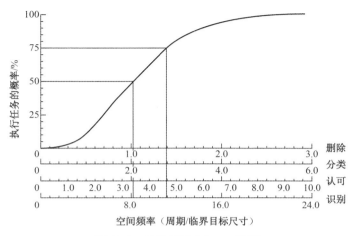

图 13-3　目标探测 Johnson 准则

2. 太空复杂背景中的目标识别

相对于广阔的太空，空间目标是非常渺小的，加之其运动速度较快，这就对探测跟踪器件提出了很高要求，目前的跟踪手段对其的捕获存在一定的困难。如何将处于复杂背景中的微小高速物体提取出来，并有效地消除背景噪声，成为天基空间目标捕获和跟踪的关键。大多数空间目标经过成像系统成为点目标，要将有用的目标从复杂的背景中提取出来，还必须借助其他探测器件，甚至是多个探测器的联合使用才能实现。探测器件的波段选择也是非常关键的，选取合适的探测器件将减轻数据处理的压力并降低目标识别的复杂度。要有效地对空间目标进行捕获和跟踪，不仅需要选用合适的探测器件，还需要建立一套有效的目标识别与跟踪算法和高速的数据采集处理系统。选用目标检出算法与图像信噪比和目标尺寸大小关系很大。由于空间目标几乎都为点目标，图像信噪比很低，因此简单的阈值切割法不能有效地检出目标图像。由于点目标无形状特征，用灰度大小来鉴别仍是基础，采用邻域相关的方法可提高信号幅度。另外，太空背景随时间几乎不发生变化，如果将临近含有目标的多幅图像关联相减，就可以消除背景的影响，得到目标的运动轨迹，进而对目标进行跟踪。

习 题

1. 简述卫星监测的意义。
2. 卫星信号探测有几种方式？
3. 简述卫星轨道及其分类，卫星的轨道确定有几类？
4. 简述卫星识别的主要 3 种形式。
5. 如果要求地面站 100%时间覆盖轨道高度为 800km 的卫星，理想情况下需要地面站的数目是多少？

参考文献

[1] 黄汉文. 航天电子对抗的概念与发展[J]. 航天电子对抗，2007（02）：1-5+21.

[2] 连元. 以天探地、以地制天——浅谈空间电子信息对抗发展的基本策略[J]. 电子科学技术评论，2005（2）：1-4.

[3] 苏宪程，于小红，孙福安. 空间电子对抗及其主要途径[J]. 舰船电子对抗，2008，31（3）：13-16.

[4] 徐慨，陈霄，周本文，等. 国外航天侦察卫星的现状与发展[J]. 信息通信，2015（3）：76-79.

[5] 王小谟，张光义. 雷达与探测 信息化战争的火眼金睛[M]. 2 版. 北京：国防工业出版社，2008.

[6] 赵志勇，毛忠阳，刘锡国，等. 军事卫星通信与侦察[M]. 北京：电子工业出版社，2013.

[7] 施聪，吴礼发，胡谷雨. 卫星通信对抗技术研究[J]. 电脑知识与技术，2007（4）：953-955.

[8] 周志成. 通信卫星工程[M]. 北京：中国宇航出版社，2014.

[9] 闵士权. 卫星通信系统工程设计与应用[M]. 北京：电子工业出版社，2015.

[10] 陈旗. 通信对抗原理[M]. 西安：西安电子科技大学出版社，2021.

[11] 李天文. GPS 原理及应用[M]. 北京：科学出版社，2003.

[12] 刘大杰，施一民，等. 全球定位系统 GPS 的原理与数据处理[M]. 上海：同济大学出版社，1996.

[13] 秦平. 美国太空军使用卫星数据探测射频和 GPS 干扰[J]. 国际电子战，2022（4）：46-47.

[14] 刘蕴才. 遥测遥控系统（上）[M]. 北京：国防工业出版社，2000.

[15] 贺涛，李滚. 航天测控通信原理及应用[M]. 北京：国防工业出版社，2022.

[16] 黄晨，李莉，梁小虎，等. 国外电子侦察卫星发展现状与启示[J]. 国际太空，2021（6）：54-58.

[17] 陈涛，饶世钧，洪俊，等. 电子侦察卫星作战效能 FASSA-SVR 评估模型[J]. 电光与控制，2023（2）：51-55.

[18] 张勇. 雷达与干扰一体化系统及其共享信号[M]. 西安：西安电子科技大学出版社，2011.

[19] 张锡祥，肖开奇，顾杰. 新体制雷达对抗论[M]. 北京：北京理工大学出版社，2020.

[20] 李永祯，黄大通，邢世其，等. 合成孔径雷达干扰技术研究综述[J]. 雷达学报，2020（9）：753-764.

[21] 刘京郊. 光电对抗技术与系统[M]. 北京：中国科学技术出版社，2004.

[22] 付小宁，王炳律，王荻. 光电定位与光电对抗[M]. 2 版. 北京：电子工业出版社，2018.

[23] 李果，孔祥皓，等. 静止轨道高分辨率光学成像卫星发展概况[J]. 航天返回与遥感，2018（8）：55-63.

[24] 丰松江，董正宏. 太空，未来战场！？[M]. 北京：时事出版社，2021.

[25] 涂国勇，路建功，吕久明，等. 美国太空力量体系建设及作战运用研究[M]. 北京：中国宇航出版社，2021.

[26] 蒋杰峰. 美军太空战态势感知能力建设[J]. 远望周刊，2023（11）：32-36.

[27] 宋万均，徐灿，胡敏. "星链"星座对太空态势感知的影响及应对措施[J]. 指挥控制与仿真，2023（2），144-149.

[28] 姜连举. 空间作战学教程[M]. 北京：军事科学出版社，2013.

[29] 王学进. 制天权作战研究[M]. 北京：军事谊文出版社，2010.

[30] 李大光. 太空战[M]. 北京：军事科学出版社，2001.

[31] 王阳春，陈浩光. 天基侦察监视系统发展现状与军事应用分析[J]. 四川兵工学报，2010，31（11）：140-143.

[32] 姜道安，石荣. 航天电子侦察技术[M]. 北京：国防工业出版社，2016.

[33] 胡以华. 卫星对抗原理与技术[M]. 北京：解放军出版社，2009.

[34] 雷武虎. 卫星侦察与数据处理[M]. 北京：解放军出版社，2011.

[35] 郭业才，郭燚. 通信信号处理[M]. 北京：清华大学出版社，2019.

[36] 吴顺军，梅晓春. 雷达信号处理与数据处理技术[M]. 北京：电子工业出版社，2008.

[37] 王晓海. 航天电子对抗技术研究进展[J]. 航天电子对抗，2017，33（4）：60-64.

[38] 陶本仁. 航天武器系统对抗技术[J]. 航天电子对抗，2005，21（1）：3-6.

[39] 吕连元. 以天探地、以地制天——浅谈空间电子信息对抗发展的基本策略[J]. 电子科学技术评论，2005（2）：1-4.

[40] 王洋，曲长文，孙寒冰. 国外反卫星武器技术及其对抗措施分析[J]. 舰船电子工程，2009（5）：1-4.

[41] 曹秀云. 国外空间对抗装备技术的发展途径与趋势[J]. 航天电子对抗，2010，26（1）：21-25.

[42] 梓默. 战略高地的技术角逐——国外航天武器发展趋势[J]. 国防科技工业，2010（5）：29-31.

[43] 卢占坤，齐胜利. 空间电子对抗基本现状和发展展望[C]. 2010年中国电子学会电子对抗分会第十三届学术年会论文集，2010: 27-30.

[44] 陆向阳，柴奇，周永生. 关于未来电子对抗制胜之道的几点思考[J]. 国防科技，2011（5）：73-75.

[45] Steven M Kay. Fundamentals of Statistical Signal Processing, Volume 1: Estimation Theory [M]. Pearson Education, Inc, publishing as Prentice Hall PTR, 1998.

[46] 董树军，张君齐. 侦察卫星及其对抗方法[J]. 电子信息对抗技术，2011，26（2）：59-65.

[47] 陈保权，杨光，李学锋. 空间电子攻击的体系作战效用及发展对策[J]. 航天电子对抗，2012，28（1）：11-14.

[48] 庄海孝，姚志健，徐超，等. 空间电子对抗系统研究[J]. 航天电子对抗，2013，29（1）：11-14.

[49] 邹时禧. 赛博空间作战条件下的电子对抗装备技术发展现状研究[J]. 舰船电子对抗，2013，36（3）：7-11.

[50] Van Trees H L. Detection, Estimation, and Modulation Theroy, Part 1 [M]. New York: Wiley Interscience, 2001.

[51] 季华益. 从空天防御体系建设看航天电子对抗未来发展[J]. 航天电子对抗，2013，29（6）：15-18.

[52] 胡沛，王树文，郭利荣，等. 低轨预警卫星对抗研究[J]. 空军预警学院学报，2014，28（1）：14-18.

[53] 周宇昌. 国外空间电子对抗技术发展[J]. 空间电子技术，2015（1）：11-16.

[54] 邵建兆，毕义明，王桐，等. 美军侦察卫星发展趋势及对抗研究[J]. 飞航导弹，2015（9）：73-76.

[55] 金鑫. 信息化作战中电子对抗技术的探讨[J]. 数字技术与应用，2015（11）：234，236.

[56] 张保庆. 国外空间对抗装备与技术发展[J]. 军事文摘，2017（2）：41-45.